U0160774

中国古代
寺庙与道观建筑

王　俊　著

中国商业出版社

图书在版编目（CIP）数据

中国古代寺庙与道观建筑 / 王俊著 . -- 北京：中
国商业出版社，2022.1

ISBN 978-7-5208-1826-1

Ⅰ . ①中… Ⅱ . ①王… Ⅲ . ①佛教－寺庙－宗教建筑
－研究－中国－古代②道教－寺庙－宗教建筑－研究－中
国－古代 Ⅳ . ① TU-098.3

中国版本图书馆 CIP 数据核字（2021）第 207382 号

责任编辑：管明林

中国商业出版社出版发行

010-63180647   www.c-cbook.com

（100053   北京广安门内报国寺 1 号）

新华书店经销

三河市吉祥印务有限公司印刷

*

710 毫米 ×1000 毫米   16 开   16 印张   221 千字

2022 年 1 月第 1 版   2022 年 1 月第 1 次印刷

定价：40.00 元

* * * *

（如有印装质量问题可更换）

《中国传统民俗文化》编委会

序　言

　　中国是举世闻名的文明古国，在漫长的历史发展过程中，勤劳智慧的中国人创造了丰富多彩、绚丽多姿的文化。这些经过锤炼和沉淀的古代传统文化，凝聚着华夏各族人民的性格、精神和智慧，是中华民族相互认同的标志和纽带，在人类文化的百花园中摇曳生姿，展现着自己独特的风采，对人类文化的多样性发展做出了巨大贡献。中国传统民俗文化内容广博，风格独特，深深地吸引着世界人民的眼光。

　　正因如此，我们必须按照中央的要求，加强文化建设。2006 年 5 月，时任浙江省委书记的习近平同志就已提出："文化通过传承为社会进步发挥基础作用，文化会促进或制约经济乃至整个社会的发展。"又说，"文化的力量最终可以转化为物质的力量，文化的软实力最终可以转化为经济的硬实力。"（《浙江文化研究工程成果文库总序》）2013 年他去山东考察时，再次强调：中华民族伟大复兴，需要以中华文化发展繁荣为条件。

　　正因如此，我们应该对中华民族文化进行广阔、全面的检视。我们应该唤醒我们民族的集体记忆，复兴我们民族的伟大精神，发展和繁荣中华民族的优秀文化，为我们民族在强国之路上阔步前行创设先决条件。实现民族文化的复兴，必须传承中华文化的优秀传统。现代的中国人，特别是年轻人，对传统文化十分感兴趣，蕴含感情。但当下也有人对具体典籍、历史事实不甚了解。比如，中国是书法大国，谈起书法，有些人或许只知道些书法大家如王羲之、柳公权等的名字，知道《兰亭集序》是千古书法珍品，仅此而已。再如，我们都知道中国是闻名于世的瓷器大国，中国的瓷器令西方人叹为观止，中国也因此获得了"瓷器之国"（英语 china 的另一义即为瓷器）的美誉。然而关于瓷器的由来、形制的演变、纹饰的演化、烧制等瓷器文化的内涵，就知之甚少了。中国还是武术大国，然而国人的武术知识，或许更多来源于一部部精彩的武侠影视作品，对于真正的武术文化，我们也难以窥其堂奥。我国还是崇尚玉文化的国度，我们的祖先发现了这种"温润而有光泽的美石"，并赋予了这种冰冷的自然物鲜活的生命力和文化性格，如"君子当温润如玉"，女子应"冰清玉洁""守身如玉"；"玉有五德"，即"仁""义""智""勇""洁"；等等。今天，熟悉这些玉文化内涵的国人也为数不多了。

也许正有鉴于此，有忧于此，近年来，已有不少有志之士开始了复兴中国传统文化的努力之路，读经热开始风靡海峡两岸，不少孩童以至成人开始重拾经典，在故纸旧书中品味古人的智慧，发现古文化历久弥新的魅力。电视讲坛里一拨又一拨对古文化的讲述，也吸引着数以万计的人，重新审视古文化的价值。现在放在读者面前的这套"中国传统民俗文化"丛书，也是这一努力的又一体现。我们现在确实应注重研究成果的学术价值和应用价值，充分发挥其认识世界、传承文化、创新理论、资政育人的重要作用。

中国的传统文化内容博大，体系庞杂，该如何下手，如何呈现？这套丛书处理得可谓系统性强，别具匠心。编者分别按物质文化、制度文化、精神文化等方面来分门别类地进行组织编写，例如，在物质文化的层面，就有纺织与印染、中国古代酒具、中国古代农具、中国古代青铜器、中国古代钱币、中国古代木雕、中国古代建筑、中国古代砖瓦、中国古代玉器、中国古代陶器、中国古代漆器、中国古代桥梁等；在精神文化的层面，就有中国古代书法、中国古代绘画、中国古代音乐、中国古代艺术、中国古代篆刻、中国古代家训、中国古代戏曲、中国古代版画等；在制度文化的层面，就有中国古代科举、中国古代官制、中国古代教育、中国古代军队、中国古代法律等。

此外，在历史的发展长河中，中国各行各业还涌现出一大批杰出人物，至今闪耀着夺目的光辉，以启迪后人，示范来者。对此，这套丛书也给予了应有的重视，中国古代名将、中国古代名相、中国古代名帝、中国古代文人、中国古代高僧等，就是这方面的体现。

生活在 21 世纪的我们，或许对古人的生活颇感兴趣，他们的吃穿住用如何，如何过节，如何安排婚丧嫁娶，如何交通出行，孩子如何玩耍等，这些饶有兴趣的内容，这套"中国传统民俗文化"丛书都有所涉猎。如中国古代婚姻、中国古代丧葬、中国古代节日、中国古代民俗、中国古代礼仪、中国古代饮食、中国古代交通、中国古代家具、中国古代玩具等，这些书籍介绍的都是人们颇感兴趣、平时却无从知晓的内容。

在经济生活的层面，这套丛书安排了中国古代农业、中国古代经济、中国古代贸易、中国古代水利、中国古代赋税等内容，足以勾勒出古代人经济生活的主要内容，让今人得以窥见自己祖先的经济生活情状。

在物质遗存方面，这套丛书则选择了中国古镇、中国古代楼阁、中国古代寺庙、中国古代陵墓、中国古塔、中国古代战场、中国古村落、中国古代宫殿、中国古代城墙等内容。相信读罢这些书，喜欢中国古代物质遗存的读者，已经能掌握这一领域的大多数知识了。

除了上述内容外，其实还有很多难以归类却饶有兴趣的内容，如中国古代乞丐这样的社会史内容，也许有助于我们深入了解这些古代社会底层民众的真实生活情状，走出武侠小说家加诸他们身上的虚幻的丐帮色彩，还原他们的本来面目，加深我们对历史真实性的了解。继承和发扬中华民族几千年创造的优秀文化和民族精神是我们责无旁贷的历史责任。

不难看出，单就内容所涵盖的范围广度来说，有物质遗产，有非物质遗产，还有国粹。这套丛书无疑当得起"中国传统文化的百科全书"的美誉。这套丛书还邀约大批相关的专家、教授参与并指导了稿件的编写工作。应当指出的是，这套丛书在写作过程中，既钩稽、爬梳大量古代文化文献典籍，又参照近人与今人的研究成果，将宏观把握与微观考察相结合。在论述、阐释中，既注意重点突出，又着重于论证层次清晰，从多角度、多层面对文化现象与发展加以考察。这套丛书的出版，有助于我们走进古人的世界，了解他们的生活，去回望我们来时的路。学史使人明智，历史的回眸，有助于我们汲取古人的智慧，借历史的明灯，照亮未来的路，为我们中华民族的伟大崛起添砖加瓦。

是为序。

傅璇琮

2014 年 2 月 8 日

目 录

第一章

寺庙的综述

我国寺庙的数量众多，建筑风格多样，艺术价值极高，千百年来，承载与记录着中国古代文化的发展和兴衰，不仅是我国的艺术瑰宝，散发着独特的艺术魅力，而且是我国悠久宗教历史文化的代表与象征。

我国的寺庙文化源远流长，它完整地保存了我国各个朝代的历史文物，在国家公布的全国文物保护单位中，寺庙及其相关设施约占一半，说它是"历史文物的保险库"，当之无愧。我国的寺庙建筑与传统的宫殿建筑形式相结合，具有鲜明的民族风格和民俗特色。

同时，寺庙文化也已渗透到我们生活的各个方面，如天文、地理、建筑、绘画、书法、雕刻、音乐、舞蹈、文物、庙会、民俗等。尤其是许多地方一年一度的庙会，不仅丰富了当地的文化内容，而且促进了地方旅游业的发展。

第一节　佛寺建筑

佛寺是中国佛教建筑之一，起源于古印度，从北魏开始，逐渐在中国兴盛起来。据杨衒之的《洛阳伽蓝记》记载，北魏首都洛阳内外，当时竟然有1 000多座佛寺。唐朝诗人杜牧曾在《江南春》诗中说："千里莺啼绿映红，水村山郭酒旗风。南朝四百八十寺，多少楼台烟雨中。"可见，南北朝时期大规模兴建佛寺已经蔚然成风；佛寺数量之多，令人惊叹。

一、"寺"的演变

寺，原来并不指佛教意义上的建筑。东汉许慎的《说文解字》云："寺"为"廷也"，即指宫廷的侍卫人员。以后寺人的官署亦即称为"寺"，如"大理寺""太常寺"等。其中，"大理寺"是中央的审判机关，"太常寺"则为掌管宗庙礼仪的部门。西汉时期建立了"三公九卿"制，三公的官署称为"府"，九卿的官署称为"寺"，即所谓的"三府九寺"制。其中，九卿中有"鸿胪卿"，其官署就叫"鸿胪寺"，大致相当于后来的"礼宾司"。

在中国，虽然佛教的传入早在西汉末年就已经开始了，但当时人们只不过是把佛当作一种神灵来供奉，与神化了的黄帝、老子等没有多大不同，所以，那个时期便没有佛寺之类的佛教建筑。只是到了东汉的后半期，尤其是两晋、南北朝时期，佛教才作为一种相对独立和完整的宗教在黄河上下游、长江南北次第传播并流行开来，大量的佛教寺院才开始在外来建筑风格的影响下得以兴造。

因此，"寺"是佛教正式传到中国后，中国人为了尊重佛教，对佛教建筑的新称呼。将称朝廷高级官署的"寺"用来称呼佛教建筑，足可以证明当时的统治者对佛教的敬重了。

你知道佛教中"寺"一词的由来吗？

　　相传东汉明帝时，天竺（中国古代对印度的称呼）僧人有用白马驮着佛经来到中国的，为佛教在中国大规模传播奠定了一个很好的基础。印度僧人到达中国后，最初是住在洛阳的鸿胪寺中，后来鸿胪寺改建，更名为"白马寺"。于是，"寺"就成了僧人住所的通称。在佛教用语中，"寺"叫作"僧伽蓝摩"，意思是"僧众所住的园林"。隋、唐以后，"寺"作为官署的名称越来越少地出现了，而逐步成为中国佛教建筑的专用名词。

二、佛寺独具中国特色

　　印度佛寺传入我国后，很快与我国传统的宫殿建筑形式相结合，成为具有中国建筑风格的佛教建筑。魏晋南北朝时期，佛寺已采用中国传统的院落式格局，院落重重，层层深入。到了隋唐时期，由于隋代崇佛，广建佛寺，剃度僧尼，而唐代强大，包容诸教，亦倡事佛，因此，隋唐两代，佛教发展之速之盛，令世人瞩目。这一时期，供奉佛像的佛殿成为寺院的主体，塔被移到殿后，或另建塔院，这与印度以塔为中心的佛寺已有很大的不同，完全中国化了、世俗化了。

　　中国佛寺采用传统宫殿建筑的形式，一般以殿堂（又称正殿、大殿或大雄宝殿）为主体，集中地体现了我国传统建筑的风格和特点。中国佛寺建筑有意将内外空间模糊化，讲究室内室外空间的相互转化。殿堂、门窗、亭榭、游廊均开放侧面，形成一种亦虚亦实、亦动亦滞的灵活的通透效果。中国的佛寺建筑有很多的室外空间，但它并不把自然排斥在外，而是要将自然纳入其中。正所谓"深山藏古寺"，讲究内敛含蓄。主动将自己和自然融合在一起，实际上是另一种方式的自我肯定：寺既藏于深山，也就成了深山的一部分。"托体同山阿",建筑与自然融为一体,正是中国古代"天人合一"思想的生动体现,也是中国的佛寺常选址于名山幽林之故。

三、佛寺建筑特点概说

佛寺殿堂的屋顶,无疑是整个建筑中最显著、最重要的部分。它较多地采用庑殿、重檐、悬山、硬山、卷棚等样式,因此,无论是正视、侧视还是俯视,它的立面、平面都是曲线。曲线优美的屋顶尤其是翼状起翘的"飞椽",非常轻巧活泼,给游人的印象最深。

"斗拱"是中国建筑独有的奇特构件,常被用来代表中国建筑,兼具结构、造型、装饰多重功能,十分独特。斗拱由多种形状各异的木块重叠装配而成,它的使用可增加屋檐伸出的长度,缩短梁枋跨度,分散节点处的压力。此外,"斗拱"还兼有装饰的作用并表现尊贵等级。使用"斗拱"的木构架,是"中国建筑真髓所在"(梁思成《清式营造则例》)。

大殿一般采用梁柱结构,这种木构架是用中国传统工艺做成的,可抗地震的破坏。

从建筑格局上看,中国古人在建筑格局上有很深的阴阳宇宙观,崇尚对称、秩序、稳定。设计时以纵轴线为主,横轴线为辅,通过暗示、烘托、对比等手法,使建筑间含有微妙的虚实关系,从而体现了中国建筑"含蓄"的美学特征。而佛寺建筑也不例外,它以中间一条南北向纵轴线为主,主要建筑都位于南北向的中轴线上,次要建筑安排在轴线的东西两侧。自南向北,依次为山门,山门的正面为天王殿,殿内有四大金刚塑像,天王殿后面是大雄宝殿、法堂,再后面为藏经楼,僧房、斋堂则分列正中路的左右两侧。大雄宝殿是佛寺中最重要、最庞大的建筑,"大雄"即佛祖释迦牟尼。隋唐以前的佛寺,一般在寺前或宅院中心造塔;隋唐以后,佛殿普遍代替了佛塔,佛寺内大都另辟塔院。总之,沿着这条中轴线,佛寺的前后建筑起承转合,宛若一曲前呼后应、气韵生动的乐章。中国寺庙的建筑之美就响应在群山、松柏、流水、殿落与亭廊的相互呼应之间,含蓄蕴藉,展示出组合变幻所赋予的和谐、宁静及韵味。此外,园林式建筑格局的佛寺在中国也较为普遍。这两种艺术格局使中国寺院既有典雅庄重的庙堂气氛，又极富自然情趣，且意境深远。

唐宋时期禅宗兴起后，提倡"七堂伽蓝"制，即建有7种不同用途的建筑物。到了明代以后，"七堂伽蓝"已有定式，即以南北为中轴线，自南向北依次为山门、天王殿、大雄宝殿、法堂和藏经楼。东西配殿则为伽蓝殿、祖师殿、观音殿、药师殿等。寺院的东侧为僧人生活区，包括僧房、香积厨（厨房）、斋堂（食堂）、茶堂（接待室）、职事堂（库房）等；西侧主要是云会堂（禅堂），以接待四海云游的僧人居住。

近代佛寺主要包括两组建筑：山门和天王殿为一组，合称"前殿"；大雄宝殿为一组，为佛寺主体建筑。有了这两组建筑，方可称为"寺"。庭院布局以四合院最为典型，从表面上看，四合院是一个封闭型较强的建筑空间，但实际上，宽大的庭院在使用时可以灵活多变，适应性很强。

中国古代的建筑还十分重视色彩，特别是重要建筑，往往是"屋不呈材，墙不露形"，形成了独特的东方建筑色彩艺术，这一特点在佛寺建筑上也得到了体现。

第二节 庙的概述

在漫长的历史文化发展进程中，庙与佛寺一样，都是富有中国特色的建筑形式，都具有中国式的艺术价值与魅力。现在，我们一般称佛教的寺院为"寺"，如"白马寺"；称用于祭祀供奉或者基于民间信仰而建成的民间宗教建筑为"庙"，如"妈祖庙"（但也有人习惯将佛教的寺院称为"庙"，从这个意义上说，"寺"与"庙"是一回事，实际上无多大的区别）。

一、"庙"的含义

庙，由"廟"简化而来。单从字面看，"庙"由一个"广"字和一个"朝"字构成。"广"指广泛，指众多；"朝"有朝拜、敬仰的意思。因此，"庙"字就是大家都到一个地方去寻找上天的启示。在这里，大家可以充分地交流与沟通，可以充分地谈论自己的所思、所想、所梦、所悟等，最终推选出大家都信任的德才双高的智者做首领。这就是中国最初的民主选举。由于这种民主选举是终身制而不是几年一届的换届制，因此久而久之，首领便变成了偶像，由"人"变成了"神"，由"神"变成了"像"，"庙"也随之由一个民主选举的公众场所异化成了一个偶像崇拜的地方。

二、"庙"的演变

庙，古代是指供奉祭祀祖宗的地方。当时，对庙的规模有严格的等级限制。《礼记》中说："天子七庙，卿五庙，大夫三庙，士一庙。"从中可以看出，身份不同，所拥有的"庙"的数量也是不同的。"太庙"是指帝王的祖庙，而其他有官爵的人，也可按制建立自己的"家庙"。汉代以后，庙逐渐变为"阴曹地府"管辖江山河流、地望城池的场所。"人死曰鬼"，庙作为祭鬼神的场所，还常用来敕封、追谥圣贤的文人武士，如祭祀孔子者称"文庙""孔庙""先师庙"，祭祀武人者称为"武庙"，如张家口的关帝武庙等，都很有名。另有基于民间信仰而祭祀神灵的庙，如称镇守神祠为城隍庙、富贵神祠为财神庙，妈祖庙（后改称天后宫）、娘娘庙等亦属之。但在日本，佛教各宗宗祖（该宗创立人）被祭祀的地方才称为"庙"，没有任何寺院被称为庙。

第二章

佛教寺院和佛塔（北方）

第一节　中国第一座佛教寺院——白马寺

一、因"白马驮经"得名

在河南洛阳市东郊一片郁郁葱葱的长林古木之中，有一座被称为"中国第一古刹"的白马寺。这座1 900多年前建造在邙山、洛水之间的寺院，以它那巍峨的殿阁和高峭的宝塔，吸引着一批又一批的游人。

白马寺是佛教传入中国后由官方营造的第一座寺院。它的营建与我国佛教史上著名的"永平求法"紧密相连。据史料记载，东汉永平十年（67年）的某天晚上，汉明帝刘庄做了一个梦，梦见一位神仙，其金色的身体有光环绕，轻盈飘荡，从远方飞来，降落在御殿前。汉明帝非常高兴。第二天一早上朝，他把自己的梦告诉群臣，并询问是何方神圣。太史傅毅博学多才，他告诉汉明帝：听说西方天竺有位得道的神，号称佛，能够飞身于虚幻中，全身放射着光芒，君王您梦见的大概是佛吧！于是明帝派使者羽林郎中秦景、博士弟子王遵等 13 人去西域，访求佛道。三年后，他们同两位印度僧人迦叶摩腾和竺法兰回到洛阳，带回一批经书和佛像，并开始翻译一部分佛经，相传《四十二章经》就是其中之一。皇帝命令在首都洛阳建造了中国第一座佛教寺院，以安置德高望重的印度名僧，储藏他们带来的宝贵经像等物品，为纪念白马驮经之功，遂将寺院取名"白马寺"。从白马寺始，我国僧院便泛称为寺，白马寺也因此被认为是我国佛教的发源地。历代高僧甚至外国名僧亦来此览经求法，因此，白马寺又被尊为"祖庭"和"释源"。

二、寺内主要建筑

白马寺建寺以来，其间几度兴废、几度重修，尤以武则天时期兴建规模最大。白马寺为长方形院落，坐北朝南，寺内主要建筑有天王殿、大佛殿、大雄殿、接引殿、毗卢阁、齐云塔等。游览白马寺，不但可以瞻仰那些宏伟、庄严的殿阁和生动传神的佛像，而且可以领略几处包含有生动历史故事的景物。

在古色古香的白马寺山门内，大院东西两侧茂密的柏树丛中，各有一座坟冢，这就是有名的"二僧墓"。东边墓前石碑上刻有"汉启道圆通摩腾大师墓"，西边墓前石碑上刻有"汉开教总持竺法大师墓"。这两座墓冢的主人便是拜请来汉传经授法的高僧——迦叶摩腾和竺法兰。石碑上的封号是宋徽宗赵佶追封的。

清凉台被称为"空中庭院"，是白马寺的胜景。清康熙年间，寺内住持和尚如诱曾作诗赞美道："香台宝阁碧玲珑，花雨长年绕梵宫。石磴高悬人罕到，时闻清磬落空蒙。"这个长 43 米、宽 33 米、高 6 米，由青砖镶砌的高台，具有古代东方建筑的鲜明特色。毗卢阁重檐歇山，飞翼挑角，蔚为壮观，配殿、僧房等附属建筑，布局整齐，自成院落。院中古柏苍苍，金桂沉静，环境清幽。

白马寺山门东侧，有一座玲珑古雅、挺拔俊秀的佛塔，这就是有名的齐云塔。齐云塔是一座四方形密檐式砖塔，13 层，高 35 米。它造型别致，在古塔中独具特色，不可多得。齐云塔前身为白马寺的释迦如来舍利塔，现在的齐云塔为金大定十五年（1175年）重建，为洛阳现存最早的古建筑。

三、重要的历史价值——中国佛教发源地

　　白马寺有中国佛寺"祖庭"之称，始建于东汉永平十一年（68年），因汉明帝"感梦求法"，遣使迎请天竺僧人回洛阳后而创建。历代屡有修葺增缮，唐代前期达到最盛，武则天曾派亲信薛怀义任住持，安史之乱后即有残损，明嘉靖三十年（1551年）重修后，始成今日之规模布局。寺址位于汉魏洛阳故城雍门西，现有天王殿、大佛殿、大雄宝殿、接引典及毗卢阁等建筑，殿堂有百余间。山门外有东汉来华的天竺僧迦叶摩腾、竺法兰之墓。寺内还有唐代经幢。元代华严大师文才撰、赵孟书写的《洛京白马寺祖庭记碑》及原存石刻弥勒菩萨像已被盗往美国。大雄宝殿内供奉着释迦牟尼佛、药师佛及阿弥陀佛，东西分置十八罗汉，均为元代以来干漆工艺制成。

　　白马寺建成后便成为东汉最主要的译经场所。迦叶摩腾、竺法兰首先在这里译出了第一部汉文佛经《四十二章经》，之后天竺僧人昙柯迦罗又译出了第一部汉文佛律《僧祇戒心》。随着佛经汉译本的逐渐增多，佛教在中国日益广泛传播开来。因此，尽管后来佛教派系繁多，刹庙林立，但白马寺一直被佛门弟子同尊为"释源"，即中国佛教的发源地。

四、白马寺的建筑

　　白马寺总面积约4万平方米。寺内主要建筑均列于南北向的中轴线

上。现在的白马寺虽然不是创建时的"悉依天竺旧式",但由于寺址从未迁动过,因此汉时的台、井仍依稀可见。整个寺院布局规整,风格古朴;殿阁宏伟庄严,佛像生动传神;院内古树成荫,落英缤纷,增添了浓厚的佛国净土的神秘气氛。

1. 山门

白马寺的山门采用的是牌坊式的一门三洞的石砌弧券门。作为中国佛寺的正门,"山门"一般由3个门组成,象征佛教"空门""无相门""无作门"的"三解脱门"。由于中国古代许多寺院都建在僻远的山村里,因此又有"山门"之称。白马寺的"山门"在明嘉靖二十五年(1546年)曾重建。红色的门楣上镶嵌着"白马寺"的青石题刻,它同接引殿通往清凉台的桥洞拱形石上的字迹一样,是东汉遗物,为白马寺最早的古迹。山门外左右两侧各立有一匹青石圆雕马,身高1.75米,长2.20米,做低头负重状。相传,这两匹石雕马原在宋太祖赵匡胤之女永庆公主驸马、右马将军魏咸信的墓前,后由白马寺的住持德结和尚搬迁至此。

山门内,西侧还有一座《重修西京白马寺记》的石碑。这是宋太宗赵光义下令重修白马寺时,由苏易简撰写,淳化三年(992年)刻碑立于寺内的。碑文分五节,矩形书写,被称为"断文碑"。东侧另有一座《洛京白马寺祖庭记》的石碑。这是元太祖忽必烈两次下诏修建白马寺,由当时白马寺的文才和尚撰写,至顺四年(1333年)由著名书法家赵孟刻碑立于寺内的,人称"赵碑"。

2. 天王殿

过了东西对称的"断文碑"和"赵碑",便来到了白马寺的第一殿——天王殿。天王殿系元代建筑,明清两代均有重修。殿基高0.9米,长20.5米,宽14.5米,是明朝由原山门殿改建而成的。整个建筑左右5间,纵深3间,四周绕以回廊。殿门外有黑底金字的长楹联,上联为"日日携空布袋,少米无钱,却剩得大肚宽肠",下联为"年年坐冷山门,接张待李,总见他欢天喜地"。屋顶正脊有"风调雨顺",后脊有"国泰民安"几个大字。殿内中央佛龛内是明代塑造的弥勒笑像,他通体棕红发亮，古色古香，圆脸垂耳，笑口常开，袒胸开怀，右手持佛珠，左手捏布袋，微屈一腿，游戏似地坐在束腰方台之上，形象生动有趣，令人忍俊不禁；身后，还有满月似的金色佛光，象征弥勒佛将执掌未来佛界。佛龛精美绝伦，雕花鎏金，蛟龙腾飞，有圆柱，有华盖，还有重重叠叠的垂花短柱，仿佛一座殿中殿。佛龛是清朝时修建的，柱子和华盖上有 50 多条姿态各异的龙，或腾云，或驾雾，各具神采，各显神通。殿内两侧，坐着威风凛凛的四大天王，神情威武，色彩绚丽，为清代泥塑。他们不仅是佛的守护神，而且象征着风调雨顺，表达了百姓的美好愿望。弥勒佛像之后是韦驮天将，他是佛教的护法神，昂然伫立，显示着佛法的威严。

在佛教传说中，弥勒菩萨将继承释迦牟尼佛位，成为未来佛。天王殿内这尊笑口常开的弥勒佛，却以另一个民间传说为蓝本：相传五代时，浙江一带有位法名叫契此的和尚，他经常用一根锡杖肩背一个布袋来往于热闹的街市，人们都叫他"布袋和尚"。这位和尚逢人就乞讨，随地就睡觉，衣衫褴褛，形似疯癫。他在临死时，说了这样一首偈："弥勒真弥勒，分身千百亿。时时示时人，时人自不识。"于是人们把他当作弥勒的化身，并根据他的形象塑造了一尊佛像，供在天王殿里。这其实是印度佛教中国化的一个缩影。

3. 大佛殿

天王殿后面就是大佛殿，长 22.6 米，宽 16.3 米，殿脊前部有"佛光普照"、后部有"法轮常转"各 4 个字。殿的中央供奉着 3 尊塑像：中间为释迦牟尼佛，左边为大弟子迦叶，右边为小弟子阿难。这 3 尊塑像构成了"释迦灵山会说法像"。

"释迦灵山会说法像"取材于一个著名的禅宗典故。据说有一次，释迦牟尼在灵山法会上面对众弟子，闭口不说一个字，只是手拈鲜花，面带微笑。众人十分茫然，不知佛祖意欲如何，只有大弟子迦叶发出了会心的微笑。释迦牟尼见此，就说："我有正眼法藏，涅槃妙心，实相无相，微妙法门，不立文字，教外别传。"这样，迦叶就成了这"不立文字，教外别传"的禅宗传人，中国佛教禅宗也奉迦叶为西土第一祖师。而大佛殿的这 3 尊"释迦灵山会说法像"就是根据此传说塑造而成的。

塑像旁边，还有手拿经卷的文殊和手持如意的普贤两位菩萨；释迦牟尼佛像背后是一尊观音菩萨像，因为是背对着佛祖而坐，所以又称"倒坐观音"。这尊倒坐观音像，满月脸，慈眉目，细腰身，着裙裾，分明是一位美貌慈祥的女性，却又故意袒露着硕大沉稳的右脚和孔武有力的右手，仿佛在郑重申明：我虽是菩萨，却系大士的身份。整个雕像设计巧妙，制作精良。北面的门楣上，特置一块横匾，有 4 个黑底金字——慈航普度。两边的楹联也是对慈悲为怀的观音菩萨的赞语："法雨慈云众生受福，金轮宝盖两界长明。"

大佛殿内还有一口引人注目的大钟，高 1.65 米，重 1 500 千克，上饰盘龙花纹，刻有"风调雨顺，国泰民安"等字，并附诗一首："钟声响彻梵王宫，下通地府震幽冥。西送金马天边去，急催东方玉兔升。"据传，此口钟与当时洛阳城内钟楼上的大钟遥相呼应。每天清晨，寺僧焚香诵经，撞钟报时，洛阳城内的钟声也跟着响起来，因此，白马寺钟声被列为当时"洛阳八景"之一。

4. 大雄殿

大佛殿之后，是一座悬山式建筑大雄殿，其长 22.8 米，宽 14.2 米，殿前有一个月台，是寺院内最大的殿宇。殿内贴金雕花的大佛龛内塑的是三世佛：中间为"婆娑世界"的释迦牟尼佛，左边为东方"净琉璃世界"的药师佛，右边为西方"极乐世界"的阿弥陀佛。3 尊佛像前，站着韦驮、韦力两位护法天将的塑像，执持法器；两侧排列有 18 尊神态各异、眉目俊朗的罗汉塑像。

这十八罗汉的造像手艺堪称精妙，都是用漆、麻、丝、绸在泥胎上层层裱裹，然后揭出泥胎，制成塑像。这种"脱胎漆"工艺叫作"夹苎干漆"工艺，是我国佛像制作的绝技，手法极其复杂烦琐，有四五十道程序之多。用"夹苎干漆"工艺制作的佛像，具有体轻、防腐的优点，而佛像形态也更显浑朴、端庄。白马寺的十八罗汉"夹苎干漆"造像是寺中塑像的精品，已成为镇寺之宝，就是在国内的佛寺建筑中也是独一无二的。在大雄宝殿背后的殿壁上，还整齐排列着 5 000 余尊的微型佛像，雕镂细腻，千姿百态，神采飞扬。

5. 接引殿和毗卢阁

大雄殿后有接引殿，为一般寺院所罕见，其长 14 米，进深 10.7 米，是寺内最小的建筑，也是建造年代最晚的，为清光绪年间重建。殿内供西方三圣，中间为阿弥陀佛立像，左边为持净瓶的观世音菩萨，右边为握宝珠的大势至菩萨，均为清代泥塑。

毗卢阁是白马寺内最后面的一座佛殿，坐落于清凉台上，系一组庭院式建筑。毗卢阁在寺中的位置最高，正面大殿为毗卢殿，其长 15.8 米，宽 10.6 米，初建于唐，元、明、清历代都曾重修。阁内正中有一个砖台座，设一个木龛，龛内供奉一尊毗卢遮那佛像，左立文殊菩萨，右立普贤菩萨。这一佛、两菩萨，在佛教中合称"华严三圣"。

6. 清凉台

清凉台相传原为汉明帝刘庄幼时避暑和读书的处所，后来改为天竺高僧下榻和译经的处所。毗卢阁外两侧有两座配殿，即迦叶摩腾与竺法兰的配殿，殿内分置二位高僧的泥塑像，寄托着中国佛门弟子对二位天竺高僧的敬慕之情。

7. 焚经台

在白马寺的寺南，还有两座夯筑高土台，台上立着一块"东汉释道焚经台"字样的通碑，这就是"白马寺六景"之一的"焚经台"。这个焚经台记述了佛教徒与中国道教方士之间的一场角逐，以佛教的取胜告终，汉朝佛教由此兴盛。

据《汉法本内传》记载，在白马寺建成后的第四年，即永平十四年（71 年），南岳道士诸善信、华岳道士刘正念等共 690 名道士联名上表朝廷，指控尊佛是舍本逐末，是求于西域，并称佛是胡神，所论教义与华夏无涉，要求与佛教进行方术比赛，以火烧方法来测验各自经典的真伪。汉明帝当即认可，特命在白马寺南面筑起 3 个高坛，将道经放在西坛上，将黄老一类的道家书置于中坛，祭招供物等则置东坛。佛徒们则将佛经、佛像及佛舍利搁于道路上。道士们首先举火，他们平时自夸神通广大，可吞霞饮气，呼风唤雨，入火不烧，履水不沉，以至于能隐身遁形、白日升天，但想不到经书触火即着，顷刻间化作一片灰烬，令他们一个个目瞪口呆，南岳道士费叔才当场羞愧而死。

而此时，佛教徒也取火焚经，只见熊熊烈火，吞卷如蛇，但佛经稳如磐石，丝毫未损。紧接着，就见佛祖舍利生辉呈五色，大放异彩，且直冲云霄，旋转如盖。其上有西域高僧端坐，姹紫嫣红的鲜花从空中撒落，一片祥瑞宝气。在场观看的人无不雀跃欢呼，佛教徒大获全胜，眉开眼笑。道士们个个垂头丧气，而且当场就有 620 名弃道为僧；有贵妇、宫女共 2 000 多人踊跃报名为尼。

故事显然荒诞不经，实际上是佛教徒站在佛教的立场上，贬道褒佛，为佛教的大规模传播进行舆论宣传。后来，唐太宗李世民在洛阳感于此事，作有《题焚经台》诗，云："门径萧萧长绿苔，一回登此一徘徊。青牛漫说函关去，白马亲从印土来。确定是非凭烈焰，要分真伪筑高台。春风也解嫌狼藉，吹尽当年道教灰。"

知识链接

白马寺还有一座著名的佛塔，你知道是什么塔吗？

在白马寺山门的东侧，有一座玲珑古雅、挺拔俊秀的佛塔，这就是有名的"齐云塔"。齐云塔始建于五代时期，原为木塔，是白马寺的释迦如来舍利塔，但北宋末年金兵入侵时被烧毁。金朝大定十五年（1175 年）重建此塔，其至今已有 800 多年的历史，为洛阳现存最早的古建筑。

现在的齐云塔是一座四方形密檐式砖塔，边长 7.8 米，有 13 层，高 35 米。塔每层在南边开有一个拱门，可以登临眺望。千百年来，民间流传着两句谚语："洛阳有座齐云塔，离天只有一丈八。"可见其直耸入云的飒爽英姿。齐云塔造型别致，在中国的古塔中独具特色，不可多得。

第二节　河南嵩山少林寺

少林少林，有多少英雄豪杰都来把你敬仰；

少林少林，有多少神奇故事到处把你传扬。

精湛的武艺举世无双，少林寺威震四方；

悠久的历史源远流长，少林寺美名辉煌！

千年的古寺，神秘的地方；嵩山幽谷，人人都向往。

武术的故乡，迷人的地方；天下驰名，万古流芳！

……

雄浑低沉的旋律，铿锵有力的唱词，瞬间就将我们带入了那个充满正义与威严、力量与高伟、巍峨与奇丽、秀美与神秘的"天下第一名刹"——少林寺。

少林寺，位于河南省登封市西北 13 千米的中岳嵩山的西麓，背依五乳峰。周围山峦环抱，峰峰相连，错落有致，形成了少林寺的天然屏障。嵩山东面为太室山，西面为少室山，各拥有 36 峰，峰峰有名，风景秀丽。少林寺由于地处竹林茂密的少室山五乳峰下，因此命名为"少林"。

一、少林寺历史沿革

少林寺，又名"僧人寺"，不仅是中国汉传佛教——禅宗的祖庭，而且是中国功夫的发祥地，素有"禅宗祖庭，功夫圣地"的美誉。

1. 初建少林寺

少林寺地处中原腹地嵩山地区，交通发达，创建于中国历史上第一次中外文化交流的高潮之际——北魏太和十九年（495 年）。孝文帝为了安置他所敬仰的印度高僧跋陀尊者，在与都城洛阳相望的圣山——嵩山少室山北麓敕建少林寺。跋陀是第一位来到少林寺的高僧，他在少林寺专心翻译佛经，收徒数百人。由于嵩山为当时北方坐禅修道的中心，加上跋陀与孝文帝的特殊关系，因此跋陀的弟子及其再传弟子皆成为当时禅学的重要精英群体，对后世佛教的发展影响巨大。

北魏正始五年（508年），印度高僧勒拿摩提和菩提流支先后来到少林寺，开辟译场，共同翻译佛经，有力地推动了北方禅学的发展，少林寺成为当时佛学重镇。其间，又有南印度高僧菩提达摩，从水路航海至中国南境，然后北渡长江进入中原，在少林寺后山一带坐禅传法，首倡"以心印心"的禅宗教法，创立了佛教禅宗，被后人尊为"禅宗初祖"，也由此确立了少林寺"禅宗祖庭"的崇高地位。禅宗是佛教在中国传播的过程中，逐步产生的中国化了的佛教宗派，它是第一次中外文化交流高潮中最重要的精神产物之一。禅宗极大地丰富了中国佛教的思想宝库，对中国文化产生了深远影响。

2. 少林寺的辉煌

隋朝时，隋文帝崇佛，于开皇年间（581—600年）诏赐少林寺土地100顷。由于皇帝的赏赐，少林寺从此成为拥有众多农田和庞大寺产的大寺院。隋朝末年（618年），群雄蜂起，天下大乱，拥有庞大寺产的少林寺遂成为"山贼"攻劫的目标，"僧徒拒之，塔院被焚"。为了保护寺产，少林寺僧人组织起武装力量与山贼及官兵作战，少林功夫作为少林寺的武装力量，初步形成。

唐朝武德二年（619年），隋将王世充在洛阳称帝，号"郑国"。王世充的侄子王仁则占据少林寺属地柏谷坞，建立辕州城。武德四年（621年）春，少林寺昙宗等僧人擒拿王仁则，夺取辕州城，投到秦王李世民麾下。后来，昙宗被封为"大将军僧"，李世民赐给少林寺柏谷坞田地40顷（1顷≈6.67公顷）。少林寺自此以武勇闻名于世。少林僧众习武蔚然成风，代代相传。

有趣的是，上述简单自然的历史史实后来竟被演绎成了生动曲折、扣人心弦、紧张刺激的少林寺"十三棍僧救唐王"的传奇故事。20世纪80

年代，由李连杰主演的电影《少林寺》获得了巨大的成功。这是一部把"十三棍僧救唐王"的历史传奇与一个为报父仇、出家学武的惊险故事掺杂在一起的优秀功夫片。李连杰成功地塑造了觉远这样一位武功高强、匡扶正义的武僧形象，表达了反对暴政、反对分裂、渴望统一的主题。

在唐代，少林寺不仅以少林功夫闻名遐迩，更成为当时的禅学重镇。唐弘道元年（683 年），禅宗教派的重要领袖法如禅师入少林寺传教，6 年后圆寂于少林寺。当时著名的禅师如慧安、灵运、同光等，皆长期驻留少林寺。新罗国（今朝鲜）僧人慧昭于元和五年（810 年）入少林寺习禅多年，830 年回国建玉泉寺，圆寂后谥号"真鉴国师"。随着达摩开创的禅宗教派兴盛并成为中国佛教最大的宗派后，特别是进入宋朝以后，少林寺开始成为禅宗教派的朝圣地。

蒙古族建立的元朝，是中国历史上第二次中外文化大交流的时期。这一时期的少林寺名僧辈出，又迎来了第二个辉煌的时期。少林寺作为禅宗教派祖庭，地位显赫，禅学盛隆。这一时期，禅宗的重要支派"曹洞宗"领袖福裕禅师住持少林寺，支脉回归祖庭，人才济济，高僧辈出，由此开启了 100 多年少林寺禅学历史最辉煌的时期，为该时期中国禅宗教派的轴心。元代中期，以邵元为代表的一批日本僧人不远万里，来到少林寺求法，这段历史成为中日文化交流史上的佳话。

3. 少林功夫的显赫

明王朝是在汉人反抗蒙古人的战争中建立起来的。因此，在冷兵器盛行的明朝，民间习武风气盛行，这是少林功夫水平得以精进的大环境。明朝的近 300 年间，是少林功夫武术水平大发展的时期。少林寺僧人至少有 6 次受朝廷征调，参与官方的作战活动，屡建功勋，多次受到朝廷的嘉奖，并在少林寺树碑、立坊、修殿。少林功夫在实战中经受了检验，威名远扬，也因此确立了少林功夫在全国武术界的权威地位。少林功夫的武术技艺，也达到了前所未有的水平，得到了同行及全社会的普遍认同。同时，少林功夫的理论得到了空前发展，著述之繁，已无法逐个进行统计。

清朝建立以后，受战乱的影响，此时的少林寺僧人规模逐渐缩小，但清政府对少林寺非常重视。雍正十三年（1735年），雍正帝亲自阅览寺院规划图，审定方案，重建了山门，并重修了千佛殿。乾隆十五年（1750年），乾隆帝亲临少林寺，夜宿方丈室，并亲笔题诗立碑。此时，少林寺僧人白天照常坐法参禅，夜间则坚持在少林寺最隐蔽的后殿——千佛殿习武不辍，以至于大殿的地面因长期练功发力而形成非常明显的陷坑，至今遗迹仍存。从清朝白衣殿壁画和文献的记载来看，少林功夫在清朝时仍然维持着很高的水平。

4. 少林寺的破坏与重生

中华民国期间，少林寺遭受了一场人为的重大火灾。1928年，军阀混战，殃及少林寺。在军阀石友三纵火焚烧法堂之后，驻防登封的国民军旅长苏明启，命军士抬煤油到少林寺中，将天王殿、大雄殿、紧那罗殿、六祖殿、阎王殿、龙王殿、钟鼓楼、香积厨、库房、东西禅堂、御座房等处，尽付一炬；许多珍贵的藏经、寺志、拳谱等也被烧成了灰烬。至此，千载少林寺之精华，悉遭火龙吞噬，损失惨重！

新中国成立以后，政府多次拨款维修少林寺，修复了全部的围墙，翻修了山门、立雪亭、千佛殿、地藏殿、东西寮房和大部分古塔。1982年以后，根据有关资料重建了天王殿、大雄宝殿、钟楼、鼓楼、藏经阁、紧那罗王殿、六祖殿、禅堂、僧院等，使这些殿堂又恢复了昔日的面貌，焕发出了美丽的光彩。

随着国家的改革开放政策和全球多元文化时期的到来，少林寺继承和发扬自己独特的优良传统，广泛开展中外文化交流活动。为了在全世界范围宣传少林文化，针对人们热爱少林功夫的现象，少林寺专门成立了"少林武僧团"，公开为各国人民巡回表演，足迹遍及世界各地，风靡五大洲，赢得了世界各地人民的喜爱，得到了广泛的赞赏。

千百年来，少林寺以自己秀美绮丽的自然景色和深厚博大的禅宗文化吸引了海内外无数的游客与参拜者。如今，在世界各地热爱中国文化的人们的心目中，独具特色而又魅力无穷的"少林文化"，已然成为中华佛教禅宗文化的独特意象和中华武术的杰出代表。

知识链接

当你在参观、游览少林寺时，有"四忌"是需要牢牢记在心头的，以免和寺中的僧人发生争执与不快。那么，你知道有哪"四忌"吗？

第一，忌称呼不当。对寺里的僧人应尊称为"师"或者"法师"，而对住持僧人，则应称其为"长老""方丈""禅师"。忌直称污辱性的称呼。

第二，忌礼节失当。与僧人见面常见的行礼方式为双手合十，微微低头，或单手竖掌于胸前，头略低。忌用握手、拥抱、摸僧人头部等不当之礼节。

第三，忌谈吐不当。与僧人交谈，忌提及杀戮之词、婚配之事以及食用腥荤等话，以免引起僧人反感。

第四，忌行为举止失当。游历佛寺时不可大声喧哗、指点议论、妄加嘲讽、乱走、乱动寺里之物，尤禁乱摸、乱刻神像；如遇佛事活动，应静立默视或悄然离开。

二、少林寺主要建筑群

少林寺的建筑群主要包括三部分：常住院（即人们通称的少林寺）、塔林、初祖庵。

1. 常住院

少林寺的主体为常住院，建筑在登封市的少溪河北岸，寺院规模宏大。在中轴线上，从山门到千佛殿，共七进院落，总面积达 3 万平方米，由南向北依次是山门、天王殿、大雄宝殿、法堂、方丈院、立雪亭、千佛殿。

（1）山门。

为少林寺大门，清雍正十三年（1735 年）修建，1974 年翻修，坐落在两米高的砖台上。山门上方横悬康熙御题长方形黑金字匾额，上书"少林寺"三个字，匾正中上方刻有"康熙御笔之宝"六字印玺。山门前有石狮一对，雄雌相对，系清代雕刻。山门的八字墙东西两边对称立有两座石坊，东石坊外横额有"祖源谛本"四字，内横额为"跋陀开创"；西石坊内横额是"大乘胜地"四字，外横额为"嵩少禅林"。山门的整体配置高低相应，十分和谐。

一进山门，便看见一尊弥勒佛供于佛龛之中，大腹便便，笑口常开，人称"大肚佛""皆大欢喜佛"。神龛后面立有韦驮的木雕像，神棒在握，其是少林寺的护院神。

（2）天王殿。

在山门和天王殿之间，有一条长长的甬道，道路两旁就是苍松翠柏掩映下的碑林。这里共有20多通历代石碑，如"宗道臣归山纪念碑""息息禅师碑"等。在道路东侧有一长廊，廊内陈列有从唐代到清代的名碑100多通，有"碑廊"之称。天王殿就位于碑林的尽头，以供奉象征"风、调、雨、顺"的四大天王而得名。该殿红墙绿瓦，斗拱彩绘，四大天王个个威武雄壮，门内隔屏前左右各有一尊金刚塑像，也是孔武有力。

（3）大雄宝殿。

大雄宝殿在天王殿的后面，是寺院佛事活动的中心场所，与天王殿、藏经阁并称为三大佛殿。原建筑毁于1928年，后于1986年重建。殿内供释迦牟尼、药师佛、阿弥陀佛的神像，殿堂正中悬挂康熙皇帝御笔亲书的"宝树芳莲"4个大字，屏墙后壁有观音塑像，两侧塑有十八罗汉像。整个建筑结构合理，雄伟壮观，气宇轩昂。

在大雄宝殿的两侧，东面为钟楼，西面为鼓楼。两座楼均有4层，造型巧妙，巍峨雄伟，是我国建筑史上的珍品。原建筑毁于1928年。在1994年和1996年，当地政府按照两楼原先的样子重新修建。沉寂了近70年的晨钟暮鼓，重新在中原大地上悠远回荡。

（4）法堂。

大雄宝殿之后有法堂，也叫藏经阁，是寺僧藏经说法的场所。殿前甬道有明万历年间铸造的大铁钟一口，重约650千克。藏经阁的东南面是禅房，是僧人参禅打坐的地方；对面的西禅房则是负责接待宾客的堂室。

（5）方丈院。

藏经阁的后面地势突起，形成高台院落，为第五进——方丈院，是寺中方丈起居与理事的地方。1750年，乾隆皇帝游少林寺时，即以方丈室为行宫，故又称之为"龙庭"；乾隆皇帝赋诗一首："明日瞻中岳，今宵宿少林。心依六禅静，寺据万山深。树古风留籁，地灵夕作阴。应教半岩雨，发我夜窗吟。"室内有1980年日本所赠的达摩铜像，东侧立有弥勒佛铜像。墙上挂有《佛门八大僧图》《达摩一苇渡江图》，尤其是后者，画面布局合理，形象生动逼真，线条细腻柔和，是不可多得的艺术珍品。

（6）立雪亭。

立雪亭，又名"达摩亭"，建于明代，1980年重新修缮。相传这里是禅宗二祖慧可侍立在雪地里向达摩祖师断臂求法的地方。殿内神龛中供奉着达摩祖师的铜坐像，是在明嘉靖十年（1531年）所铸。龛上悬挂的匾额"雪印心珠"四字为乾隆皇帝御笔亲题，字体遒劲，气势豪迈。此殿现为寺僧日常做佛事的场所。

（7）千佛殿。

千佛殿位于立雪亭后面，又名毗卢殿，是寺内最后一进大殿，面积达几百平方米，是寺内现存最大的殿宇。千佛殿创建于明万历十六年（1588年），檐下悬挂"西方圣人"匾，殿内明间佛龛中有铜铸毗卢像，东墙下供有明周王赠汉白玉"南无阿弥陀佛"一尊，东、西、北三壁绘有"五百罗汉朝毗卢"的大型壁画。殿内地面上还有48个武僧练功的站桩脚窝，脚坑分布方圆不大，呈一条线状，这是僧人刻苦练功的见证，也形象地说明了少林拳所谓"曲而不曲，直而不直"的特点。

千佛殿的大殿东厢为白衣殿，西厢为地藏殿。白衣殿殿内佛龛中供奉铜铸白衣菩萨像，北墙绘有16组拳术对打观武图，南墙绘持械格斗图，东墙被神龛分为南北两部分，北半部绘有《十三棍僧救唐王》壁画，南半部绘有《紧那罗王御红巾》壁画。大殿东北和东南壁角绘有文殊、普贤二菩萨像等壁画，神龛两侧分别绘有降龙伏虎罗汉像。地藏殿的建筑形式同白衣殿，殿内塑地藏王，北壁和南壁绘有"十地阎君"的壁画。这些壁画

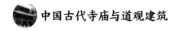

均色彩艳丽，构图和谐，衣袂飘飘，展示了唐代壁画的极高水准。

2. 塔林

在少林寺西面的不远处，就是国内现存古塔数量最多的塔林。塔林占地面积2.1万平方米，位于少林寺常住院西南280余米的山坡上。座座古塔昂然耸立，千姿百态，形象各异，形似参天巨木，势如茂密森林，故有"塔林"之称。

塔林是少林寺历代僧人的墓地。按照佛教的葬仪形式，寺僧圆寂后，佛徒根据其佛学修养、地位、生前威望以及经济状况、佛徒多少等情况，建造不同等级的墓塔，以示功德。有些和尚还建有身骨塔和衣钵塔。

少林寺塔林现存有唐、五代、宋、金、元、明、清古塔228座、现代塔2座；加上常住院中的2座宋塔、二祖庵附近3座唐、元、明砖塔，三祖庵1座金代砖塔以及塔林周围的10座砖石塔，共计246座墓塔或佛塔，构成了蔚为壮观的少林寺砖石塔建筑群。

塔林之中，塔的层级不同，一般为1~7级，高度都在15米以下。造型有四角、六角、柱体、锥体、瓶形、圆形等，种类繁多，制式多样，是研究我国砖石建筑和雕刻艺术的宝库。其中，以唐贞元七年（791年）的"法玩塔"、宋宣和三年（1121年）的"普通塔"、金正隆二年（1157年）的"西堂塔"、元至元二十七年（1290年）的"中林塔"、明万历八年（1580年）的"坦然塔"以及清康熙五年（1666年）的"彼岸塔"为代表作。

少林寺古塔因建筑年代不同而具有不同的建筑风格，它们造型典雅，石雕艺术精湛，塔上的铭文大多涉及古代中外文化交流和少林武功的内容，颇为珍贵。少林寺塔林曾入选中国世界纪录协会"世界最大古塔建筑群"，是古塔建筑群"世界之最"。

3. 初祖庵

从塔林北行约1千米，就到达了初祖庵。初祖庵是宋代人为纪念"禅宗初祖"菩提达摩而营造的纪念性建筑。因为菩提达摩修禅的主要方式是面壁静坐，所以此庵又被称作"达摩面壁之庵"。

初祖庵三面临壑，背连五乳峰，景色幽雅秀丽，是河南省现存最古老、价值最高的一座木结构建筑。宋代，初祖庵曾建有"面壁之塔"，可惜被毁，但蔡京所写的"面壁之塔"的石额现存于寺内。1983 年至 1986 年，初祖庵全面整修，恢复了完整的院落。现在庵中的主要建筑有山门、初祖殿、东西二亭、千佛阁等。

初祖庵的原有山门在中华民国年间被毁，现在的山门是 1985 年至 1986 年在原址上重新建造的。山门通高近 7 米，奇伟俊逸，气势不凡。在山门内侧、初祖殿前的甬道东侧，有一株参天古柏，郁郁葱葱，焕发着勃勃生机，相传此为六祖慧能所植。在山门后的中轴线上，就是初祖庵大殿，其创建于宋宣和七年（1125 年）。大殿坐北朝南，建在高 1 米有余的石台之上，前面铺有宽阔的石踏道，踏道中间为素面的石板，左右两侧为登临的踏道，既含"东阶"（主人）、"西阶"（宾客）制度之礼仪，又体现出了中间尊严神圣的"陛"石。大殿门口刻着一副"在西天二十八祖，过东土初开少林"的砖雕对联，简明地说出了达摩的身世和来历。初祖殿前檐立有 4 根十一角的石柱，柱面上浮雕有海石榴、卷草、飞禽和伎乐等，精细生动，清秀美丽；殿内立有石柱 4 根，上面浮雕着气度恢宏的武士、活泼的游龙、潇洒的舞凤、飘然欲生的飞天、庞大浑圆的盘龙等，刚柔融合，惹人注目。殿内"明间"（即正中的一间）置佛龛一座。初祖殿的东、西、北三壁下部，内外都有石阶，上面刻有云气、流水、龙、象、鱼、蚌、佛像、人物和建筑物等，技艺纯熟，精致细腻。在殿房的四周，还留有石刻古碑 40 余通，其中著名的有宋代黄庭坚的《达摩颂》、蔡京的《达摩面壁之庵》及明成化二十年（1484 年）梵文《陀罗尼经》等，十分珍贵。

初祖殿北面的甬道两侧各有方亭两座，均为四角攒尖亭阁式建筑。西亭又称"面壁亭"，创建于明代以前，现存建筑为清代早期重建。该亭坐北向南，平面呈方形。门口立有一碑，上刻"达摩面壁之庵"6 个字，为北宋宰相蔡京之弟蔡卞所书，苍劲古朴，卓然超俗。亭内原供菩提达摩的塑像及"达摩面壁石"。"面壁石"已于清乾隆年间移于少林寺供奉。亭内塑像后来被毁，现在的达摩像是 1984 年重塑的。亭内原有的明代壁画已剥落，今东、西、北三壁的壁画，大致为 1923 年重修时所绘。东亭建于清康熙四十四年（1705 年），同样坐北向南，平面呈方形。亭内北壁有菩萨、观音像壁画 6 幅，东壁有以神话故事骑青牛、比武、骑大象、骑牛头马面兽、宝瓶献塔为内容的 5 幅壁画，西壁也有骑麒麟、划舟渡河、骑龙头牛身兽等壁画 4 幅；南壁有 4 幅山水画，为 1923 年重修时所绘。该亭内原供菩提达摩的父母像，后来被毁，又于 1986 年重塑达摩父母兄弟像于亭中。

位于初祖庵大殿后中轴线上的千佛阁，是初祖庵院内的最后一座建筑。内供有观音菩萨、菩提达摩和禅宗二祖慧可的塑像。原殿创建于明代景泰年间（1450—1456 年），现存建筑是 1963 年重修的。1996 年，在它的左右各增建了 5 间厢房，故此殿建制与原殿不同。

知识链接

你知道二祖慧可为了专心修禅而"立雪断臂"的故事吗？

传说达摩渡江来到少林寺以后，在南京讲经说法的神光闻讯后，立即追赶到少林寺，想拜达摩为师，向达摩求教。但当初达摩在南京和神光会见时，神光傲气十足，极不谦虚。现在神光提出向达摩求教，达摩不知他有无诚心，便婉言拒绝。但神光并未灰心丧气，仍步步紧跟达摩。达摩在洞里面壁坐禅，神光便侍立其后，悉心照料。达摩面壁了 9 年，神光跟随了达摩 9 年。达摩离开面壁洞，回到少林寺，神光亦跟随他回到了寺院，但达摩依然没有答应传法给神光。

时值寒冬，达摩在后院达摩亭坐禅，神光伫立亭外，虔诚等待。谁知晚上，突降大雪，大雪不一会儿就淹没了神光的双膝，但他仍然双手合十，兀立不动。第二天一早，达摩走到门口一看，神光还在雪地里站着。达摩问道："你站在雪地里干什么？"神光答道："向佛祖求法。"达摩沉思片刻说："要我给你传法，除非天降红雪。"神光会意，毫不犹豫地抽出随身携带的戒刀，向左臂砍去，只听"咔嚓"一声，神光的左臂落在地上，鲜血飞溅，顿时染红了地下的积雪。

这象征着虔诚修禅的刀声竟然穿云拨雾，飞达西天，惊动了佛祖如来，他随手脱下袈裟，抛向东土。霎时，整个少林，红光笼罩，彩霞四射，鹅毛似的大雪被鲜血映得通红，纷扬而下。此情此景，达摩看得一清二楚，他感到神光为了向自己求教，长期侍立身旁，今又立雪断臂，原来骄傲自满的情绪已然克服，信仰禅宗的态度已然至诚。达摩遂传衣钵、法器予神光，并为其取法名"慧可"。从此，慧可接替了达摩，成为少林寺禅宗的第二代，被称为"二祖"。

为了纪念二祖慧可"立雪断臂"，寺僧们将"达摩亭"改为"立雪亭"。清乾隆皇帝瞻游中岳嵩山时，对"立雪断臂"的故事颇有感触，遂挥毫撰写"雪印心珠"匾，悬挂于立雪亭佛龛上方，以诚后生：佛业来之不易。

三、少林寺其他景致

少林寺除了上述三组主要的建筑群外，还有其他同样积淀着深厚的佛教文化和富有禅宗特色的建筑物和景致。其中，最著名的当属二祖庵和达摩洞。

1.二祖庵

二祖庵位于少林寺常住院对面的钵盂峰顶，因与北面的初祖庵相对，故当地人又称之为"南庵"，它是少林寺中地势最高的一座古建筑。据旧志记载，禅宗二祖慧可"立雪断臂"后曾到钵盂峰顶养伤修炼，后来寺僧为纪念二祖慧可而建立此庵。二祖庵创建的年代大致和初祖庵相同，也为北宋后期。二祖庵坐北向南，长34米，宽28.5米，院内有古柏多株以及四眼古井。四眼古井传说是菩提达摩为二祖慧可卓锡而成，故名"卓锡井"或"卓锡泉"。

关于二祖庵，还有两个生动有趣的传说呢！

第一，二祖养臂：传说二祖慧可"立雪断臂"后，实现了他一生最大的心愿，即"臂断心安"。但是，严重的伤势使他坐卧不宁，不能修禅。为了能使慧可尽快地恢复健康，达摩就让他在这个山峰上静养臂伤，并专门挑选了两个得力的寺僧侍奉慧可。现在钵盂峰稍偏西南、靠近少室山石壁的地方有一块巨石，面积有数平方米，石平如桌案。相传二祖慧可就是在这块石头上休养憩息、面壁坐禅的。

第二，卓锡得井：达摩经常从常住院到钵盂峰探望慧可，询问他伤口愈合的情况和生活状况。有一次，达摩发现服侍二祖的寺僧从山下往山上抬水，便问道："你们为什么要从山下向山上抬水？"慧可回答："水在山下边，约有 1 里远，吃水很不方便。要是山上有水泉，那该多好啊！"达摩听后，就在距离二祖休养的大石头不远的草坪上，用自己拄的锡杖捅了 4 个窟窿，霎时，四股清泉涌地而出，喷薄成柱，慧可再也不用让僧人到山下取水了。由于菩提达摩是用锡杖捅地成泉，因此此泉叫作"卓锡泉"。后人又用砖石镶砌加固井壁，故名"卓锡井"。由于这四眼井虽相距甚近，但水味各异，因此当地人也称其为"苦、辣、酸、甜四眼井"。

2. 达摩洞

在初祖庵后五乳峰中峰峰顶下的 10 多米处，有一个深约 5 米、宽约 3 米的天然石洞，这就是"禅宗初祖"达摩面壁 9 年的地方，人称"达摩洞"或者"达摩面壁洞"。达摩洞颇阴凉，入洞有寒冽清冷之感。

相传达摩到少林寺后，曾在此洞内默然终日面壁静坐，修性参禅，整整 9 年。洞内静若无人，万籁俱寂，达摩静坐后，连飞鸟都不知道这里有人，竟在他的肩膀上筑起了巢穴。由于年深日久，达摩的身影投于洞内的石头上，竟留下了一个面壁姿态的形象，衣褶皱纹隐约可见，宛如一幅淡色的水墨画，人们就把这块石头称为"达摩面壁影石"。后来寺僧唯恐影石有失，遂将影石凿下，放入少林寺中。周恩来总理曾有一句诗，叫作"面壁十年图破壁"，即来源于这一典故。

达摩洞面向西南，洞口用青石块砌成拱门。洞内台上有三石像，中间为达摩坐像，两侧为其弟子。据清代《说嵩》记载，在洞的左上方原有一个小的石塔，早已毁坏。洞前现存有明代万历年间的一座石坊以及明代苏民望题的一首七绝诗："西来大意谁能穷，五乳峰头九载功。若道真诠尘内了，达摩应自欠圆通。"

3. 甘露台

甘露台位于少林寺常住院的西侧，紧临寺院西围墙。台为土筑，高约9米，底部直径35米，台体不是很规则，略呈圆形。据《皇唐嵩岳少林寺碑》记载，当年跋陀"法师乃于寺西台造舍利塔，塔后造翻经堂"。甘露台毁于清末，现仅存殿基及雕有精美图案的12根檐柱。原台顶有两株参天的古柏，枝干遒劲，柏叶青翠，生机无限，可惜1984年因树边堆放的秸秆着火而被烧毁。

4. 祠堂

少林寺祠堂原名"裕公祠堂"，创建于元末或者明初，位于少林寺院西墙外30米处。明末战乱时倒塌，清乾隆四十五年（1780年）重建时更名"裕公、改公祠堂"，后逐渐成为少林寺院僧人的祠堂，供奉少林名僧。殿正中立有元末刻"宣授都僧省光宗正法曹洞始祖雪庭裕公和尚庄严宝龛"石碑式牌位一座，碑的侧面还刻有少林寺住持凝然改公等僧人的牌位。

📚 知识链接

你知道菩提达摩"一苇渡江"的故事吗？

南朝梁武帝时，已经来到中国传教的菩提达摩与信佛的梁武帝论说佛理。梁武帝问达摩："我修建了这么多佛寺，写了这么多经卷，度了这么多僧人，有何功德？"达摩回答说："都无功德。"武帝又问："何以无功德？"达摩说："这都是有求而做的，虽有非实。"达摩同梁武帝话不投机，于是离开南京北上。

传说达摩渡长江时，并不是坐船，而是在江岸折了一根芦苇。他把芦苇放在江面上，只见一朵芦苇花昂首高扬，五片芦叶平展伸开，达摩双脚踏于芦苇之上，衣袂飘然、从容潇洒地渡过了长江，北上到了少林寺。现在少林寺尚有达摩"一苇渡江"的石刻画碑。

其实，关于"一苇渡江"的解释，儒家有不同的说法。他们认为"一苇"并不是一根芦苇，而是一大束芦苇。因为《诗经》里面有一首《河广》，其中说："谁谓河广，一苇杭之。"唐人孔颖达解释说："一苇者，谓一束也，可以浮之水上面渡，若桴筏然，非一根也。"今天看来，这样的解释是比较科学的，也是符合当时的情境的。

第三节　庐山东林寺

一、净土宗的发源地

东林寺位于九江市庐山西麓，北距九江市 16 千米，东距庐山牯岭街 50 千米。因处于西林寺以东，故名。东林寺建于东晋大元九年（384 年），为庐山上历史悠久的寺院之一。东林寺是佛教净土宗（又称莲宗）的发源地，对一些国家的佛教徒影响较大。东林寺建寺者为名僧慧远（334—416 年），俗姓贾，山西雁门楼烦（今山西宁武附近）人。他先在西林寺以东结"龙泉精舍"，后得到江州刺史桓伊帮助，筹建东林寺。慧远在东林寺主持 30 余年，集聚沙门上千人，罗致中外学问僧 123 人结白莲社，译佛经、著教义、同修净土之业，成为佛门净土宗的始祖。

知识链接

　　什么是净土宗？净土宗是佛教宗派之一，因专修往生阿弥陀佛极乐净土的念佛法门，故名。该法门以信愿念佛为正行，净业三福、五戒十善为辅助资粮。净土信仰是佛教的基本信仰，大乘各宗多以净土为归。中国净土宗十三祖分别是：慧远、善导、承远、法照、少康、延寿、省常、袾宏、智旭、行策、实贤、际醒和印光大师。

二、"神运宝殿"与"聪明泉"

 知识链接

　　为什么东林寺的主殿称为"神运宝殿"？一般寺院的主殿称为大雄宝殿，"大雄"是对佛祖释迦牟尼的尊称。但是，东林寺的主殿称"神运宝殿"，这是什么缘故？相传慧远初到庐山西麓时，选择结庐之处，认为东林寺址在丛林之中，无法结庐，打算移到香谷山去结庐，夜梦神告："此处幽静，足以栖佛。"是夜雷雨大作，狂风拔树。翌日，该地化为平地，池中多盛良木，作为建寺之材。"神运"之名由此而来。

　　寺前有"聪明泉"。聪明泉原称古龙泉。相传慧远初到庐山，拟择地建寺，但不知何处为好。于是，慧远在此以杖叩地，道："若可居，当使朽壤抽泉。"言毕，清泉果然涌出。后遇大旱之年，慧远在泉边诵念《龙华经》，以祈甘霖降世，见神蛇腾泉而出，大雨即倾盆而下，此即古龙泉泉名之由来。江州刺史殷仲堪来寺，与慧远谈论《易经》于泉旁。殷仲堪博学善辩，口若悬河。慧远非常钦佩他的口才，于是说："君之辩如此泉涌。"从此，古龙泉改称聪明泉。

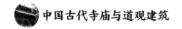

三、思想文化交流价值

唐代鉴真东渡扶桑的故事，恐怕尽人皆知，但鉴真到过东林寺的事大家未必知道。唐天宝元年（742年），鉴真在扬州大明寺为众讲律，日本僧荣睿和普照祈请东渡传戒。鉴真接受邀请，六次东渡日本，最后一次取得成功。鉴真第五次东渡时在唐代天宝七年（748年）春，从扬州出发，经过无数险阻，竟漂到海南岛的振州（今崖县），东行经万安州（今万宁），渡海至雷州。经广西藤州、梧州至桂州（今桂林市）。是时双目失明。天宝九年（750年），经大庾至江西虔州、吉州，北行至江州（今九江市）。途经东林寺，在东林寺停留，与东林寺僧人智恩志同道合，最后一次东渡时智恩共行，将东林寺教义传入日本。因此，东林寺在中国思想文化交流史上产生过积极的作用。

第四节　北京广济寺、法源寺、雍和宫与卧佛寺

一、以"戒行精严"著称的北京广济寺

广济寺初名西刘村寺，创建于宋朝末年。据明成化二十年（1484年）大学士万安所撰《弘慈广济寺碑铭》记载：都城内西大市街北，有古刹废址，相传为西刘村寺。清初余宾硕所作《喜云慧大师传》中称："按宋末有两刘家村，在西者为西刘家村，村人刘望云，自谓天台刘真人裔孙，得炼气法。一日，有僧号且住者过之，望云出迎，求其说法。因为之建寺，曰西刘村寺。"这就是史书上关于广济寺缘起的记载。元朝时，西刘村寺改称报恩洪济寺，元朝末年毁于战火。

到明朝景泰年间（1450—1456年），村民耕地时，发掘出陶制佛像、供器、石龟及石柱顶等物，才知是古刹遗址。天顺（1457—1464年）初年，山西僧人普慧、圆洪等法师云游至此，在这里募集资金，于废址上重

建寺庙。在当时掌管皇帝冠服的尚衣监廖屏的资助下，仅用了两年时间就营造了一座庄严佛刹。廖屏还将此事奏闻宪宗皇帝，请赐寺名，明宪宗于成化二年（1466年）下诏命名为"弘慈广济寺"。

之后，广济寺僧人不断进行修复工作，到成化二十年（1484年）才算全部完工，次第建成山门、天王殿、大雄宝殿、大士殿、伽蓝殿、祖师殿、钟鼓楼、斋堂、禅堂、方丈室、僧舍等，寺庙巍峨壮观，富丽堂皇。清朝初年，恒明法师将广济寺改为律宗道场，在此设立戒坛，开坛传戒。从清顺治五年（1648年）起，还请玉光律师在寺内开堂传成，历时13年。顺治十三年（1656年），清世祖曾游历广济寺。清朝政府对广济寺十分关注，多次对其进行修缮和扩建，但基本保持着明朝重修时的布局。清朝末年，道阶和尚任广济寺住持，在寺中兴办了弘慈佛学院，学僧逾百人。

据说在清代时广济寺还存有一株被誉为"广济八景"之一的"仙枣垂璎"，这还是西刘村寺的遗物。后来树坏了，又在远处补植了一株，可没人知道它的名字。这棵树春天开花，花色紫蓝紫蓝的，僧人们就随便称呼它为桐树。结果有一天，康熙御驾临幸广济寺，坐到别室里和高僧天孚论道，看到这树奇异，就问名字，高僧回答说是桐树，皇帝说这树不像桐树，先留着它，以后等碰到认识的人了再说。第二年春天树开花时，天孚和尚进宫奏报，康熙皇帝兴致勃勃地临幸花下，问随行的侍臣是否认识此树。大家面面相觑，康熙就点拨说，瞧这个树皮这么柔软，很是奇异啊。和尚看康熙如此喜欢这棵树，就奏请将树进奉。这时康熙表态了：此树还是不动，留在原圃的好。后来和尚还是将同类的一棵树送到了皇宫，康熙大悦，比起送金银财宝的，赠树一事也算风雅。留在寺内的那棵老树，后来被称为铁树。

二、北京城内历史悠久的名刹——法源寺

法源寺建于唐太宗贞观十九年（645年），是北京最古老的名刹之一。法源寺坐北朝南，形制严整宏伟。主要建筑有天王殿，内供弥勒菩萨化身——布袋和尚，两侧为四大天王。大雄宝殿上有乾隆御书"法海真源"匾额，内供释迦牟尼佛及文殊、普贤，两侧分列十八罗汉。观音阁，又称

悯忠阁，陈列法源寺历史文物。净业堂内供明代五方佛。大悲坛，现辟为历代佛经版本展室，陈列唐以来各代藏经及多种文字经卷，蔚为大观。藏经楼，现为历代佛造像展室，陈列自东汉至明清历代佛造像精品数十尊，各具神韵，尤其是明代木雕佛涅槃像，长约 10 米，是北京最大的卧佛。寺内花木繁多，初以海棠闻名，今以丁香著称，至今全寺丁香成林，花开时节，香飘数里，为京城艳丽胜景。

法源寺自其初创至今，已有 1 300 多年历史。据《元一统志》记载，法源寺始建于唐朝，初名"悯忠寺"。贞观十九年（645 年），唐太宗李世民为哀悼北征辽东的阵亡将士，诏令在此立寺纪念，但未能如愿。武则天通天元年（696 年）才完成工程，赐名"悯忠寺"。安史之乱时，一度改称"顺天寺"，平乱后恢复"悯忠寺"名称。唐末景福年间（892—893 年），幽州卢龙军节度使李匡威重加修整，并赠建"悯忠阁"。阁甚雄伟，有"悯忠高阁，去天一握"之赞语。辽清宁三年（1057 年），幽州大地震时，悯忠寺被毁。辽咸雍六年（1070 年）奉诏修复后又改称"大悯忠寺"，从而形成今天的规模和格局。明朝正统二年（1437 年），寺僧相璆法师募资进行了修葺，易名为"崇福寺"。清立国后，朝廷崇戒律，在此设戒坛。雍正十二年（1734 年），该寺被定为律宗寺庙，传授戒法，并正式改为今名"法源寺"。

清朝继承了明代的佛教政策，在法源寺设戒坛，定其为律宗寺庙，意在宣扬"诸恶莫作""众善奉行"的律宗教义，对人民进行"治心"。乾隆四十三年（1778 年），法源寺应诏再次整修，竣工后乾隆皇帝亲自来到法源寺，御书"法海真源"匾额赐寺，此匾至今仍悬挂在大雄宝殿上。乾隆皇帝还在寺内写下了"最古燕京寺，由来称悯忠"的诗句。在这里，"法海真源"的意义表露得很明白，即千条万条戒律、刑律，都是"流"，内心存诚才是"源"。

三、北京城内最大的藏传佛教寺院——雍和宫

循着历史的足迹，雍和宫的历史最早可以追溯到遥远的 15 世纪。《清宗人府事例》中记载雍和宫是明朝时期太监们居住过的官房，康熙皇帝

将其赐给了皇四子胤禛。康熙
三十三年（1694 年）胤禛搬进府
邸，取名"贝勒府"。

　　康熙四十八年（1709 年），胤
禛晋升为"和硕雍亲王"，"禛贝
勒府"也随之升为"雍亲王府"。
这时的雍和宫从规模、建制到人
员配备都与从前不可同日而语。
然而，这座昔日的"贝勒府"真

雍和宫

正发生历史性改变则是到了康熙六十一年（1722 年）。公元 1722 年，康熙
皇帝驾崩，结束了他为期 60 年的统治历史。同年，他的第四个儿子胤禛继
承皇位，改年号雍正，是为雍正皇帝。皇帝随即迁入宫中，但对曾经居住
过 30 余年的府邸已有了很深的感情，于是，将这里改为自己的行宫，正式
赐名"雍和宫"。雍正十三年（1735 年）八月二十三日，雍正皇帝驾崩圆明
园，爱新觉罗·弘历即位。乾隆皇帝一改清朝旧制，于同年九月将父亲梓棺
安放于雍和宫，雍和宫也因此结束了它整整 10 年的帝王行宫历史。

　　乾隆以后的各位皇帝，必须按"定制"每年最少来雍和宫礼佛三次，
即：每年八月二十五乾隆的诞辰和正月初三的忌辰，必须"盛装隆从，威
严如仪"地先到雍和宫各佛殿拈香礼佛，然后到东书院向乾隆遗像致祭；
每年五月的夏至节，皇帝到地坛祭拜后，也必须"原班原仪"先到雍和宫
拈香拜佛，然后至东书院尝新麦——吃新麦面粉做的麻酱面，即每年夏至
"芳泽事毕，临此园少歇、进膳"。东书院则成为清朝自乾隆以后各位皇帝
在雍和宫礼佛之后休息的重要场所。从"贝勒府"到"雍亲王府""行宫"
直至影堂时期的雍和宫，雍和宫的每一个阶段都演绎着不同的宫廷斗争历
史，也为我们留下了许许多多至今无法解开的历史疑团。

　　乾隆九年（1744 年），雍和宫正式改为藏传佛教寺庙。从此，雍和宫
开始了它既为皇家第一寺庙又为连接中国历届中央政府与蒙古、西藏地方
纽带、桥梁作用的辉煌历史。乾隆皇帝也对他将雍和宫改为藏传佛教寺庙

感慨万千，咏叹雍和宫是"跃龙真福地，俸佛永潜宫"，把康乾时期"六街三市皆珠玉"的盛景归结为"兴庆当年选佛场"。按照乾隆的逻辑，真龙天子即是佛，祭奠先祖即是敬佛。祭祖、敬佛必然福荫子孙万代，因此他曾由衷地感叹："频繁未敢忘神御。"尤其是在他晚年，他每到雍和宫都会生出许多感慨，他在这里于"俯仰之间"，了却了江山继续的初衷。雍和宫留下了他许多抹不去的记忆，雍和宫更是他思亲怀旧所在。

四、北京卧佛寺

北京卧佛寺，位于北京西山北面的寿牛山南麓、香山东侧，距市区 30 千米。

1. 卧佛寺史

北京卧佛寺始建于唐贞观年间（627—649 年），又名"寿安寺"。以后历代有废有建，寺名也随朝代的变易而有所更改。清雍正十二年（1734 年）重修后又改名为"普觉寺"。由于唐代寺内就有檀木雕成的卧佛，后来元代又在寺内铸造了一尊巨大的释迦牟尼涅槃铜像，因此，一般人都把这座寺院叫作"卧佛寺"。

据史料记载，唐代贞观十九年（645 年），到"西天取经"的玄奘法师满载着印度人民的友谊，带着大量的经书、佛像，回到了阔别多年的祖国。长安城内张灯结彩，万人空巷，唐太宗李世民率领数万僧众出城迎接，盛况空前。此后，中国又掀起了一次修建寺院的高潮。玄奘法师取经归来后不久，有人就在今天的北京西郊建立了一座寺院，取名"兜率寺"，寺内供奉了一尊长 3 米多的檀香木卧佛，殿前栽种了繁茂的娑罗树。据文献记载，寺中檀香木卧佛的式样、栽种的娑罗树树种都是玄奘法师千里迢迢从印度带回来的。这座寺院就是北京卧佛寺的前身。

2. 卧佛寺特色

卧佛寺花木扶疏，古树参天，穿过琉璃牌坊、山门殿、天王殿、三世佛殿，就来到了卧佛殿。步入卧佛殿，殿内高悬着清朝乾隆皇帝御笔题写的"得大自在"匾额，意思是佛祖释迦牟尼修道成功，已经获得了最大的自由。殿门上方亦有横匾，书有"性月恒明"，意为佛性如月亮，明亮兴辉永照。在汉白玉莲花台座上，静卧着一尊释迦牟尼铜佛像，这是在元代铸造的。卧佛身长5.2米，据相关史料记载，这尊大卧佛用铜2.5万千克，用工7000人。大佛做侧身睡卧状，头向西南面，左手平放在腿上，右手弯曲托着头部，体态安详自如，人们称这种姿势为"吉祥卧"。佛的身后环立着12尊泥塑佛像，面部表情沉重悲伤，他们就是释迦牟尼的十二大弟子，人称"十二圆觉"。此外，卧佛寺内还种有几株娑罗树，每逢春末夏初之际，白花盛开，花朵如同无数座洁白的小玉塔倒悬在枝叶之间，别有一番情致。

 知识链接

你知道北京卧佛寺还有哪些有名的景致不能错过吗？

卧佛寺向西北行500米左右，即为"樱桃沟"。这是一条外广内狭的幽静峡谷，两侧是秀挺峻拔的山峦，一条蜿蜒的溪水清澈见底，淙淙地向前欢快地跑着。再往西行约1000米，可见危峰对峙，陡壁如削，十分雄伟险峻，这就是著名的"金鸽子台"。每逢雨季，可看到悬崖陡壁上山水直泻而下，形成巨大的瀑布，飞沫高扬，吼声震耳；深秋时节，这里山林红叶似火，绚丽多彩，与香山红叶堪称双绝。

第五节　山西玄中寺、广胜寺与应县木塔

一、中国佛教净土宗的发源地——玄中寺

玄中寺位于山西交城县西北10千米的石壁山上，是净土宗的发源地之一。玄中寺始创于北魏延兴二年（472年），建成于承明元年（476年）。

因此地层峦叠嶂，山形如壁，故又名石壁寺。

北魏时期，弘扬净土宗的高僧昙鸾曾住玄中寺传播净土教义，使玄中寺逐渐闻名于世。昙鸾（476—542年），山西雁门人，少年出家，广学内外经典，对《智度论》《中观论》《十二门论》《百论》等有特别的领悟。晚年移住玄中寺，宣传净土宗要义，很多人皈依该宗。东魏孝静帝元善对其十分敬重，将其尊为"神鸾"。南朝梁武帝肖衍也很崇信昙鸾，称之为"肉身菩萨"。他圆寂后葬于汾西泰陵之谷。其主要著作有《往生论注》《略论安乐静土义》。

玄中寺在唐朝具有很高的社会地位。唐太宗李世民曾施舍"众宝名珍"，重修寺宇，并赐名"石壁永宁寺"。唐宪宗元和七年（812年）又赐名"龙山石壁永宁寺"。宋朝时，玄中寺成为律宗道场，建立"甘露义坛"，同西都长安的灵威坛、东都洛阳的会善坛并称为全国三大戒坛。然而，在宋哲宗赵煦元祐五年（1090年）和金世宗大定二十六年（1186年），玄中寺遭两次大火，烧毁大半，分别由住持道珍、元钊主持修复。金末，寺院再度毁于兵火。

元太宗窝阔台十年（1238年），元太宗赐玄中寺为"龙山护国永宁十方大玄中禅寺"。住持惠信在蒙古统治者的支持下，重兴寺院。太宗后乃马真三年（1244年），蒙古朝廷曾派使臣到玄中寺参加长达三昼夜的水陆道场，告天祈福。元世祖忽必烈统治时期，惠信弟子广安做了太原路都僧录。在元朝政府的大力扶持下，玄中寺达到了极盛，不仅寺内拥有大片土地、山林，而且所属下院多达40处，遍布现在的华北各省。

明朝永乐、嘉靖和清朝乾隆、嘉庆年间，玄中寺随封建王朝兴盛而兴盛，寺庙多次得到重修和扩建。至清朝同治、光绪年间，随着清王朝的没落，玄中寺也沦为废墟，僧众四散，文物流失。

中华人民共和国成立后，为了贯彻落实宗教信仰自由政策，妥善保存佛教文物，当地政府对寺内的殿堂、佛像和文物进行了保护，并且从1954年起，对整个寺院进行了大规模的修缮。重建了大雄宝殿、七佛殿、千佛殿和祖师堂等殿堂，重修了天王殿、山门、钟鼓楼、碑廊、东峰白塔等建筑。近年来，玄中寺作为宗教活动场所对外开放，住持明达法师带领僧人管理寺庙，进行了整修，使寺貌为之一新。

二、"广大于天，大胜于世"——广胜寺

广胜寺位于洪洞县城东北17千米的霍山南麓，霍泉亦发源于此地，寺区古柏苍翠，山清水秀。广胜寺于东汉建和元年（147年）创建，初名俱卢舍寺，唐代改称今名，大历四年（769年）重修。元大德七年（1303年）被地震毁坏后重建，明清两代又予以补葺，始成现状。1961年被国务院列为全国重点文物保护单位。

广胜寺由上寺、下寺、水神庙三组古建筑组成，布局严谨，造型别致。寺区古柏苍翠、泉水清澈、风景十分秀丽。上寺由山门、飞虹塔、弥陀殿、大雄宝殿、天中天殿、观音殿、地藏殿及厢房、廊庑等组成。创始于汉，屡经兴废重修，现存为明代重建遗物，形制结构仍具元代风格。山门内为塔院，飞虹塔矗立其中，现存为明嘉靖六年（1527年）重建，天启二年（1622年）底层增建围廊。塔平面八角形，13级，高47.31米。塔身由青砖砌成，各层皆有出檐。全身用黄、绿、蓝三彩琉璃装饰，一、二、三层最为精致，檐下有斗拱、倚柱、佛像、菩萨、金刚、花卉、盘龙、鸟兽等各种构件和图案，捏制精巧，彩绘鲜丽，至今色泽如新。塔中空，踏道翻转，可攀登而上，设计十分巧妙，为我国琉璃塔的代表作。清康熙三十四年（1695年）临汾盆地八级地震，此塔安然无恙。寺内碑碣甚多，是研究寺史沿革的重要资料。

下寺由山门、前段、后殿、垛殿等建筑组成。山门高耸，三间见方，单檐歇山顶，前后檐加出雨搭，又似重檐楼阁，是一座很别致的元代建筑。前殿五开间，悬山式，殿内仅用两根柱子，梁架施大爬梁承重，形如人字柁站，构造奇特，设计精巧。后殿建于元至大二年（1309年），七间单檐，悬山式，殿内塑三世佛及文殊、普贤二菩萨，均属元作。殿内四壁满绘壁画，1928年壁画被盗卖出国，藏于美国堪萨斯城纳尔逊艺术馆。残存于山墙上部的16平方米画面，内容为善财童子五十三参，画工精细，色彩富丽，为建殿时的作品。两垛殿于至正五年（1345年）建，前檐插

廊，两山出际甚大，悬鱼、惹草秀丽。

下寺门外即是霍泉，据郦道元的《水经注》记载，霍泉出自霍太山，积水成潭，数十丈不测其深。霍泉现由海场、分水亭、碑亭组成。海场为水源池塘，面积约 80 平方米，依山修筑，源头围护其中，秒流量 4 立方米，灌溉十多万亩（1 亩 ≈ 666.7 平方米）粮田。池前有分水亭，亭下用铁柱分隔十孔，是当年洪洞、赵城两县分水的交界处，南三北七，实测流量相近，这是历史上解决两县争水纠纷的遗迹。碑亭内碑文记载分水情况，碑阴刻分水图。中华人民共和国成立后设立专门机构，水源得到合理使用。

三、"世界三大奇塔"之一——应县木塔

应县木塔全名为佛宫寺释迦塔，位于山西省忻州市应县县城内西北角的佛宫寺院内，是佛宫寺的主体建筑。建于辽清宁二年（1056 年），金明昌六年（1195 年）增修完毕。它是我国现存最古老最高大的纯木结构楼阁式建筑，是我国古建筑中的瑰宝，世界木结构建筑的典范，与巴黎埃菲尔铁塔和比萨斜塔并称为"世界三大奇塔"。

木塔位于寺南北中轴线上的山门与大殿之间，属于"前塔后殿"的布局。塔建造在 4 米高的台基上，塔高 67.31 米，底层直径 30.27 米，呈平面八角形。第一层立面重檐，以上各层均为单檐，共 5 层 6 檐，各层间夹设暗层，实为 9 层。因底层为重檐并有回廊，故塔的外观为 6 层屋檐。各层均用内、外两圈木柱支撑，每层外有 24 根柱子，内有 8 根，木柱之间使用了许多斜撑、梁、枋和短柱，组成不同方向的复梁式木架。有人计算，整个木塔共用红松木料 3 000 立方，2 600 多吨重，整体比例适当，建筑宏伟，艺术精巧，外形稳重庄严。

该塔身底层南北各开一门，二层以上周设平座栏杆，每层装有木质楼梯，游人逐级攀登，可达顶端。二至五层每层有四门，均设木隔扇，光线充足，出门凭栏远眺，恒岳如屏，桑干似带，尽收眼底，心旷神怡。塔内各层均塑佛像：一层为释迦牟尼，高 11 米，面目端庄，神态怡然，顶部有精美华丽的藻井，内槽墙壁上画有六幅如来佛像，门洞两侧壁上也绘有

金刚、天王、弟子等，壁画色泽鲜艳，人物栩栩如生；二层坛座方形，上
塑一佛二菩萨和二胁侍；三层坛座八角形，上塑四方佛；四层塑佛和阿
傩、迦叶、文殊、普贤像；五层塑毗卢舍那如来佛和人大菩萨。各佛像雕
塑精细，各具情态，有较高的艺术价值。在山西应县佛宫寺释迦塔内，供
奉着两颗为全世界佛教界尊崇的圣物佛牙舍利，它盛装在两座七宝供奉的
银廓里，经考证确认为释迦牟尼涅槃后留下的佛牙舍利。

第六节　慈恩寺与大雁塔

一、孝心体现，慈恩为名

有唐一代（618—907 年）是中国古代封建社会最为繁荣的时期。在
国内，经济文化的发展达到了前所未有的高度；在国外，和亚洲各国不同
文化体系的接触交流也非常频繁。因此，从汉代开始流传进来的佛教，也
在这一时期臻于极盛。唐朝的首都长安成为当时世界上巨大的文化中心之
一。长安城中出现了不少壮丽宏大的佛寺。其中的慈恩寺，由于它和有名
的佛教旅行家、翻译家玄奘法师有密切的关系，寺中的大雁塔又是玄奘亲
自创建的，因此在中国佛教史上占有特别重要的地位，一直受到人们的
重视。

慈恩寺是唐太宗贞观二十二年（648 年），太子李治（即后来的高宗）
为纪念他的亡母文德皇后而建立的，故以"慈恩"为名。《大慈恩寺三藏
法师传》（以下简称《慈恩传》）卷七载有唐高宗为建立这座寺，宣令要求
选择"挟带林泉，务尽形胜"之地，于是在唐长安城内的东南部选定晋昌
坊为建寺地点。这个地方，北面正对大明宫的含元殿，东南附近有全城最
美丽的风景区曲江池，是完全符合建寺意图的。关于寺的建筑，当时处于
唐代全盛的前夕，当然有可能做到尽量华丽宏伟。

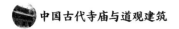

二、大雁塔与玄奘

大雁塔是唐高宗永徽三年（652年）根据玄奘的建议兴造的，玄奘自任设计和监造的工作。造塔的目的是储藏其由西域带回的经论梵本。大雁塔高180尺（1尺≈33.33厘米），基面各140尺，形状很奇特，这大概就是所谓的"仿照西域制度"吧。传说，为造此塔，玄奘曾"亲负篑畚，担运砖石"。

知识链接

为什么称之为"雁塔"？关于雁塔的来源，有两种说法，其中一种说法是：达嚫国有伽叶佛伽蓝，穿石山做塔五层，最下一层做雁形，谓之雁塔"（宋敏求《长安志》卷四引《天竺记》）。总之，雁塔之名，佛典实有，当是玄奘初时有意照印度原制作雁形石塔，唐高宗以费工难成，没有采纳，但名称仍然保持，逐渐传开，成为塔的专名。

至于在雁塔上冠"大"字，则大约始于明代。李楷（明末清初人）的《河滨文选》中有文题曰《荐福小塔记》，其中说："塔之题名，文慈恩，武荐福，人之类聚也。"明代科举考试及第文武举人，分别集会于慈恩寺和荐福寺，仿照唐人故事，立碑留念，曰"雁塔题名"。西安南郊有两雁塔，为便于区别，遂有大、小雁塔之称，实则荐福寺的塔在唐初无雁塔之称。

三、大雁塔的历史文化价值

中国人民异常珍视大雁塔，不仅由于它是1300多年前留存下的一座宏伟建筑，而且由于它是和玄奘法师的名字联结在一起的。玄奘的那种不避险阻困难，一人出游西域，刻苦钻研，精通汉梵语言学问，毕生勤劳工作的精神，充分表现了中华民族勤劳、勇敢、智慧的优良传统。他是一个虔诚的佛教徒，但他在学术文化上的成就和影响，实际超出了宗教范围。

特别是他的著作《大唐西域记》一书，是研究今中亚、阿富汗、巴基斯坦、印度等地古代地理、历史、民俗、风土等的重要参考材料，已被译成数国文字。书中所记他在今阿富汗的巴米扬看见的那两个大佛像，现在看来证明他在给唐太宗的进《西域记表》中所说，"颇穷葱外之境，皆存实录，非敢雕华"，是完全真实的。对于与这样一位深可尊敬的人物有关的遗迹，我们当然要视为瑰宝，给予妥善的保护。

第七节　长清灵岩寺与辟支塔

一、"海内四大名刹"之一

灵岩寺，始建于东晋，距今已有 1 600 多年的历史。该寺历史悠久，佛教底蕴丰厚，自唐代起就与浙江国清寺、南京栖霞寺、湖北玉泉寺并称为"海内四大名刹"，并名列其首。驻足灵岩胜景，你会看到，这里群山环抱，岩幽壁峭；柏檀叠秀，泉甘茶香；古迹荟萃，佛音袅绕。这里不仅有高耸入云的辟支塔，传说奇特的铁袈裟，亦有隋唐时期的般舟殿，宋代的彩色泥塑罗汉像，更有"镜池春晓""方山积翠""明孔晴雪"等自然奇观。因此，明代文学家王世贞有"灵岩是泰山最幽绝处，游泰山不至灵岩不成游也"之说。寺内有北魏石窟造像，唐代的宇寺塔，宋朝的泥塑绘画。寺内的罗汉泥塑像制作于宋代，梁启超称之为"海内第一名塑"，刘海粟题词"灵岩名塑，天下第一，有血有肉，活灵活现"。

近年来，灵岩寺的文物保护、旅游发展有了长足进步，其已成为国内外知名的旅游目的地，每年都有百万计的国内外游客来灵岩或观光游览、寻古访幽，或登山健体、体察自然，或避暑消夏、商务会谈。灵岩寺，这座千年古刹，正以它深邃的历史风貌、优美的自然风光和现代化的服务设施，迎接着四面八方的宾客。

二、辟支佛与辟支塔

辟支塔始建于宋淳化五年（994年），竣工于嘉祐二年（1057年），历时63年完工。"辟支"一词出于佛教，音译为"辟支迦佛陀"，略称"辟支佛"，辟支塔，意即辟支佛塔。辟支塔为一座八角九层楼阁式砖塔，塔高55.7米，塔基为石筑八角，上有浮雕，镌刻有古印度孔雀王朝阿育王皈依佛门等故事。塔身为青砖砌就，各层皆施腰檐，下三层为双檐，二至四层檐下置平座。塔檐与塔径自下而上逐层递减，收分得体。塔内一至四层设塔心柱，内辟券洞，砌有台阶，可拾级而上，自第五层以上砌为实体，登塔须沿塔壁外腰檐左转90度进入上层门洞。塔身上置铁质塔刹，由覆钵露盘、相轮、宝盖、圆光、仰月、宝珠组成，自宝盖下垂八根铁链，由第九层塔檐角上的八尊铁质金刚承接，在塔内延续到地下，起避雷作用。辟支塔气势雄伟、造型美观、结构复杂、比例适当，具备典型的宋代风格，为灵岩寺标志性建筑。宋代文学家曾巩有诗赞曰："法定禅房临峭谷，辟支灵塔冠层峦。"

三、寺内著名建筑

千佛殿因殿内供置众多佛像得名。此殿始建于唐贞观年间（627—649年），于宋嘉祐和明嘉靖、万历年间重修，现存木结构为明代建筑。千佛殿依山建于高大的台基之上，其面阔七间，进深四间，单檐庑殿顶，举折平缓，出檐深远。檐下置疏朗宏大的斗拱，木棱彩绘华丽，檐角长伸高耸，有展翅欲飞之势。前檐下立有八根石柱，柱础皆雕刻有龙、凤、花、叶、水波及莲瓣、宝装荷花等纹样，雕工精美，凸显唐宋之风。殿内正中塑有通体贴金的"三身佛"。中为"法身"，指佛先天具有的佛法体现于自身，名为毗卢遮那佛，由藤胎髹漆塑造，宋治平二年（1065年）从钱塘运至灵岩。东侧为"报身"，名为卢舍那佛，为明成化十三年（1477年）用2 500千克铜铸成。西为"应身"，名为释迦牟尼佛，也为铜质，明嘉靖二十三年（1544年）铸造。佛像头顶有螺形肉髻，体态雍容，眉骨高凸，目光凝重。三尊佛像皆结跏趺坐，仪容端庄，衣纹流畅，服饰简洁，极具艺术感染力。

墓塔林是灵岩寺历代高僧的墓地。塔林中现有北魏、唐、宋、金、元、明、清历代石质墓塔167座，墓志铭、石碑81通。墓塔一般由塔座、塔身、塔刹组成，塔座呈方形、圆形、八角形，有浮雕装饰。塔身较高大，上刻僧人法名年号。塔刹则有相轮、覆盆、仰月、宝珠、花卉、龙图等图案造型。墓塔旁通常有墓碑，记载着高僧的经历，它见证了灵岩寺的历史沿革，是研究佛教发展史的珍贵史料。墓塔林中部为一条南北甬道，其北端建有砖石结构、单层重檐式北魏祖师塔（法定墓塔），甬道两侧列峙全石结构群塔，依塔身形制分为方碑形塔、钟形塔、鼓形塔、穿堵婆塔（喇嘛塔）、经幢式塔、亭阁式塔，共6种。墓塔林，是一座积淀丰厚的古代石刻艺术博物馆。墓塔，造型各异，结构细腻，布局合理；雕刻，内容丰富，技法多样，精美绝伦。例如，塔座束腰，雕有各种艺术形象，有承重的力士，在重压下嘴巴大张，面部扭曲，四肢与腰背曲弯，全身肌肉突起，给人以力的夸张和负重的艰辛；有骑士身跨雄狮，手执曲棍击打马球的场景；有嬉戏玩耍的幼狮，憨态可掬；还有衣带飘逸、长绸舞动的娱乐场景等，一幅幅浮雕，无一不显现出古代劳动人民的聪明才智和高超的雕刻技艺。

由寺东侧沿盘路向灵岩山攀登，为甘露泉，清乾隆皇帝曾在此建行宫。昔日殿宇众多，现仅存遗址。甘露泉向上不远，右侧有一古柏，三杈，杈间有一大石被包在里面，人称"树抱石"，大约形成于400年前。乾隆皇帝《登玉符最高峰得四百字》一诗中描述道："树抱石为胎，前飞峡成调。"此诗刻在不远的石壁上。石壁有两处，一曰"大石广"，一曰"小石壁"。和石壁相距不远，有一大石平卧。相传，明代灵岩寺住持真可常于此石上竖卧休息，故名"可公床"。由小石壁向上，便是白云洞。阴雨天，于山下依稀可见洞内溢出白色云气，故名。白云洞所在之山岩，平平展展，上有翠柏荆棵，山花芳草。洞穴岩壁之下，有一平坦隙地，人们立于此，可俯瞰灵岩胜景。

积翠岩西南为"巢鹤岩"，又名"蹲狮峰""晾经台"，台上有亭，亭下设石栏，可倚栏小憩览胜。这里绌岩陡立，云烟萦绕，飞鸟盘空。积翠岩之东南为狮尾峰、灵辟峰。"两峰矗立，狭通一线"，好似神灵用巨斧劈开一般，仅可容一人侧身通过。于此峡中仰望，只见蓝天一线，故名"一线天"。因处于东侧山巅，又称"东天门""小天门"。穿过"一线天"，便为灵岩山北麓，北魏法定禅师曾于山阴渍米峪建神宝寺。如今寺已湮没，仅为遗址。"一线天"南约1千米处的山峰下，有孤石耸立，相传为朗公之化身，故称"朗公石"。远远望去，酷像一光头僧人，身披袈裟，背着行囊，拄着锡杖，沿着山路蹁蹁前行，实乃惟妙惟肖。

第八节　西藏的四座寺庙

一、大昭寺与小昭寺

大昭寺是位于中国西藏拉萨市中心的一座藏传佛教寺院，是全国重点文物保护单位。大昭寺在藏传佛教中拥有至高无上的地位。2000年11月，大昭寺作为布达拉宫的扩展项目被批准列入《世界遗产名录》，成为世界文化遗产。"去拉萨而没有到大昭寺就等于没去过拉萨"，这是大昭寺里著名的喇嘛尼玛次仁的话，也是几乎每一个旅行者同意的观点。

知识链接

大昭寺建造的目的是什么？大昭寺位于拉萨，又名"祖拉康""觉康"（藏语意为佛殿），始建于唐贞观二十一年（647年），建造的目的据传说是供奉一尊明久多吉佛像，该佛像是当时的吐蕃王松赞干布迎娶的尼泊尔尺尊公主从加德满都带来的。之后寺院经历代扩建，目前占地两万五千多平方米。值得一提的是，现在大昭寺内供奉的是文成公主从大唐长安带去的释迦牟尼12岁等身像。而尼泊尔带去的8岁等身像于8世纪被转供奉在小昭寺。

大昭寺建造时曾以山羊驮土，因而最初的佛殿曾被命名为"羊土神变寺"。1409 年，格鲁教派创始人宗喀巴大师为歌颂释迦牟尼的功德，召集藏传佛教各派僧众，在寺院举行了传昭大法会，后寺院改名为大昭寺。也有观点认为，早在 9 世纪时就已改称大昭寺。清朝时，大昭寺曾被称为"伊克昭庙"。

大昭寺是西藏现存最辉煌的吐蕃时期的建筑，也是西藏现存最古老的土木结构建筑，开创了藏式平川式的寺庙布局规式。大昭寺融合了藏、唐、尼泊尔、印度的建筑风格，成为藏式宗教建筑的千古典范。

小昭寺位于大昭寺北面约 500 米处，为西藏自治区重点文物保护单位，拉萨名胜之一。与大昭寺合称"拉萨二昭"而驰名于世。小昭寺始建于唐代，与大昭寺同期建成，7 世纪中叶由文成公主督饬藏汉族工匠建造。寺内供奉的释迦牟尼佛为佛陀 12 岁时之等身像，是文成公主由长安携带进藏，成为西藏最珍贵的历史文物，后移至大昭寺，又将公主携带的另一座尊佛移至小昭寺。小昭寺又名上密院，藏语叫"居堆巴扎仓"，属藏传佛教格鲁派密宗最高学府之一。小昭寺是汉语称谓。小，是与大昭寺相对应而言的；昭，是藏语"觉卧"的音译，意思是佛。寺内供有释迦牟尼 8 岁等身像及众多的佛像。

二、象征繁荣的哲蚌寺

> **知识链接**
>
> "哲蚌"来源于哪儿？哲蚌寺是格鲁派六大寺中最大的寺院，曾有僧侣 1 万余人。该寺位于拉萨西郊培郭孜山南坡，占地 20 多万平方米。整个寺院规模宏大，鳞次栉比的白色建筑群依山铺满山坡，远望好似巨大的米堆，故名哲蚌。哲蚌，藏语意为"米聚"，象征繁荣。

哲蚌寺由宗喀巴的弟子绛央却杰·扎西贝丹建于公元 1416 年。宗喀巴曾亲往亲持了开光仪式。初建的哲蚌寺规模很小，只有十多平方米的小殿堂和 7 个僧人。17 世纪上半叶，五世达赖扩建了该寺，逐渐发展成 7 个扎仓。哲蚌寺的主要建筑有措钦大殿、四大扎仓、甘丹颇章及 50 全康村。

措钦大殿位于哲蚌寺的中心，占地 4 500 多平方米，经堂内有 190 多根柱子，可容纳 7 000~10 000 名喇嘛，是全寺僧人集中诵经和举行仪式的场所。沿廊前石阶而下，是宽敞的辩经场，各扎仓的喇嘛要在此立宗答辩，获胜后方能参加传昭大法会的格西资格考试。供奉的主佛是大白伞盖佛母像和无量胜佛 9 岁等身像。后殿正中供有一尊两层楼高的镏金弥旺强巴佛；左边配殿是三世佛殿，供有过去佛燃灯、现在佛释迦牟尼、未来佛强巴三尊佛像；右边配殿内供有各种佛经。

哲蚌寺扩建时有 7 个扎仓，后来逐步合并为四大扎仓，分别为郭芒、罗塞林、德阳和阿巴扎仓。其中，罗塞林扎仓的规模最大，主经堂由 108 根圆柱组成，面积 1 100 多平方米，可容纳 5 000 名僧人同时诵经。后殿为强巴拉康，主供强巴佛。郭芒扎仓主经堂由 102 根木柱组成，面积 1 000 多平方米，内设吉巴拉康、敏主拉康及卓玛拉康，并列于大经堂最后面。德阳扎仓主经堂由 56 根圆木柱组成，面积 500 多平方米，主佛为维色强巴佛，意为破除一切穷困的强巴佛，是僧俗信众对未来美好幸福的向往和寄托。阿巴扎仓为密宗学院，大殿由 48 根大柱组成，面积 480 平方米，殿中供奉的是九头三十四臂的胜魔怖畏金刚像，是黄教密宗三大本尊之一。传说该佛是大法王宗喀巴亲手塑建的。怖畏金刚右侧的宗喀巴像，据说也是宗喀巴亲自塑制的，其塑像的鼻梁端直挺拔，与其他寺院供奉的宗喀巴像有明显不同。

甘丹颇章殿是达赖喇嘛在哲蚌寺的寝宫。在重建布达拉宫以前，五世达赖喇嘛一直住在这里，并在那一时期执掌了西藏的政教大权，甘丹颇章也就成了西藏地方政府的同义语，故史学界称其为“甘丹颇章政权”。哲蚌寺第十任堪布即二世达赖喇嘛郭嘉措于公元 1530 年时兴建甘丹颇章殿，宫室共七层，分前、中、后三幢建筑。前院系地下室的各类仓库。二层院落面积达 400 多平方米，四则皆为僧舍游廊。达赖喇嘛生活起居主要在七楼，设有经堂、卧室、讲经堂、客厅等。七楼还有两个殿：卓玛殿和护法神殿。殿内供奉有一个少女干尸，据说她原是旦巴林一个农民的女儿，后被寺庙以妖女为由处死，并将尸体风干后塑为吉祥天女神像。

三、黄教寺院——色拉寺

色拉寺位于拉萨北郊色拉乌孜山下。关于寺名来源有两种说法：一说该寺在奠基兴建时下了一场较猛的冰雹，冰雹藏语发音为"色拉"，故该寺建成后取名为"色拉寺"，意为"冰雹寺"；一说该寺兴建在一片野蔷薇花盛开的地方，故取名"色拉寺"，野蔷薇藏语发音也为"色拉"。寺院全称为"色拉大乘寺"。

色拉寺是一所具有代表性的黄教寺院，是藏传佛格鲁派六大主寺之一，也是拉萨三大寺中建成最晚的一座寺院。该寺是1419年由喀巴的弟子绛钦却杰·释迦益西在柳乌宗贵族朗卡桑布的资助下修建的。18世纪初，固始汗对色拉寺进行扩建，使它成为格鲁派六大寺院之一。色拉寺的主要建筑有措钦大殿、麦巴扎仓、结巴扎仓、阿巴扎仓及32个康村。

色拉寺内藏有大量的珍贵文物和工艺品，如释迦益西从北京返藏时带回的皇帝御赐的佛经、佛像、法器、僧衣、绮帛、金银器等。其中，释迦益西的彩色缂丝像，长109厘米，宽67厘米，虽经500多年，但色彩仍很鲜艳。藏在措钦大殿的200余函《甘珠尔》《丹珠尔》经书全是用金汁抄写的，十分珍贵。据统计，色拉寺有上万个西藏本土制作的金铜佛像，还有许多从印度带来的黄铜佛像。这些佛像是极具艺术价值的工艺品，体现了灿烂的西藏宗教艺术。

第九节　开封大相国寺

大相国寺位于著名文化历史名城、七朝古都开封的市中心，是中国著名的佛教寺院，至今已有1 400多年的历史。目前保存有天王殿、大雄宝殿、八角琉璃殿、藏经楼、千手千眼佛等殿宇古迹。整座寺院布局严谨，院落深广，殿宇恢宏，巍峨壮观，是古城开封标志性的人文景点及对外开放的窗口，也是中外游人及十方香客参观游览和朝拜的圣地，在中国佛教史上有着重要的地位和广泛的影响。

一、历史渊源

大相国寺历史悠久，相传原为战国时魏公子信陵君的故宅。北齐天保六年（555 年），在此创"建国寺"，但后遭水火两灾而毁。唐初，此为歙州司马郑景住宅。武则天长安元年（701 年），慧云和尚寄宿安业寺，发现原郑景宅池内有楼台殿宇的幻影，认为此地很有灵气，便募银建寺。唐中宗神龙二年（706 年），慧云到濮州（今山东鄄城北）铸造了一尊 1.8 丈（1 丈 ≈ 3.33 米）高的弥勒佛像，于睿宗景云元年（710 年）请回开封。翌年，慧云靠募捐买下郑景宅院造寺，在挖基时掘出旧建国寺碑，遂沿用"建国寺"名称。第二年，即延和元年，睿宗敕令改名为"相国寺"，并赐"大相国寺"匾。

北宋时，大相国寺为开封最大的佛寺，深得厚遇。自太宗至道元年（995 年）开始大规模扩建，到真宗咸平四年（1001 年），用了 7 年时间才完工。扩建后的大相国寺占地 545 亩，殿阁庄严绚丽，僧房鳞次栉比，花卉满院，被赞为"金碧辉映，云霞失容"。寺院住持由皇帝册封。大相国寺成为皇帝平日观赏、祈祷、寿庆和进行外事活动的重要场所，被誉为"皇家寺"。

而不少国外僧人此时也来到大相国寺，进行文化交流活动。宋太祖时，印度王子曼殊室利出家为僧，后来到中国，在大相国寺居住多年。宋神宗熙宁七年（1074 年），朝鲜的崔思训带了几位画家来到大相国寺，将寺内所有的壁画临摹回国。宋神宗时，日本僧人成寻也曾在此居住。宋徽宗时，徽宗将"大相国寺"匾额赠送给朝鲜使者。另外，每年举办 5 次"相国寺万姓交易"庙会，使大相国寺成为进行政治、商贸、社交、文化等活动的重要场所。

宋代以后，大相国寺日趋萧条。明洪武二年（1396 年）敕修，后又遭水患；永乐四年（1406 年）、成化二十年（1484 年）两次进行修缮，并被赐名"崇法寺"；嘉靖三十二年（1553年）与万历三十五年（1607年）重修；崇祯十五年（1642年）黄河泛滥，开封被淹，大相国寺的建筑全毁。清顺治十八年（1661年），重建山门、天王殿、大雄宝殿等，并复名"相国寺"；康熙十年（1671年）、康熙十六年至二十一年（1677—1682年）、乾隆三十一年（1776年）重修；道光、光绪年间也做过一些零星修整。中华民国初年（1912—1919年）曾翻修过八角殿、改建过法堂等。

新中国成立后，依循古制，几度维修，宝刹重光，再现辉煌。大相国寺自1992年起恢复佛事活动，并复建了钟鼓楼、放生池、山门殿、牌坊等建筑。如今的相国寺，不仅以它古往今来的盛名为人们所向往，而且成了开封元宵观灯、重阳赏菊、盆景观赏、花鸟鱼博览及各种文化娱乐中心之一，吸引着成千上万的中外游人。

二、主要建筑

大相国寺的天王殿5间3门，飞檐挑角，黄琉璃瓦盖顶，居中塑有一尊弥勒佛坐像，慈眉善目，笑逐颜开，坐在莲花盆上。弥勒佛坐像两侧站着四大天王，他们个个圆目怒睁，虎视眈眈，大有灭尽天下一切邪恶的架势。其中，持珠握蛇者为广目天王，他以站得高、看得远而得名；手持红色宝伞者是多闻天王，他以闻多识广而著称；持宝剑者是增长天王，他希望世间善良的心、善良的根大大地增长起来；怀抱琵琶的是持国天王，他弹奏着八方乐曲，护持着万国和平。

天王殿的后面是放生池，每逢诸佛菩萨的圣诞或是有重要的佛事活动，就会举行放生仪式。站在玉石桥上俯瞰，给人以自然亲近鱼儿的美感。再向前走，就可以看到一座铁质的"万年"宝鼎。它重达5 000余千克，上下共6层，暗含了六层意思，分别是：一层天地同流，二层戒香芬郁，三层永镇山门，四层普熏法界，五层香烟缥缈，六层云气升腾。

天王殿的北边是一片花园假山，景致幽雅，颇有"曲径通幽处，禅房花木深"之妙。再往北走，便是赫赫有名的正殿——大雄宝殿。大殿重檐斗拱，雕梁画栋，金碧辉煌。大殿周围是青石栏杆，雕刻着几十头活灵活现的小狮子，惹人喜爱。殿内已无神像，现在常有文物陈列及文化艺术品的展览，以供游人参观鉴赏。

过了大雄宝殿，便是罗汉殿了，俗称"八角琉璃殿"。它结构奇特，建筑奇巧，系八角回廊式建筑，别具一格，精美无比，世所罕见。殿内回廊中有大型群像"释迦牟尼讲经会"，五百罗汉姿态各异，造型生动，他们或在山林之中，或在小桥流水间，或坐或卧，或仰头，或俯首，形态逼真，情趣无限，堪称艺术杰作。罗汉殿中间，有一座木结构的八角亭高高耸立，内有一尊四面千手千眼观音木雕像，高 6.6 米，是在乾隆年间由艺术巨匠用一株白果树雕刻而成的。观音每面有 6 只大手、200 余只小手，手心有一只慧眼，总共 1 000 余只，故名"千手千眼佛"。据民间传说，古代有一位明君，身患重病，敌国趁机进犯，举国不安，而君主又久治不愈，形势十分危急。恰在此时，有一位仙人下凡，路过此地，指点说只有亲人的双手双眼做"药引子"，才能治愈君主的病。君主的三公主深明大义，毅然为父王献出了生命。佛祖深为感动，特封她为"千手千眼观音"，专为万民除灾解难。百姓们感念三公主的恩德，遂为其塑造金身，香火不断。

藏经楼位于大相国寺的后半部，是一座两层楼阁的建筑，富丽堂皇。原为珍藏经卷之处，因屡遭天灾与战火，经卷文物大多散佚；尚有相国寺传法手卷八帧，现存于开封博物馆。现在该楼为开封书画院的活动场所，楼上楼下布满了各种风格的书法和绘画作品，供游人观赏选购。

大相国寺的东角有个亭子，悬挂着一口铜钟，高 2.67 米，重 5 000 多千克，铸于清乾隆三十三年（1768 年），是大相国寺中的珍贵文物。在深秋霜天之时，木杵敲钟，钟声悠扬深远，声震全城，被称为"相国霜钟"，为"汴京八景"之一。

第 三 章

佛教寺院和佛塔（南方）

第一节　江苏金山寺

一、《白蛇传》里的"水漫金山"

一般人之所以知道金山寺，是因为民间传说《白蛇传》，说是有一条白蛇修炼成人，即美丽善良的白娘子，嫁给青年许仙，日子过得很甜美。金山寺法海和尚知道了这事，就游说许仙出家，并把许仙诓藏寺中。白娘子来寻夫，与法海打斗起来。白娘子施法术，霎时大水滚滚，虾兵蟹将成群一齐漫上金山去。法海慌忙以袈裟化为长堤拦水，水涨堤也长。白娘子不能获胜，只得与侍女青蛇收兵回去修炼，等待报仇机会。后来，许仙逃出金山寺，法海又使法术将白娘子镇压在西湖雷峰塔下。再后来，青蛇击倒雷峰塔，与白娘子一道打得法海躲进螃蟹腹中，白娘子与许仙又恩爱地生活在了一起。

《白蛇传》中的蛇与金山寺有何渊源？自由和幸福，是人们热烈的追求，愿天下有情人终成眷属。神奇的传说总是牵动人们的思绪，人们多同情许仙与白娘子，怪法海多事。不过考察起来，金山与蛇的确有些渊源：金山寺开山祖师唐灵坦和尚初到此时一片荒芜，只得在山后的石洞坐禅。传说洞里有一条白龙常吐毒气，人触之即死，但灵坦一到就借佛力将其收伏。这洞就是现在的白龙洞，内有一条石缝深不可测。第二代祖师唐释法海（裴头陀）到金山修行时也是寺破屋塌，刚到半山悬崖的石洞参禅，忽然脑后刮来腥风臭雨，只见一条桶粗的大蟒盘在那里盯着法海，法海仍打坐不动，后来大蟒游入长江。消息传开，来金山的人也多起来了，而那洞就叫法海洞。相传，法海有一天在江边挖土，竟然挖到了一批黄金，就将黄金献于皇帝。皇帝敕命将黄金返回作修复寺宇之用，并赐名金山寺，由法海住持。

还有一个更早的与蛇有关的故事。南梁武帝一天夜里梦见刚死不久的宠妃郗氏变成了一条毒蛇，向他哀求说："我在世时心太毒，死后变为毒蛇，请为我做佛事超度众生，让我安心。"次日上朝，梁武帝正在要大臣们为他释梦时，一条大蛇游进殿来，梁武帝见是梦里所见的蛇，就说："你若是郗氏变的，就开口说话吧。"那蛇就复述了昨晚的话。后来，梁武帝召见泽心寺住持宝志商量，宝志又约请九位高僧，在金山览阅藏经三年，编成《水陆仪轨》，接着梁武帝亲赴金山参加水陆大法会，这是当时佛教最大的盛典，亦为后世水陆法会之滥觞。

二、镇山四宝

金山寺的四宝室供放着镇山四宝，分别是：

周鼎：西周宣王时期铜器，距今 2 700 多年，有铭文 12 行 134 字，1884 年湖北汉阳人叶志先赠金山寺收藏。

铜鼓：一种鼓状铜器，相传为诸葛亮所制行军炊具，作战时亦可敲击作为进军号令，又称为诸葛鼓，高约8寸8分，直径1尺5寸5分，重23斤8两。

金山图：明朝著名画家文徵明所绘。画中金山浮玉般漂浮于烟波浩渺的江水中，青山如黛，画栋雕梁，岁月的茫远一览无遗。画面有文徵明《金山寺追赋》诗一首："白发金山续旧游，依然台殿压中流。沙痕灭没潮侵磴，帆影参差日堕楼。江汉无声千古逝，乾坤骚首一身浮。从来李白多愁绪，更上留云望帝州。"

玉带：原系苏东坡所系之物，在一次讨论佛义的舌战中输与好友佛印和尚，佛印随之回赠以衲裙。苏东坡为此写了《以玉带施元长老，元以衲裙相报次韵》以记其事："病骨难堪玉带围，钝根仍落剑锋机。欲教乞食歌姬院，故与云山旧衲衣。"从此，东坡玉带便一直留在金山。佛印和尚后来在白龙洞前绿水之上仿玉带式样造玉带桥一座，以供游人观瞻。清初玉带被火烧毁四块，乾隆下江南巡幸金山时命予补上并题诗其上。

三、"寺裹山"的奇特风景

金山寺是中国著名寺庙，始建于东晋，原名泽心寺，清初改名江天禅寺，唐以来通称金山寺。寺庙依山而建，殿宇楼阁，远观近视只见金碧辉煌的寺塔而不见山体，故有"金山寺裹山"之说。金山寺"塔拔山高"的建筑风格，在中国古代建筑史上独树一帜。早在唐代，金山寺即已驰名中外。

入山门，过天王殿，向后便是大雄宝殿。只见歇山重檐，飞椽斗拱，雕梁画栋，坚固庄严。红色廊柱，黄色琉璃瓦，内外是精美的彩绘。把殿堂内外装饰得金碧辉煌。内供释迦牟尼、阿弥陀佛和药师佛三尊大佛，仪态安详，端坐在正中的莲花座上。两边是十八罗汉像，神态各异，栩栩如生。大佛背后是巨大的海岛塑像，十方三世佛、菩萨、护法诸天隐现其间。海面上有十八尊者像，海岛观音独占鳌头，两侧侍立善财、龙女，法像庄严。大殿正中悬挂着赵朴初先生题写的"大雄宝殿"金字匾额。寺内还有天王殿、伽蓝殿、祖师殿、华藏楼、枕江楼、观澜堂、永安堂、海岳

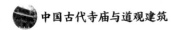

楼等主要殿堂，还有大彻堂、三禁堂、玉鉴堂等。

金山名胜古迹俯拾皆是，二十多个景点每一处都经过人工精心雕琢和巧妙安排，法海洞、古仙人洞、古白龙洞等名胜古迹，皆依山傍势凿岩而建，构思神巧，令人赞叹建筑者的神奇智慧和高超艺术。自然与人工融为一体，使金山的风光更加美丽多姿、妩媚动人。而每一座古迹，其至一泓清泉，一方碑碣，都有迷人的神话、美丽动人的传说和有声有色的历史故事。特别是"白娘娘水漫金山""白龙洞暗渡断桥相会"，情节离奇，引人入胜。巾帼英雄梁红玉亲擂战鼓，大破金兵；爱国忠臣岳飞和爱国僧人道月"七峰岭"道别；苏东坡十游金山，妙高台赏月起舞等这些千百年流传的脍炙人口的故事，更为金山平添了几分神奇魅力，故金山又被称为"神话山"。

位于一泉景区的芙蓉楼始建于东晋，古为镇江名楼之一。芙蓉楼隔湖与金山相望，山水相连，烟雨茫茫，是王昌龄《芙蓉楼送辛渐》诗意的重现。天下第一泉，又名中冷泉、南冷泉，在唐代即闻名天下。"第一泉"的美誉为唐代评茶专家陆羽所定。中冷泉经修葺后，池水清澈，喷涌不绝。

第二节　浙江灵隐寺

灵隐寺，中国佛教著名的寺院，创建于东晋咸和元年（326年），至今已有1 600余年的历史，为杭州最早的名刹，也是江南著名的古刹之一。

灵隐寺在飞来峰与北高峰之间的灵隐山麓中，两峰挟峙，林木茂密，幽山古刹，云笼雾绕，的确是一处古朴幽静、景色宜人的游览胜地。

一、灵隐寺概说

北宋时，曾有好事者专门比较、品论江南各座佛寺，结果，气象恢宏而又幽静雅致的灵隐寺被列为诸佛寺之首。灵隐寺确实深得"隐"字的意趣，整座雄伟的寺宇就深隐在西湖群峰密林清泉的一片浓绿之中，堪称胜景圣地。

1. 美丽传说

据当地百姓传说，灵隐寺原来并不是这个名字，而是叫作"灵鹰寺"，始建于唐朝初年。

相传在 1 400 多年以前，在现今秦岭湾门前，有一座笔架山，笔架山左侧，荆棘纵横，荒无人烟。后来有一个俗家姓吴的僧人（以下简称吴僧）在山后居住，靠打柴种地为生。有一天，吴僧在笔架山的丛林中打柴，因为天热，遂将僧衣脱下，挂在树枝上。忽然，一只大雁凌空飞下，将僧袍叼走，向南飞去，直至现在的灵隐寺地方落下。吴僧追寻着大雁一路赶来，但见此处绿树密茂，翠柳成荫。在一片绿意盎然之中，有一道土坨南北横贯，左右两侧又隆起了两堆翅膀似的土丘。整个地貌犹如一只巨鹰俯卧地下，正在前饮碧水绿荷，后踏浮萍青湖。吴僧认为自己肯定是有神灵指点，才发现了这块宝地，遂于此地焚香祷告，感谢神灵，然后建立寺院，将其命名为"灵鹰寺"。

从此，灵鹰寺香火兴旺，寺院初具规模。传至碧钵和尚时，寺内有僧人 100 多人、耕地 200 多亩、牛 10 多头、水井 10 多口，香火鼎盛，远近闻名。有一天，碧钵大师正在寺内说法，大将军尉迟恭由于受朝廷委派平叛剿匪而路过此寺，但见寺院巍峨庄严，井井有条，周围风景深幽秀美，遂特进庙朝拜神圣，祈祷此去如能平叛剿匪，定禀告皇上拨款重修佛寺。尉迟恭后来果然一举平息叛乱。班师回朝后，尉迟恭立即禀奏唐太宗李世民。太宗皇帝当即准奏，并钦命灵鹰寺改为"灵隐寺"。从此，灵隐寺的名称就一直延续了下来，直至今日。

2. 灵隐历史

其实，历史上的灵隐寺，其"开寺祖师"为印度僧人慧理和尚。他在东晋咸和初年由中原云游进入浙江，到达武林（今杭州），见有一险峰兀立，遂感叹道："此乃中天竺国灵鹫山之小岭，不知何以飞来？佛在世日，多为仙灵所隐。"慧理和尚认为此处地灵水秀，于是就在峰前建立寺院，名曰"灵隐"。

慧理和尚初创灵隐寺时，佛法还没有兴盛，一切都是仅具雏形而已。待至南朝梁武帝时，梁武帝赐田灵隐寺并扩建寺院，其规模才稍有可观。至唐大历六年（771 年），灵隐寺经过全面修葺，香火开始兴旺。然而，唐末的"会昌法难"，灵隐寺遭受"池鱼之灾"，寺院破毁，僧人逃散。直至五代的吴越王钱镠，命请"永明延寿大师"主持，重新修建开拓寺院，并新建石幢、佛阁、法堂及百尺弥勒阁，又赐名"灵隐新寺"；灵隐鼎盛时曾有 9 楼、18 阁、72 殿堂，僧房 1 300 间，僧众 3 000 余人。南宋建都杭州，高宗与孝宗常幸驾灵隐寺，主理寺务，并挥洒翰墨；宋宁宗嘉定年间，灵隐寺被誉为江南禅宗"五山"第一。清顺治年间，禅宗巨匠"具德和尚"住持灵隐寺，立志重建，广筹资金，仅建殿堂的时间前后就有 18 年之久。建成之后，梵刹庄严，古风重振，其规模之宏伟，跃居"东南之冠"；清康熙二十八年（1689 年），康熙帝南巡时，又赐灵隐寺为"云林禅寺"。

中华民国时期，灵隐寺遭到了前所未有的"灭顶之灾"。北阀战争时期，军阀吴佩孚所辖第 31 团团长徐图进，为了窃取千年古珍佛宝——灵隐寺第一代住持大师碧钵和尚坐化的一口古缸——生天堂，不惜放火烧毁了这座由大唐天子李世民钦命的千年古刹。新中国成立后，灵隐寺多次进行了大规模整修。在政府落实宗教信仰自由政策的背景下，灵隐寺这座千年古刹，法幢高树，僧众安和，呈现出一派欣欣向荣的景象。2004 年 3 月 3 日，失散 77 年的灵隐寺镇寺之宝——生天堂古缸重归灵隐寺。在 21 世纪，灵隐寺正以其得天独厚的佛教文化、宏伟壮丽的殿宇建筑和秀美幽雅的自然风光，吸引着无数的海内外游客，学佛、观光、祈福、休闲……

二、灵隐寺主要殿堂

今日的灵隐寺是在清末重建的基础上陆续修复再建的。目前，灵隐寺主要由天王殿、大雄宝殿、药师殿、直指堂、华严殿为中轴线，两边附以五百罗汉堂、道济禅师殿、联灯阁、大悲楼、方丈室、东西藏堂、东西碑室等建筑所构成，共占地 150 多亩，殿宇庞大，建构有序，气势恢宏。

1. 天王殿

灵隐寺山门内的第一殿就是天王殿。殿门正上方挂有上下两块巨匾，上匾是"云林禅寺"，乃是清代康熙皇帝所赐。据记载，康熙皇帝南巡时，曾登临灵隐寺后面的北高峰顶眺望。康熙帝放眼望去，但见山下云林漠漠，整座寺宇笼罩在一片淡淡的晨雾之中，显得十分幽静，好似一幅淡雅的水墨山水画，于是赐名灵隐寺为"云林禅寺"。灵隐寺又名"云林禅寺"，即根源于此。下匾是"灵鹫飞来"，乃是当代著名书法家黄元秀先生所书。因为灵隐寺的对面有飞来峰，东晋的慧理和尚认为此峰是从印度灵鹫峰飞来的，乃"仙灵所隐"。灵隐寺之得名即缘于此（详见上文所述）。

天王殿正中面朝山门的佛龛里供奉着一尊弥勒菩萨像，他腆着大肚子，袒胸露腹，趺坐蒲团，笑容可掬。正是：大肚能容，容世上难容之事；开怀大笑，笑人间可笑之人。背对山门的佛龛供奉的是佛教护法神韦驮雕像，像高 2.5 米，头戴金盔，身裹甲胄，手执降魔杵，威严无比，神采奕奕，象征着降伏世间一切的邪恶势力。这尊雕像以香樟木雕造，是南宋留存至今的珍贵遗物，已有 700 多年的历史，极具观赏价值。天王殿两侧是四大天王彩塑像，高 8 米，俗称"四大金刚"。他们个个身穿盔甲，手持武器，两个神态威武，两个神色和善。他们均为护持佛法的大将，威武不能屈，去恶而扬善，保护着每一位行善信佛的人，因而佛教也称他们为"护世四天王"。四大天王中，手拿琵琶的是东方持国天王，手拿宝剑的是南方增长天王，手臂缠绕一龙的是西方广目天王，右手持伞、左手握银鼠的是北方多闻天王。他们所拿的法器分别代表着"风""调""雨""顺"，象征着"风调雨顺，国泰民安"。

2. 大雄宝殿

穿过天王殿为庭院，院中古木参天，正面是大雄宝殿，其为清代所建的仿唐建筑，重檐高 33.6 米，气势轩昂，雄伟壮观，在国内其他佛教寺院中并不多见。高高翘起的飞檐翼角，使庞大的屋顶显得轻盈而活泼。殿宇的瓦饰、窗花、斗拱、飞天浮雕以及天花板上的云龙绘图，均显示了中国古代建筑的高超艺术。殿宇门前的正上方有"妙庄严域"4个大字，是前浙江省图书馆馆长张宗祥先生的手笔；下方一块金碧辉煌的匾额题有"大雄宝殿"4个字，是已故书法家沙孟海先生于1987年所写。

大雄宝殿正中，在莲花台上结跏趺坐的就是佛祖释迦牟尼像，一共用24块樟木雕刻而成。这尊佛像高19.6米，加上莲花宝座共高24.8米，为我国目前最大的香樟木雕坐像。佛像造形体态丰满、慈祥和蔼、妙相庄严，气韵生动，极具风采。佛像左手上抬，做吉祥姿态说法相；头部微微前倾，两眼凝视前方，以示佛祖对众生的关爱与呵护，令人景仰。灵隐寺的原释迦牟尼佛像，于1949年大雄宝殿正梁因白蚁蛀空倒塌时被毁。现在这座佛像是在1953年重修寺宇时，由雕塑家和民间艺人们采用唐代禅宗佛像为蓝本共同精心设计的，比原先的释迦造像高一倍多。

殿内东西两侧站立的雕像，名为"二十诸天"，出自《金光明经》，他们是掌管日、月、地、水、电、火、雨、风等的天神，个个手执法器和兵器，象征着神通广大。佛祖莲花宝座后面的东西两侧，共有12尊坐像，号称"十二圆觉"，相传是佛祖的12位大弟子，"圆觉"的意思即为"圆满觉悟"。从东面排列分别是：文殊、普眼、贤首、光音、弥勒、净音；从西面排列分别是：普贤、妙觉、善慧、善见、金刚藏、威音。大雄宝殿内以"十二圆觉"这样的布局来排列，在全国佛教寺院中是非常少有的。

大雄宝殿的后壁，有一组大型雕塑，高20余米，全部用黏土塑成。它以"童子拜观音"为主体，共有大小佛像150尊，个个神态各异，栩栩如生，也充分表现了佛教《华严经》中"善财童子南游，遍参53位名师而后才能正果"的典故。这就是所谓的"五十三参"。这组群雕布局分为天、地、海3层。最上层再现了释迦牟尼雪山修道的场景：白猿献果，麋鹿献乳，而那尊形容枯槁、瘦骨嶙峋的雕像，则是释迦牟尼苦修的形态；中层坐在麒麟上的金身塑像是地藏菩萨；最下层中间手执净水瓶的就是家喻户晓的观世音菩萨，她脚踩鳌身，独占鳌头。此鳌传说是海中之王，其一眨眼，就有可能引起山崩海啸、洪水地震，后被观音菩萨所驯服，也就成了观音菩萨的坐骑。观音菩萨右侧，有一尊双手合十、身穿红肚兜的童子，他便是善财；左侧是龙女。这组群塑可以说是佛教艺术的上乘之作，充分体现了艺术家们的神工技巧。

另外，大雄宝殿前月台两侧各有一座八角九层仿木结构石塔，塔高逾7米，塔身每面雕刻精美，经我国著名的古建筑专家梁思成先生考定，两个石塔雕造于吴越末年，是弥足珍贵的宝物，价值极大。

3. 药师殿

灵隐寺的第三重殿就是药师殿，为近年重建，正门上方有原中国佛教协会会长赵朴初先生所题的"药师殿"3个大字，字体端庄，遒劲有力。殿中莲花台座上结跏趺坐的是药师佛，左边站立的是日光菩萨，手托太阳，象征着光明；右边站立的是月光菩萨，手托月亮，象征着清凉。他们合称为"东方三圣"。据《药师经》记载：药师佛是东方净琉璃世界的教主，又被称为"大医王佛"。因为他能使众生离苦得乐，解除病痛和灾害，所以人们又称他为"消灾延寿药师佛"。药师佛曾经在行菩萨道时，发过十二大愿，每愿都是为了满众生愿，拔众生苦，医众生病。在药师殿佛的两侧，共有12尊塑像，是药师佛的12位弟子，号称"药童"，又称"药叉神将"。他们戴盔穿甲，神态威武，手下各有七千神兵，供其调遣，按时辰轮流值班，教化众生，保护众生。

4. 直指堂

灵隐寺的第四重殿就是直指堂。直指，顾名思义，在佛教上意为"直指人心，见性成佛"，这是禅宗的重要教义之一。直指堂的作用相当于佛教寺院的"法堂"，即讲经说法的场所。灵隐寺中许多大型的讲经法会都是在这里举行的。

直指堂中间设有一个用东阳木雕凿的讲台，精美异常。上面放有一把狮子座，是法师讲经说法时的法座。佛教中说，法师宣讲如来正法，能摧破歪道邪魔，犹如狮子一吼，百兽皆服，故名"狮子座"。座位背面悬挂着雕刻精致的大法轮，它是直指堂的主要特征。所谓"法轮"，意指佛陀说法，不止于一人一处，犹如车轮，辗转相续。

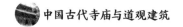

5. 华严殿

灵隐寺的最后一重殿就是华严殿。殿门上挂有全国人大常委会原委员长乔石同志的亲笔题字"华严殿"。站在华严殿上，往下、往回观望，5个大殿贯穿在一条中轴线上，层层递进，巍峨耸立，蔚为壮观。

华严殿内供奉有三尊庄严雄伟的佛像，整组佛像高达 13 米。中间是毗卢遮那佛，左边手持莲花的是大智文殊师利菩萨，右边手持如意的是大行普贤菩萨。据记载：他们三者都是"华严世界"里的圣人，因而又被称为"华严三圣"，"华严殿"即依此得名。这三尊佛像雕凿特别，是共同采用一整根珍贵而巨大的楠木雕刻成的，雕工精致，线条优美。为了与楠木本色相协调，佛像只用金箔勾画了一些细细的花边，给人以庄严肃穆之感。

6. 五百罗汉堂

灵隐寺的五百罗汉堂从明代就有，后来荒废。清初又重建罗汉殿，影响很大，名播海内外。现在的罗汉堂建于 20 世纪 90 年代末，总面积为 3 116 平方米，中央高度为 25 米，其平面呈"卍"字形。"卍"字为佛祖的 32 相之一，以示万法唯心、万德圆融、万缘俱息之意。它是目前国内规模最大的罗汉堂。

罗汉堂内供奉有 500 尊青铜罗汉像。据记载，五百罗汉是佛陀身边 500 位常随弟子。罗汉像每尊高为 1.7 米，底座宽 1.3 米，重 1 吨，形象各异，表情丰富，千姿百态，栩栩如生。在罗汉堂中央，是一座佛教四大名山铜殿，分别供奉着五台山的文殊菩萨、峨眉山的普贤菩萨、普陀山的观音菩萨、九华山的地藏菩萨。在佛教中，此四大菩萨分别象征大智、大行、大悲、大愿。铜殿高 12.62 米，翼展 7.77 米，底部面积 5 平方米。采用铸、锻、刻、雕、镶等 12 科工艺，三重檐，四立面，柱有盘龙，栏有镂花，造型精致，气势磅礴，为"世界室内铜殿之最"，已被列入"吉尼斯世界纪录"。

7. 道济禅师殿

道济禅师殿，内中供奉有一尊右手拿破扇、左手持念珠、右脚搁在酒缸上的造像，他就是民间家喻户晓的"济公活佛"。济公像的左右两侧是十八罗汉塑像。据记载，他们也都是释迦牟尼佛的弟子。

济公是历史上真实的人物，生于南宋绍兴十八年（1148年），卒于嘉定二年（1209年），原名李心远，浙江台州人。他剃度出家的地方就在灵隐寺。虽然济公一生的行径被民间渲染得离奇古怪，但是事实上，济公是一位性格率真而颇有逸才的名僧。济公佛学造诣颇高，但平时的所作所为与一般出家的僧人有不同的地方。据记载，济公性格狂放不羁，饮酒食肉，行若疯狂，与一般寺僧格格不入，以致到了与监寺不能相容的地步。当时住持灵隐寺的是著名的瞎堂慧远禅师，有人就把济公的怪诞行为反映给瞎堂慧远禅师，慧远禅师不但不开除济公，反而回复那人道："法门广大，岂不容一颠僧耶！"瞎堂慧远禅师圆寂后不久，济公就离开灵隐寺而到了净慈寺。他在净慈寺度过了余生，一直到端坐而逝。

济公生性癫狂，却好管不平之事，世人戏称为"济癫"："癫"——常衣衫不整，破帽烂衫，寝食无定，喜好云游，出行四方，足迹遍及浙、皖、蜀等地；"济"——为人采办药石，治病行医，解忧排难，扶危济困，彰善罚恶，广济民间疾苦。因此，济公的德行被四方传颂，深受百姓的喜爱和尊崇，成为历代广受供奉祭祀的神灵。其成佛后的尊号长达28个字："大慈大悲大仁大慧紫金罗汉阿那尊者神功广济先师三元赞化天尊。"

知识链接

你知道为什么把寺院供奉释迦牟尼佛像的殿宇称作"大雄宝殿"吗？

大雄宝殿，一般简称为"大殿"，是寺院僧众早晚诵经共同修行的场所。据佛经记载，释迦牟尼具有超强的智慧与力量，他能够降伏五阴魔、烦恼魔、死魔、天魔等四大魔，被冠以"大雄"的美誉，即"一切无畏的大力士"的意思。后来，佛教弟子们就把"大雄"作为释迦牟尼的"德号"，以表现其普度众生、能伏众魔、消灭邪恶的崇高品德。寺院因而也就把供奉释迦牟尼佛像的大殿称为"大雄宝殿"。

三、灵隐寺古迹

灵隐寺自创建以来，奇俊秀丽的自然景观吸引了大批得道高僧云集于此，他们参禅修行，广播佛法。千百年来，灵隐寺中的一峰一石、一草一木也都浸染了佛法禅性，凝聚着厚重的佛教文化和人文痕迹。

1. 飞来峰

灵隐寺前，山峰之上怪石嵯峨，风景绝异，这就是著名的"飞来峰"，又名灵鹫峰，山高 168 米，山体由石灰岩构成，与周围群山迥异。当初，东晋慧理和尚见到此山峰，大为讶异："此乃中天竺国灵鹫山之小岭，不知何以飞来？""飞来峰"之名由此而来。飞来峰无石不奇，无树不古，无洞不幽。巨岩怪石，如蛟龙，如奔象，如卧虎，如惊猿，仿佛是一座石质动物园。山上老树古藤，盘根错节；岩骨暴露，峰棱如削。宋代著名诗人苏东坡曾有"溪山处处皆可庐，最爱灵隐飞来峰"的诗句；明代袁宏道也曾盛赞："湖上诸峰，当以飞来为第一。"关于飞来峰，民间还流传着一个动人的故事呢！

这个故事与济公有关。相传有一天，济公算知有一座山峰就要从远处飞来。那时，灵隐寺前面是个人口众多的村庄，济公生怕飞来的山峰压死人，就奔进村里劝大家赶快离开。村里人因平时看惯济公疯疯癫癫，爱捉弄人，遂以为这次又是寻大家开心，因此谁也没有听他的话。眼看着山峰就要飞来了，济公一急，就冲进一户娶新娘的人家，背起正在拜堂的新娘子就跑。村里人见济公抢了新娘，就都呼喊着追了出来。人们正追着，忽听风声呼呼，天昏地暗，"轰隆隆"一声，一座山峰飞降到灵隐寺前，瞬间压没了整个村庄。这时，人们才明白济公抢新娘是为了拯救大家。

飞来峰不仅奇石嵯峨，钟灵毓秀，而且飞来峰石刻造像更是江南少见的古代石窟艺术瑰宝。在飞来峰岩洞与沿溪峭壁的石灰岩上，共雕刻有五代、宋、元时期的摩崖造像 470 余尊。其中，保存完整和比较完整的有335 尊，妙相庄严，弥足珍贵。石像雕凿年代最早的是青林洞入口靠右的岩石上的弥陀、观音、大势至三尊佛像，为（951 年）所造。卢舍那佛会浮雕造像则是北宋造像艺术中的精品。而最为人所知的，莫过于大肚弥勒像和十八罗汉群像，此为飞来峰摩崖石刻中最大的造像，也是国内最早的大肚弥勒造像。佛像雕刻生动传神，坐于佛龛中的大肚弥勒赤脚屈膝，手持佛珠，袒胸鼓腹，开怀大笑，将"容天下难容之事，笑天下可笑之人"的形象刻画得淋漓尽致。它是宋代造像艺术的代表作，具有较高的艺术价值。弥勒造像周围并环的十八罗汉，也是神情各异，细致生动。在龙泓洞口，也有宋代的两组浮雕：一为"唐僧取经"，一为"白马驮经"，雕工精致，生动传神。

飞来峰造像又以元代造像著称，数量之多，规模之大，为国内之最，堪称佛教艺术之瑰宝。100余尊元代佛像或袒胸露肩，威武奇突，或容貌清秀，体态窈窕。其中以"无量佛母准提像"最为精致，佛龛呈喇嘛塔形，佛母三头八臂，端庄安详；旁边有供养天女飞翔；两侧供养人像质丽虔诚，衣着轻柔；四大金刚则威武有力。

2. 墓塔林

墓塔林位于灵隐寺千佛殿的西侧，为灵隐寺唐代至清代历代住持高僧的墓地。墓塔林依山而建，分上下两层，现存大小墓塔167座，另附志铭碑刻81通。其中除一座砖砌墓塔外，其余均为全石构筑。按建造年代区分，计有唐代1座、北宋6座、金代5座、清代3座，其余皆为元、明所建。其造型多似经幢、阙柱，少数为立钟、竖瓶状。各种墓塔，体量不一，高低错落，各具时代特征。

3. 辟支塔

辟支塔位于灵隐寺千佛殿的西侧，建于唐天宝十二年（753年），于宋淳化五年（994年）重建，是一座八角九层十二檐的楼阁式建筑，为灵隐寺的主要标志。塔高54米，底固长48米，为砖砌，可循级而上，塔座上有"阴曹地府"酷刑场面的浮雕。塔的造型奇特，塔身上下不一。一至三层是重檐，四至九层为单檐。古朴的门窗、富有变化的塔檐和纤巧挺拔的塔身，使人感到庄严大方之中不失玲珑奇巧。此辟支塔的主要特点是有重檐，属密檐楼阁式，而其"密檐楼阁式"的建筑结构，中国独此一例。

知识链接

你知道飞来峰元代造像众多的原因吗?

据史料记载,飞来峰元代造像众多的原因与元代"江南释教总统"杨琏真伽有关。元至元二十八年(1291年),杨琏真伽因盗掘宋陵、侵吞官物而被朝廷追究,从他家中抄出赃物黄金1 700多两、白银6 800多两、田契23 000多亩,珠玉宝器不计其数。当时许多臣僚义愤填膺,联名奏请皇上,要求"乞正典刑,以示天下",但元世祖忽必烈感念杨琏真伽征南有功,遂将他赦免,并发还田地、人口。杨琏真伽返回杭州后,为报答朝廷的恩典和皇上的赦免,接连在飞来峰雕凿众多佛像,所刻佛像旁都有祝皇帝、真妃、太子等"万岁""千秋"的题字。

第三节　广东南华寺与庆云寺

一、岭南第一禅寺——南华寺

南华寺坐落于广东省韶关市,位于曲江县马坝东南7千米的曹溪之畔,距离韶关市南约22千米,这里依山面水,峰峦奇秀。南华寺是中国佛教名寺之一,是禅宗六祖慧能宏扬"南宗禅法"的发源地。

知识链接

为什么南华寺是佛教禅宗的祖庭?

印度佛教只有禅学,没有禅宗。相传达摩从印度来到北魏,提出一种新的禅定方法。达摩把他的这一禅法传给慧可,慧可又传给僧璨,然后传道信、传弘忍。弘忍之后分成南北二系：神秀在北方传法，建立北宗；慧能在南方传法，建立南宗。北宗神秀不久渐趋衰落，而慧能的南宗经弟子神会等人的提倡，加上朝廷的支持，取得了禅宗的正统地位，因而成为中国佛教的主流，慧能也因而成为禅宗实际上的创始人。由于从达摩到慧能经过六代，故将达摩视为"初祖"，而把慧能称为"六祖"。

禅宗创立之后，影响不断扩大，自身也不断发展，形成了曹洞、云门、法眼、临济、沩仰五大宗派。公元 9 世纪，禅宗传入朝鲜，公元 12、13 世纪，又传入日本，并成为这些国家佛教的主流。此后，禅宗又自东亚传至东南亚乃至欧美等地。现在，每年都有大批国外的佛教徒前来南华寺朝拜祖庭。

南华寺始建于南北朝梁武帝天监元年（502 年）。据史料记载，是年印度高僧智乐三藏自广州北上，途经曹溪，"掬水饮之，香味异常""四顾群山，峰峦奇秀""宛如西天宝林山地"，遂建议在此建寺。天监三年（505年），寺庙建成，梁武帝赐"宝林寺"名。后又先后更名为"中兴寺""法泉寺"。至宋开宝元年（968 年），宋太宗敕赐"南华禅寺"，寺名乃沿袭至今。南华寺已有 1 500 多年的历史，寺后有桌锡泉（俗称九龙泉），几株高达数十米的古老水松，是现在世界上稀有的树木；寺庙现存大量珍贵文物，为全国重点文物保护单位之一。南华寺建筑面积 12 000 多平方米，由曹溪门、放生池、宝林门、天王殿、大雄宝殿、藏经阁、灵照塔、六祖殿等建筑群组成。现有建筑除灵照塔、六祖殿外，都是 1934 年后虚云和尚募化重修的。

1983 年，南华寺最早一批被国务院定为国家重点寺院。2001 年 6 月25 日，南华寺作为明、清时期古建筑，被国务院批准列入第五批全国重点文物保护单位名单。

南华寺最珍贵的文物，就是被僧人称作镇山之宝的六祖真身像了。六祖真身像供奉在红墙绿瓦、古色古香的六祖殿内。坐像通高80厘米，六祖慧能（亦作惠能）结跏趺坐，腿足盘结在袈裟内，双手叠置腹前做入定状，头部端正，面向前方，双目闭合，面形清瘦，嘴唇稍厚，颧骨较高。从塑像中可以看出这位饱经风霜的高僧多思善辨的才智和自悟得道的超然气质，表情生动，栩栩如生。据广东省考古学家徐恒彬、韶关市博物馆和南华寺僧人考证和研究，这座六祖造像的确是以六祖慧能的肉身为基础，用中国独特的造像方法——夹纻法塑造而成。这尊中国式的"木乃伊"是由慧能的弟子方辨塑造的。

知识链接

慧能的弟子采用了什么方法制造了这尊"木乃伊"？慧能在圆寂前，身披袈裟，尽腿盘屈，打坐入定，不吃不喝，使体内营养和水分逐渐耗尽，最终坐化圆寂。然后，将遗体放在两个对盖密封的大缸之中的木座上，座下有生石灰和木炭，座上有漏孔。经过相当时间后，内脏和遗体上的有机物质腐烂流滴到生石灰上，不断产生热气，水分被吸干，遂变成坐式肉身干体。然后进行塑造，先"以香泥上之"，然后加布，再"以铁叶、漆布固师颈"。由于方辨是慧能的弟子，不止一次为慧能塑过像，对他的相貌、气质神态有深刻的了解，因此这尊塑像很成功地反映地慧能超脱的气质和高僧的形象，成为流传千古的真身像。

二、江苏庆云禅寺

庆云禅寺原位于江苏泰兴城内庆延铺，建于北宋真宗咸平二年，即999年，然而随着岁月的剥蚀，庆云禅寺渐有颓废，而"寺旁隙地渐没入民间，僧徒遂散"。明嘉靖末年，寺院被道人强占。万历年间，县令段尚绣查处此案，庆云禅寺方回归佛门。可是，此时的庆云禅寺已是面目全非，百废待兴。幸有秣陵（今江苏江宁）安隐院僧洪祇禅师来领寺事，启告十方，募缘修寺。万历二十六年（1598 年），在县令陈继畴的大力支持下，"诸檀越善信踊跃效命施财"，未几"大殿、山门、禅堂、香积无不一新"，殿内"绀发金身之容，石筵香案之供，皆种种庄严"，"又建二楼于殿旁，左钟右鼓，以警晨昏"，而"庆云清梵"也成泰兴四景之一，寺院再现辉煌。

清顺治年间，硕揆原志禅师和洪约禅师相继住持庆云禅寺，朝廷"敕赐庆云禅寺"楠木匾额立于寺内（传为御笔）。康熙十六年（1677 年），住持宜泽禅师建西竺庵，续有雪悟、旦孚、佛眉、德溥、妙懋、真济、照潭等名僧先后住持庆云禅寺，相继修缮殿宇。迨至光绪年间，在全寺 110 亩土地上，拥有山门殿、天王殿、钟鼓楼、伽蓝殿、祖师殿、大佛殿、准提楼、千佛楼、定慧斋、崇福院等建筑 130 余间，僧众数百人，另外还有下院法乳庵、观音庵、宝莲庵和普同塔院。全寺黄墙黛瓦，飞檐翘角，古木参天，四周均为河水环抱，只有一石桥通入寺内，形成城中之城。

同治十年（1871 年），朱铭盘离开家乡，惜别照潭和尚，随读于六合学署。同治十三年（1874 年）为两淮盐运使方浚颐聘为记室，办理文牍三年，深受器重。方赞其书法诗文"高古奇逸，离尘绝俗，近今人士，得未曾有"。其间，朱铭盘书法的确渐成一家，除善篆隶外，其魏体熔魏碑和汉隶于一炉，气魄雄厚，风格独特。他用魏体手书"东阳古刹，西京宗风"一联赠予庆云禅寺，照潭和尚命人勒石于山门两侧墙上。

光绪三年（1877 年），朱铭盘应聘于南京浦口庆军统领提督吴长庆军中，与张謇、周家禄、束纶、邱履平、林葵等名士同为军幕，深受吴长庆赏识，待以师礼。八月，有人告知朱铭盘，吴督拟为朱、张二人捐官为部郎，朱铭盘不愿借人力进身，以书信相询于照潭和尚，和尚支持其以科名正途进身的想法。朱、张二人遂再三推辞吴督好意。光绪八年（1882 年），朱铭盘中举；光绪十一年（1885 年），张謇中举，二十一年（1895 年）又中状元。不久，光绪帝戊戌变法，废除科举，张謇就成为封建王朝的最后一位状元。其间，照潭和尚整修庆云禅寺，朱铭盘虽军务繁忙，仍抽出空来帮庆云禅寺谋划募捐，不久，寺内殿堂楼阁为之一新。光绪六年（1880

年）九月十二日，照潭和尚在庆云禅寺圆寂，享年 55 岁。朱铭盘闻之十分悲痛，回乡哭祭。

光绪十年（1884 年），吴长庆于金州军中病逝，宾客星散，朱铭盘与张謇诸人述别南归。回乡后，朱铭盘越发崇信于佛法，时时往来于庆云寺，并与方丈贯之禅师交好。对于贯之禅师不执于经文，于行住坐卧中参禅悟道十分称道。他对贯之禅师圆融处事、统理大众井井有条很是佩服，故贯之和尚圆寂后他曾作一挽联吊曰："不执三藏经律论，只知柴米酱醋茶。"

光绪十三年（1887 年），朱铭盘丁忧回乡，常小住于寺中修身养性，并修订朱氏宗谱序。十七年（1891 年），朱铭盘因军功被保为知州，效命于金州军营。光绪十九年（1893 年）十一月十八日，朱氏病逝于金州军营，年仅 41 岁。直隶总督王文韶奏请朝廷，按知府阵亡例赐恤。第二年，甲午战争爆发，因日寇入侵，朱铭盘眷属扶柩南归，曾停灵于庆云禅寺超度。

第四节　上海玉佛寺、龙华寺与静安寺

一、闹中取静的上海玉佛寺

位于上海安远路的玉佛禅寺，不仅是沪上名刹，也是闻名海内外的佛教寺院。作为上海旅游的十大景点之一，它虽地处繁华的市区，却又闹中取静，被喻为闹市中的一片净土。

玉佛禅寺创始至今已有 120 年的历史，前后有 11 任住持。首任住持慧根法师于清光绪八年（1882 年）从缅甸请回大小玉佛五尊，留下两尊供沪上信众瞻礼。先在上海张华浜建茅蓬，后于沪郊江湾车站附近建寺，供奉玉佛。慧根法师圆寂后，有本照、宏法法师先后继任住持。宏法法师圆寂后，由可成法师继任住持。他于 1918 年起，在槟榔路（今安远路）建新寺，十年方成，即今天的玉佛禅寺南院所在地。因可成法师传承禅宗临济法脉，故定名为"玉佛禅寺"。可成法师兴建新寺，费尽心力，被人称为玉佛禅寺的中兴者。

步入第一主殿——天王殿，可见三扇朱红大门，本意为"三门解脱"。过去，因寺庙多建在崇山峻岭中，庙门也称"山门"，"山"与"三"异字谐音，"三门"也成了寺庙的代名。殿前供奉的是家喻户晓的弥勒菩萨。其实，这位方脸大耳、腹露胸袒的笑佛源于五代时浙江奉化契此和尚。因他常持布袋，随处行乞，故也称"布袋和尚"。公元 916 年，布袋和尚在浙江奉化密林寺圆寂。因临终偈语"弥勒真弥勒，分身千百亿；时时示世人，世人自不识"，始被认作弥勒化身，后人塑像作为弥勒供奉。

第二主殿为"大雄宝殿"。内供三尊金身大佛，正中是佛祖释迦牟尼；东侧是东方琉璃世界的药师佛，西侧是西方极乐世界的阿弥陀佛。宝殿后方设"海岛观音"壁塑，中间手持净水法瓶、脚履鳌鱼、慧眼注视人间的是"大慈大悲、救苦救难观世音菩萨"。她站在鳌鱼头上，漂洋过海，前往拯救苦难众生。观音的两旁倚立着龙女和善财，他们都是观音的弟子。壁塑的外两侧，左边是骑白象的普贤菩萨，右边是骑青狮的文殊菩萨，观音塑像上方那位双手抱膝、面容疲乏的则是释迦佛出家六年后，历尽艰险苦难时的造型。

第三为方丈室。匾额称"般若丈室"：般若，意为智慧；丈室，世称方丈，意为一丈地，容量无限。正面墙上挂着禅宗始祖达摩画像，方丈室楼上即是玉佛楼了。大殿正中供奉的即是慧根法师请回的玉佛坐像，像高 1.92 米，重 1 吨，由整块白玉精雕而成，玉质细洁，造型优美，为释迦牟尼的法相。佛身上装贴的金箔和镶嵌的宝石，光彩夺目，系信徒们所捐。游客到此，无不赞叹玉佛雕琢，巧夺天工，精美绝伦，举世无双。玉佛两侧橱柜内，珍藏着清刻《大藏经》7 000 余册。

二、历尽沧桑的龙华寺

上海龙华寺位于徐汇区中部，龙华路 2853 号。它以千年古塔、龙华庙会、龙华晚钟成为名闻遐迩的宗教胜地、旅游景观以及江南名刹。据《同治上海县志》载："相传寺塔建于吴赤乌十年，赐额龙华寺。"唐代皮日休《龙华夜泊》诗云："今市犹存古刹名，草桥霜滑有人行。尚嫌残日清光少，不见波心塔影横。"在唐人诗中已称龙华为古刹，可见其历史悠久。

相传在三国时期，西域康居国大丞相有一个大儿子，单名叫会。他不恋富贵，看破红尘，立志出家当了和尚，人称"康僧会"。康僧会秉承佛旨，来到中华弘传佛法，广结善缘，他东游于上海、苏州一带。一日，来到龙华荡，见这里水天一色，尘辙不染，认为是块修行宝地，就在这里结庐而居。他不知道，这里之所以景致幽静不凡，是因为广泽龙王在这兴建了龙宫。广泽龙王见来了个和尚居住，心中很不高兴，一时起了恶念，要兴风起雾，掀翻和尚的草庐，把和尚吓走。可是龙王突然发现草庐上放射出一道光，上有五色祥云，龙王吃了一惊。他接近一看，见康僧会神色端详，正在打坐诵经。龙王听了一会儿，被和尚所诵的佛旨感动，不仅打消了恶念，还走上前对康僧会说自己愿回东海去住，把龙宫让给康僧会，用来兴建梵宇。康僧会接受了龙王的一番好意，把龙宫改建成龙华寺，还专程赶到南京拜会吴国君主孙权，请他帮助建造佛塔，好安置自己所请到的佛舍利。就这样，在龙华寺中又建了13座佛塔，安放13颗佛舍利。据说，这位"康僧会"还做过一件至今对上海乃至周边地区影响深远的事，那就是他曾在龙华寺附近设立"沪生堂"，传授自印度流传过来的制糖之法，造福当地百姓。

687年，唐皇曾赐给龙华寺5 000贯钱，用于建筑圆通宝殿等殿堂，这是龙华寺有殿堂的开始。宋元时期，龙华寺规模有所扩大，佛事繁荣。北宋治平元年（1064年），宋朝皇帝将龙华寺改为"空相寺"，随后又赐给"空相寺"匾额，拨款重修大佛殿、宝塔，新建白莲禅院。可惜，元末毁于兵燹，殿堂毁坏，僧众离散，唯龙华寺塔尚存。明代，龙华寺得到全面修复，成为上海第一名刹。

清代是龙华寺的全盛时期。清朝顺治年间，韬明禅师被推举为龙华寺住持。他鼎新开辟，先后修建了韦驮殿、东西照楼、怀香楼、藏经阁等，被称为龙华寺中兴的开山之祖。韬明和尚圆寂后弟子大壑禅师（又称沛堂和尚）继任住持。清代咸丰年间，观竺法师住持龙华寺。他是天台宗第四十祖，在龙华寺弘扬天台宗，并募集资金修整殿宇。清政府彰其功德，赐给龙华寺一部《清藏》，共 730 池，现仍珍藏在寺内。观竺法师传法于弟子所澄，所澄弟子有迹端、文果等，他们都是龙华寺的著名僧人，对维修寺院做出了贡献。

1911 年，近代名僧谛闲法师住持龙华寺。他是天台宗第四十三世传人，历任慈溪狮子庵、永嘉头陀寺、绍兴戒珠寺、宁波观宗寺、天台山万年寺、上海龙华寺住持，还曾到哈尔滨市极乐寺传戒，他的著名弟子有倓虚、常惺、妙真等。在中华民国年间，战争中，龙华寺走向衰微。据 1936 年《上海研究资料》记载，龙华寺尚存有大雄宝殿、大悲阁、方丈室、金刚殿、三圣殿、弥勒殿、伽蓝殿、观音殿、祖师殿、地藏殿、罗汉堂、钟楼、鼓楼、客堂、斋房等建筑，可惜 1937 年大多毁于日本侵略者的战火之中。到上海解放时，龙华寺已破坏不堪，有毁圮之势。中华民国期间，龙华寺的住持依次有元照、性空、圆明、了愿、永禅、心慈法师，其中性空法师曾举行过三次传戒法会，影响较大。

三、上海真言宗古刹——静安寺

静安寺位于静安区南京西路。原名重元寺、重云寺。静安寺是上海著名的真言宗古刹。静安区由静安寺而闻名，是这闹市中难得的清修之地。

元人有所谓"静安八景"，即赤乌碑、陈朝桧、讲经台、虾子潭、涌泉、绿云洞、沪读垒及芦子渡，历代题咏甚名，今均湮没。涌泉即沸井，俗称海眼，泉旁筑石栏，四周有铁栅，旁竖阿育王式石柱"梵幢"，题曰"天下第六泉"。寺内尚有"云汉昭回之间"石刻，是南宋淳熙十年（1183年）光宗赵惇当太子时为学士钱良臣之藏书阁所题，阁毁后移于寺内。近年经过大修，重现了古寺风貌。

第五节　福建涌泉寺、开元寺

一、鼓山山腰处的涌泉寺

涌泉寺位于福州市鼓山山腰海拔455米处，面临香炉峰，背枕白云峰。《鼓山志》载：涌泉寺"其先为潭，毒龙居之。唐建中四年（783年），从事裴胄请灵峤入山，诵华严于潭旁，龙遂不为害"。可见，这里原是常有猛兽出没的荒山，唐代僧侣在这里建立寺庙，有人烟和香火后，猛兽也不敢出来了。现在，人们都把建中四年（783年）作为涌泉寺创建之始。因灵峤禅师诵《华严经》，遂称华严寺。唐武宗灭佛时，华严寺被毁。五代后梁开平二年（908年），闽王王审知重兴。建寺时，寺门前一壑泉水，如波涛涌出，故取寺名为涌泉寺。王审知迎请神晏法师来住持涌泉寺，住持扩建殿奈，聚徒千百，称盛一时。

宋朝时，宋真宗赐额"涌泉禅院"。明朝永乐五年（1407年）改称涌泉寺。明永乐六年（1408年）和嘉靖二十一年（1542年），涌泉寺两次遭受火灾，殿堂残存无几。万历四十七年（1619年）重建，后几度扩建，形成了今天的规模。

清康熙三十六年（1697年），康熙皇帝御笔颁赐"涌泉寺"匾额，至今高悬寺门上方。明清以来，住持涌泉寺的名僧辈出，先有永觉、为霖（道霈），后有古月、妙莲，近代有虚云、圆瑛诸位大德。清朝末年，妙莲法师为修寺出洋募化，在南洋槟城建极乐寺为鼓山下院。古月禅师住持涌泉寺期间，带领僧人将寺庙修缮一新，盛极一时。1929年，近代名僧虚云在林森等人的邀请下，任涌泉寺住持，率领僧众，重振宗风。首先，革除挂名职事，建立禅堂规则，恢复首座、西堂、后堂、堂主四班首及维那等首领执事。其次，创办鼓山佛学院，请慈舟法师主讲，造就僧伽人才。最后，整理涌泉寺所藏佛经经版，编《鼓山经板目录》。虚云法师还亲临禅堂与僧人一起"坐香""讲开示"，并带领僧人植树造林，参加生产劳动。

寺内著名建筑有大天井，在它正上方题刻"石鼓名山"四个大字，中间横桥卧波。左右有两厢楼、钟鼓楼对峙。钟楼上有一口铸造于清康熙三十五年（1696 年）的巨钟，以铜为主，与金、银、锡合铸，重约 2 吨。钟声洪亮悠扬，余声不绝。钟身刻有《金刚般若经》全文，共 6 372 字。

沿长廊拾级而上，两侧是闽王祠、伽蓝殿，正中为大雄宝殿。大雄宝殿初建于五代开平二年（908 年），宋朝重修。明朝时毁于火灾，现存为清光绪八年（1882 年）重建的建筑。殿中供奉三世佛像，两侧为十八罗汉像。供桌前有一鼎铜铸大香炉，两旁各立一尊铜童子像。大殿后侧有清康熙年间的铁铸"三圣像"，表面贴金，重约 2 300 斤（1 斤 =500 克），金光闪闪。大殿天花板上是清光绪八年（1882 年）绘制的各式图案 242 块，有禅龙图 129 块，丹顶鹤 86 块，大象、麒麟、白马、猴等图案 27 块，色彩鲜艳，与羊皮灯相辉映，使殿内金碧辉煌，庄严肃穆。

大雄宝殿后为法堂。东侧下方为藏经楼，楼建于顺治十六年（1659 年），藏有佛经 2 万多册，其中，有清康熙至乾隆年间御赐的佛经《明朝南藏》《明朝北藏》《清朝梵本》，近代涵芬楼影印《日本续藏》《杂藏》善本，康熙年间彩色绘制的《佛祖道影》贝叶刻经 600 多册。所藏佛经中以元刊本《延祐藏》最为珍贵。《延祐藏》是元延祐二年（1315 年）建阳县后山报恩寺刊印的《大藏经》。涌泉寺所藏 762 卷，虽非全部，但字体秀丽，刻印精美，《延祐藏》在国内已很罕见。最引人注目的是清代涌泉寺方丈道霈法师著作的《大方广佛华严经疏论纂要》，共 120 卷，分装 48 册，雕板 2 425 块，这是康熙年间具有代表性的佛学著作，十分珍贵。1925 年，弘一法师曾印了几十部赠送给日本各大寺。

这里所藏的佛经、佛像雕板 13 375 块，驰名国内外。过去由福州佛学书局承印，在国内及日本、新加坡、马来西亚等国流通。1929 年，日本佛教学者常盘大定博士来考察佛教史迹时，称涌泉寺为"中国的第一法窟"，对这里的藏经、藏版进行了一个多月的调查。

涌泉寺还保存着唐代以后的陶瓷器，明清书画、佛像和法器，宋代陶制观世音佛像、白玉石佛像、泰国的铜钟和缅甸、印度等国的贝叶经等文物。香积厨里还保存着四口钢铁合铸的巨锅，已有 900 多年的历史，其中最大的一口直径 1.67 米，深 0.8 米，可一次煮米 500 斤，供千人食用。

鼓山涌泉寺的名人题句甚多，在鼓山摩崖题刻最集中的灵源洞至听水斋沿途，布满宋元明清题咏 300 多处，有相传朱熹所书的"寿"字，高达 4 米，是福建省最大的古代石刻。这些题刻，荟集篆、隶、草等书法精华，是研究鼓山历史和书法艺术的珍贵资料。

二、福建省最大的寺庙——开元寺

知识链接

黄守恭与开元寺：相传泉州开元寺的檀越主黄守恭，为轩辕黄帝子有熊氏之后。据《江夏紫云黄氏大成宗谱》记载，黄守恭为黄姓一世祖第 112 世子孙，生于公元 629 年，卒于公元 712 年。黄守恭为官泉州，成巨富，有地 360 庄。一天，黄守恭梦见有一个僧人向他募地建寺，他说等桑树开白莲花后就献地结缘。几天后，满园桑树果然都开出白莲花，黄守恭被无边佛法感动，果然把这片桑树园捐献了出来。其实，黄守恭本为乐善好施之人，桑开白莲之说乃是人们敬慕佛祖附会而成，但这一神奇的传说为泉州人民所津津乐道，世代相传，因而开元寺也得了"桑莲法界"的美称。

黄守恭献地造寺，于唐垂拱二年（686 年）开始，先后建成莲花寺、兴教寺、龙兴寺【唐玄宗开元二十六年（733 年），改名开元寺】。因其处常有紫云盖地【另说寺的大殿建成后，忽然天降"紫云盖地"，致使殿前大庭 1 300 余年众草不能繁殖。这一历史悬案，成为 1992 年《飞碟探索》杂志的 UFO（不明飞行物）遗址探讨对象】，大书"紫云"二字揭于山门。

开元寺的土地是黄守恭献的，寺内建檀樾祠，专奉黄守恭的禄位，遵奉黄守恭及其子孙为檀樾主。

开元寺的山门，也叫天王殿。它建于唐武则天垂拱三年（687年），后经过几次火灾烧毁与重建，现存建筑是中华民国十四年（1925

福建开元寺

年）修建的。钟石柱上下端略细，中部较粗，呈梭子状，学名梭柱，据考证为唐朝的石柱风格，年代已十分久远。石柱上还悬挂有一副木制对联："此地古称佛国，满街都是圣人。"这是南宋大理学家朱熹所撰，近代高僧弘一法师所写。它是泉州这个具有浓厚宗教文化色彩的古城风貌的真实写照。分坐在天王殿两旁的是按佛教密宗规制所配置的密迹金刚与梵王。它们怒目挺胸，状极威严，与一般寺庙所雕塑的四大金刚有较大差别，有人谑称它们为"哼哈二将"。

过山门就到了拜亭。可以看到拔地而起的东西塔和宽敞明亮的东西两廊对称地排列在两旁。佛教传入我国已有一千多年历史，并在中国落地开花，与中国文化融为一体。开元寺的布局就突出了我国古建筑的南面为尊和中轴线为主的特点。

拜亭前的这个大石庭，是个"凡草不生"的拜庭，供古今官民朝拜和活动使用。每逢农历二十六，这里人山人海，梵呗声声，一派泉南佛国景象。石庭两边分列着八棵200~800岁的大榕树，荫翳蔽日，盘根错节，增添了开元寺静寂、庄严的气氛。树下排列着11座唐、宋、明时期不同形式的古经幢、小舍利塔，以及两只贔屃。庭中还置立着一座3米多高的石雕焚帛炉，盖钮雕蹲狻猊，炉身周雕幡龙、祥云、莲瓣、蔓草等纹饰，形制优美，雕工精妙。焚帛炉稍后两侧，还有两座南宋绍兴十五年（1145年）泉州南厢柳三娘捐建的印度萃堵波的方形石塔，塔上刻有萨锤太子舍

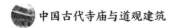

身饲虎的故事，是印度教在南宋时留下的痕迹。

在中轴线上的主体建筑，就是大雄宝殿。因传说建殿之时有紫云盖地，故又叫紫云大殿。大殿上方巨匾写有"桑莲法界"四个魏碑风格的大字，以应桑开白莲之说。早在唐朝初期，泉州已盛产丝绸。这片地原是大财主黄守恭的桑树园，后来捐给匡护大师建寺。大雄宝殿始建于唐朝垂拱二年（686年），先后经过唐、南宋、元、明几次受灾与重建，现存建筑物是明代崇祯十年（1637年）遗物。大殿通高20米，面宽九间，进深六间，面积达1 387.75平方米，大殿出拱深远，外观雄浑，保存着唐朝宏模巨制、巍峨壮观的建筑风格。

大雄宝殿还有一个"百柱殿"的雅称。全殿原计划设立柱子100根，后来因为需要放置佛像和腾出给佛教徒朝拜的地方，便加长了珩梁，减少了立柱，成为86根柱子的"百柱殿"。崇祯十年（1637年）右参政、按察使曾樱与总兵郑芝龙重修开元寺紫云大殿时，将其中的木柱全部换成石柱。百柱殿的柱子形式丰富多彩，有宋、元、明各时期的海棠花式柱、圆柱、方柱、楞梭柱、蟠龙柱等。尤其是殿后廊檐间那对16角形辉绿岩石柱，雕刻着古代印度和锡兰流传的古印度教大神克里希那的故事和花卉图案24幅，引起了中外学者的极大兴趣。它与殿前月台须弥座束腰处的72幅辉绿岩狮身人面像和狮子浮雕，同为修殿时从已毁的元代寺庙移来的。它们是宋元时期泉州海外交通繁荣发达，中外文化友好交流的历史见证。

第六节　南京栖霞寺与舍利塔

一、"江南三论宗初祖"——栖霞寺

栖霞寺位于南京市东北22千米处的栖霞山上，1983年被国务院确定为汉族地区佛教全国重点寺院。栖霞寺始建于南齐永明七年（489年），梁僧朗于此大弘三论教义，被称为江南三论宗初祖。

南京栖霞寺

三论宗是中国佛教的宗派之一，源于古印度大乘佛教的中观宗，三论宗以《中论》《十二门论》《百论》为主要典据，由鸠摩罗什翻译，流传中国。在中国实际完成三论一宗的大业者为隋代的吉藏。该宗着重阐扬诸法性空的理论，也称法性宗。该宗建立了"真俗二谛""八不中道"等理论，认为世间万物都是因众多因缘和合而生（缘起），离开众多因素和条件就没有独立不变的实体（性空）。

栖霞寺最初称栖霞精舍，唐时改名功德寺，五代十国时改为妙因寺，宋代又改名为普云寺、栖霞寺、崇报寺、虎穴寺，明洪武五年（1372年）复称栖霞寺。清朝末年，太平天国与清兵作战时，栖霞寺毁于战火，后于1919年重建。

二、栖霞寺的历史价值

鉴真和尚第五次东渡未成，归途曾驻锡于此。宋元以降兴衰不一。清乾隆帝五次南巡俱设行宫于栖霞，益增殊胜。太平天国以后乃趋萧条。中华人民共和国成立以来，政府对此名刹甚为关注。1963年，中日两国释教文化等各界人士共同举行纪念鉴真和尚圆寂1 200年盛大活动，日本佛教界以鉴真和尚雕像斋赠中国，奉安此寺。1966年，"文革"期间，经像法器多遭破坏，寺僧散于四方，而千佛岩之佛首又被毁，殿堂赖部队保护未受摧残，鉴真像亦幸无恙。

栖霞寺前是一片开阔的绿色草坪，有波平如镜的明镜湖和形如弯月的白莲池，四周是葱郁的树木花草，远处是蜿蜒起伏的山峰，空气清新，景色幽静秀丽。寺内主要建筑有山门、弥勒佛殿、毗卢宝殿、法堂、念佛堂、藏经楼、过海大师纪念堂、舍利石塔。寺前有明徽君碑，寺后有千佛岩等众多名胜。

寺前左侧有明徵君碑，是初唐为纪念明僧绍而立，碑文为唐高宗李治撰文，唐代书法家高正臣所书，碑阴"栖霞"二字，传为李治亲笔所题。此乃江南古碑之一，是珍贵文物。

进入山门，便是弥勒佛殿，殿内供奉袒胸露乳、面带笑容的弥勒佛，背后韦驮天王，昂首挺立。出殿拾级而上，是寺内的主要殿堂大雄宝殿，殿内供奉着高达 10 米的释迦牟尼佛。其后为毗卢宝殿，雄伟庄严，正中供奉高约 5 米的金身毗卢遮那佛，弟子梵王、帝释侍立左右，二十诸天分列大殿两侧。佛后是海岛观音塑像，观世音伫立鳌头，善财、龙女侍立两旁，观音三十二应化身遍布全岛。堂内塑像，工艺精湛，入化传神，令人赞叹。

过了毗卢宝殿，依山而建的是法堂、念佛堂和藏经楼。藏经楼内珍藏着汉文《大藏经》7 168 卷，另有各种经书 1.4 万余册。在佛龛中供奉着释迦牟尼玉像一尊。藏经楼左侧为"过海大师纪念堂"，堂内供奉着鉴真和尚脱纱像，陈列着鉴真和尚第六次东渡图以及鉴真和尚纪念集等文物，这些都是日本佛教界赠送的，是中日佛教界友好往来的历史见证。

寺内还新建了玉佛楼，正中供奉一尊高 1.5 米、重 390 千克的玉佛像，玉佛雕凿精细，装金着彩，是中国台湾僧人星云捐赠的。玉佛楼两壁挂有释迦牟尼佛成道彩图。

寺外右侧是舍利塔，始建于隋文帝仁寿元年（601 年），七级八面，用白石砌成，高约 15 米。塔基四面有石雕栏杆，基座之上为须弥座，座八面刻有释迦牟尼佛的"八相成道图"，有白象投胎、树下诞生、九龙浴太子、出游西门、窬城苦修、沐浴坐解、成道、降魔和涅槃。八相图之上为第一级塔身，第一级塔身特别高，八角形，每角有倚柱，塔身刻有文殊、普贤菩萨及四大天王像等浮雕。以上各层上下檐间距离较短，五层檐由下至上逐层收入，塔身亦有收分。各面均滩两石竞，龛坐一佛。檐下斜面上还雕刻飞天、乐天、供养天人等像，与敦煌五代石窟的飞天相似。塔顶刹柱为莲花形。整个舍利塔造型精美，不仅是隋唐时期江南石雕艺术的代表作，也是研究古代佛教、艺术、文化的珍贵实物。

三、南京栖霞寺

南京栖霞寺舍利塔抢救维修工程于 1993 年底竣工。这个国家级重点文物保护景点重新对中外游客开放。由中国文物研究所副研究员蔡润主持的这次维修是历次维修中规模最大、技术水平最高的一次，主要是把数百年前由于自然风化、雷击火焚坠落的 8 块石构件黏结至断口处。

在舍利塔后边的山岩中，还有一组南朝时期开凿的石窟，内凿佛像500 余尊，称千佛崖。其中，最大的佛像是无量寿佛，高达 10 米，左右是观音、大势至菩萨立像，组成西方三圣。周围的岩壁上雕刻着佛宪和佛像，在最后一个石窟中，出现了一尊手执铁锤与铁锥的石工雕像，据说是佛像的开凿者把自己的形象也凿入了佛像中。千佛崖的佛像美丽壮观，反映了古代劳动人民的智慧和力量。

栖霞寺还是江苏省佛教协会所在地。1982 年 11 月，中国佛教协会在这里举办了僧伽培训班。这是中华人民共和国成立以来中国佛教界举办的规模最大的培训班，有 184 名僧人参加，他们的年龄在 18~40 岁，都具有中学文化程度。他们来自广东、江苏、上海、福建等 17 个省份。培训班学制一年，主要课程有佛教常识、佛教简史、戒律、丛林规制、功课唱念和文化课等。赵朴初会长前来出席开学仪式，勉励学僧"在学习上取得优异成绩，进一步继承和发扬中国佛教的优良传统，为庄严国土，利乐有情，维护祖国荣誉，增强国际友谊，争取世界和平做贡献"。

1983 年 11 月，中国佛教协会决定在南京栖霞寺成立中国佛学院栖霞山分院。1984 年 9 月，栖霞山佛学院招收了 56 名学僧，他们来自 19 个省份的 43 所寺庙，在这里进行了两年的学习，系统学习了佛教史、佛教三经、百法明门论、五蕴论、唯识三十论要释、戒律、语文、历史、地理、时事政策、外语等十几门课程。1986 年 7 月，首届毕业生毕业，一部分报考中国佛学院继续深造，另一部分回到原来的寺庙从事寺庙教务和管理工作。

第七节　湖北玉泉寺与铁塔

一、"天下四绝"之一的玉泉寺

玉泉寺是驰名中外的佛教圣地，也是全国著名的风景名胜区，坐落于绿树丛林的玉泉山东麓，距三国古战场长坂坡暨当阳市城区 12 千米。东汉建安二十四年（219 年），普净禅师结茅玉泉山下，为玉泉寺建寺之始。南北朝大通二年（528 年），梁武帝敕建"覆船山寺"。隋开皇十二年（592 年），智者大师奉诏建寺，隋文帝赐额"玉泉寺"。唐初，玉泉寺与浙江国清寺、山东灵岩寺、江苏栖霞寺并称"天下四绝"。

宋景德、天禧年间（1004—1020 年），宋真宗明肃皇后对玉泉寺加以扩建，并改额为"景德禅寺"，寺院规模达到"占地左五里，右五里，前后十里，为楼者八，为殿者十八，僧舍三千七百"，被誉为"荆楚丛林之冠"。

明初，恢复玉泉寺名号。明万历年间，明神宗敕赐"荆楚第一丛林"匾额。玉泉寺是 1983 年全国首批重点对外开放寺庙之一。

二、中国佛教天台宗祖庭之一

玉泉寺是中国佛教天台宗祖庭之一。智者大师创立天台宗，其重要代表著作《摩诃止观》《法华玄义》均在玉泉讲演结集，在中国佛教史上留下了"东土释迦""九旬谈妙"等佳话。

玉泉寺也是禅宗北宗祖庭唐国师神秀的道场。唐仪凤年间（676—678 年），神秀自黄梅来到玉泉寺，在寺东开辟道场传禅 20 余年，朝野钦重，后被武则天恭请到京，时称"两京法主、三帝国师"，圆寂后，灵骨归葬于玉泉寺东楞伽峰。自唐以来，玉泉寺教、律、密、禅、净兼修，诸宗竞秀，各派流光，高僧辈出，见诸记载的有120多位大德高僧，其中被历代帝王封为"大师"和"国师"称号的就有十人之多。自智开始，下传章安灌顶，再传道素、弘景、惠真、弥陀承远、法照等，以次传灯，延及后世。弘景法师兼通天台与南山律，在此出家、弘法、圆寂。他从章安的门人道素学天

湖北玉泉寺

台，从道宣律祖学南山律，协助实叉难陀翻译80卷《华严经》，景龙二年（708年）三月为鉴真授具足戒。弘景法嗣有惠真、鉴真、普寂、怀让等。鉴真奉大唐皇帝之命东渡日本传教，成为中日文化交流史的始缔者，千古流芳。普寂后承神秀法脉，称北禅七祖。怀让禅师于玉泉寺皈依弘景禅师出家，后接曹溪慧能法脉，世称"南岳怀让"。一行本普寂弟子，再随惠真研习天台教观与戒律，后受敕命辅助善无畏，为我国古代著名天文学家和密宗一代宗师。承远，24岁礼惠真出家，后受命住锡南岳衡山，为净土宗三祖，其弟子有净土宗四祖法照等。荷泽宗创始人神会在此从神秀学习禅法，神秀赴京前劝其到曹溪慧能处学习，颇受慧能器重，系南禅立派重要人物。后有唐末五代诗僧齐已，宋慕荣、道源、务本、承皓、元藏山、钟山、明正海、清恒河、莲月、亮山，近现代有祖印、尘空等。北宋天禧年间，道源于玉泉山传灯录院编撰完成我国禅宗的重要历史文献——《景德传灯录》。

玉泉寺也是伽蓝菩萨道场、关公信仰的发源地。唐《重修玉泉关庙记》载："智禅师者至自天台，宴坐乔木之下，夜分忽于神遇（关公），云：'愿舍此地为僧坊，请师出山，以观其用。'"又据载，当年智者大师至覆船山一乔木下跌坐入定，见一人前致敬曰："予即关某，死有余烈，故王此山。禅师何枉法足？"又言："弟子愿与子平建寺。"寺成，关公向大师乞受归戒。由此，关公成为保护伽蓝、护正祛邪的护法神，

并为后人尊为"武财神"。现玉泉寺山麓尚有"汉云长显圣处"石望表（明代），全国最早之关庙"显烈祠"（始建于南北朝前）。北宋大中祥符年间，宋真宗派官专程到玉泉寺祭祀关公，这是见于史籍最早的官祀记载。

玉泉寺文物荟萃，人杰地灵，名相贤臣、文人墨客接踵而来。隋唐时期诗文大家多有诵颂玉泉寺与玉泉山之作，唐丞相张说作《大通禅师碑文》为时人广为传诵，其碑刻毁于"文化大革命"，现尚存有碎片。李白、张九龄、孟浩然、宋之问、白居易、元稹、贾岛、齐己等俱有诵玉泉的传世之作。为纪念孟浩然，后人曾建孟襄阳亭于寺右。齐己晚年结茅焚修之处也被取名为"己公岭"。明代文坛颇负盛名的"公安三袁"更是倾力助建祖庭，留下了诸多诵玉泉的佳作。玉泉寺高僧与历代文人骚客也激发碰撞出许多留传后世的佳话。苏东坡说："我是秤，就是秤天下僧人的秤。"玉泉寺住持云门宗高僧承皓禅师则答："你说我这一喝，重多少斤？"一问一答，颇多禅趣。

玉泉寺位于中原入川古驿路的必经之地，屡遭兵祸，屡毁屡复。自隋至清朝末年，历代帝王曾对玉泉寺进行了 13 次重修或大规模补修，现保留有隋、唐、宋、元、明、清各代文物，是我国历史文化的宝贵遗产。玉泉寺及铁塔于 1982 年被列为全国重点文物保护单位。其古建筑雄伟古朴，典雅大方，别具一格。主体建筑大雄宝殿为明代重修，面阔九间，进深七间，总面积 1 253 平方米，通高 22 米。该殿用材硕大，殿内 48 柱，柱围 1 米以上，全由楠木制成。整个建筑不用铁钉，结构严谨，技艺精湛，是湖北省最大的木结构古建筑。隋代铁镬、唐代吴道子石刻观音像、北宋铁塔、元代铁釜、铁钟等文化古迹，造型雅致，铸艺精细。隋代铁镬、唐代吴道子石刻观音像、北宋铁塔被称为"玉泉三绝"。隋代铁镬为隋大业十一年（615 年）铸造，造形浑厚古朴，铭文清晰可见，重 1 500 千克，是对我国隋代衡器考证的重要资料。唐代著名宫廷画家吴道子所画石刻观音像，庄重肃穆，线条流畅，画像面部丰满，嘴角处有胡须三绺，旧志载作"天男像"。

三、目前我国最高、最重、保存最完整的铁塔——玉泉铁塔

玉泉铁塔，始建于北宋嘉祐六年（1061年），由玉泉寺僧务本禅师领工铸建，它是我国目前最高（7丈13层）、最重（2.65万千克）和保存最完整的铁塔。铁塔每层每边铸有"八仙过海""二龙戏珠"和海山、海藻、水波等文饰，线条清晰、流畅，台座八面，各铸托塔力士一尊，全身甲胄，脚踏玉泉寺棱金铁塔仙山，头顶塔座，体态刚健，状极威猛；塔角飞檐，凌空龙头，悬挂风铎；逐层叠装，不加焊接，稳健玲珑；日照塔身，紫气金棱，交相辉映，故曰"棱金铁塔"。塔身还铸有2373尊小佛像，形态逼真，栩栩如生。寺内古树参天，枝繁叶茂，丹桂飘香，沁人心脾。千年银杏、千瓣并蒂莲和月月桂并称为"玉泉三宝"。

玉泉寺位于玉泉山下，坐西朝东，依山傍水，左右两侧由青龙、白虎二山围绕，是典型的风水格局。玉泉山，以山形类似覆船，故又称覆船山或覆舟山。隋朝以后，山随寺名，改称"玉泉山"。山中清溪翠谷，藏幽蕴秀；奇花佳木，堆蓝盖紫；珍禽异鸟，栖荫鸣绿，景色优美，素称"三楚名山"。玉泉山是一个以森林景观为基础、佛教文物为主体、三国遗迹为依托，融其他自然景观和人文景观于一体的综合性景区，现为省级风景名胜区、国家森林公园、国家AAAA级旅游区。中心景区面积8.9平方千米，可开发面积69平方千米。玉泉山有良好的生态环境和丰富的旅游资源。景区森林覆盖率在85%以上，动植物品种繁多，并有大量珍稀物种。景区以名山、名寺、名塔而闻名遐迩。

第四章

佛教的四大道场

第一节　五台山

一、五台山名称由来

五台山位于中国山西省东北部，距省会太原市 230 千米，与四川峨眉山、安徽九华山、浙江普陀山共称"中国佛教四大名山"。五台山是中国佛教圣地、旅游胜地，列中国十大避暑名山之首。

大多数到过五台山的人，通常只是到了以五台县台怀镇为中心的历史悠久、规模宏大的寺院群，而真正意义上的五台山实际上是指五台县的五座相互连接环绕、挺拔秀丽的山峰。它们分别是：东台望海峰、西台挂月峰、南台锦绣峰、北台叶斗峰和中台翠岩峰。由于五台山峰海拔均在3 000 米以上，因此除了一些虔诚的佛教徒能够登临五峰台顶朝拜文殊菩萨外，很少有人能够到达五台山。也是由于台怀镇寺院群分布在五座山峰之间，因此人们通常就把到过台怀镇视为去过五台山了。

五台山原先并不叫五台山，而是叫紫府山，也称作五峰山道场。这里曾是道士们修行的地方。到了东汉永平十一年（68 年），天竺（今印度）高僧迦叶摩腾、竺法兰从洛阳白马寺来到五峰山一带，认为这里是文殊菩萨讲经说法的道场，于是就想在这里建筑寺院，供奉文殊菩萨。可是这里的道士并不同意，最后由汉明帝在洛阳白马寺主持，举行道士与两位高僧的赛法，结果两位高僧获胜。从此，佛教界在台怀镇一带就取得了建筑佛教寺院的权利，所建的第一座寺院就是如今的显通寺。从此，历经各个朝代的修建、扩建，以台怀镇为中心的寺院最多时有 360 多座，直到今天还保留着 100 多座。因此，五台山也就以其佛教寺院历史悠久、规模宏大位于全国佛教四大名山之首。

知识链接

　　五峰山为何更名为清凉山？传说，远古时期的五峰山一带气候异常恶劣，常年酷暑，当地百姓苦不堪言，时逢文殊菩萨在那里讲经说法，见到黎民百姓的疾苦，深表同情，于是发大愿拯救百姓脱离苦海。文殊菩萨装扮成一个化缘的和尚，行程万里到东海龙王那里寻求帮助。他在龙宫门口发现了一块能散发凉风的巨大青石，于是便把它带了回来。当他把那块大青石（东海龙王的歇龙宝石）放置在五峰山一道山谷里时，刹那间，那里一下就变成了草丰水美、清凉无比的天然牧场。此后，那条山谷也被叫作清凉谷。人们在山谷里建了一座寺院，将那清凉石圈在院内。因此，五峰山又名清凉山。

　　后来，隋文帝听说此事后，便下诏在五座山峰的台顶各建一座寺院供奉文殊菩萨，即东台顶的聪明文殊，西台顶的狮子吼文殊，南台顶的智慧文殊，北台顶的无垢文殊，中台顶的孺童文殊。在东台顶能看日出，在西台顶能赏明月，在南台顶能观山花，在北台顶能望瑞雪。这就是五台山的由来。

二、历史沿革

传说五台最早是道家的地盘，《道经》里称五台山为紫府山，曾建有紫府庙。《清凉山志》称佛教的文殊菩萨初来中国时，居于石盆洞中，而石盆在道家的玄真观内，这说明当时五台山为道家所居。

佛教最初传入我国时，只有少数人奉行。公元前2年，大月氏国（原居我国新疆西部伊犁河流域的少数民族，西迁中亚后建立的国家）国王的使者伊存来到当时中国的首都长安（今西安），他口授佛经给一个名叫卢景的博士弟子，这是中国史书上关于佛教传入中国的最早记录。

佛教传入五台山，普遍的说法是始于东汉。史籍记载，永平十年（67年）十二月，汉明帝派往西域求法的使者同两位印度高僧迦叶摩腾和竺法兰来到洛阳。永平十一年在洛阳城西雍门外御道之南，建造一座僧院以供这两位印度高僧居住。为纪念白马负经（《四十二章经》）输像（佛像）之功，因名白马寺。永平十一年，迦叶摩腾、竺法兰从洛阳来到了五台山（当时叫清凉山）。由于山里很早就有阿育王的舍利塔，再加上五台山又是文殊菩萨演教和居住的地方，他二人想在此建寺，但由于当时五台山是道教的场所，他二人颇受排挤，因此奏知汉明帝。朝廷为辨别佛教与道教的优劣高下，让僧人与道士表演、说明、验证，因此双方达成协议——约期焚经，以别真伪（相传，焚经地点在今西安的焚经台）。焚经的结果是，道教经文全部焚毁，佛教经文却完好如初，故他二人获得建寺的权利。台内山多地广，河流纵横，何处适合建寺？《清凉山志》载："在大塔左侧，有释迦牟尼佛所遗足迹，其长一尺六寸，广六寸，千幅轮相，十指皆现。"相传他二人不仅发现了此足迹，而且还发现了佛"舍利"。此外，营坊村这座山的山势奇伟，气象非凡，和印度的灵鹫山（释迦牟尼佛修行处）相似。由于这三种原因，因此决定在此建寺。寺院落成后，以其山形命名为灵鹫寺。汉明帝刘庄为了表示信佛，乃加"大孚"（即弘信的意思）两字，因而寺院落成后的全名是大孚灵鹫寺。大孚灵鹫寺是现今显通寺的前身。从那时起，五台山开始成为中国佛教的中心，五台山的大孚灵鹫寺与洛阳白马寺同为中国最早的寺院。

南北朝时期，五台山佛教的发展出现第一个高潮。北魏孝文帝对灵鹫寺进行了规模较大的扩建，并在周围兴建了善经院、真容院等12座寺院。北齐时，五台山寺庙猛增到200余座。到了隋朝，隋文帝又下诏在五个台顶各建一座寺庙，即东台望海寺、南台普济寺、西台法雷寺、北台灵应寺、中台演教寺。也因为五台山是文殊菩萨演教的地方，所以这五个台顶上的寺庙均供奉文殊菩萨。但是，五个文殊的法号不同：东台望海寺供聪明文殊；南台普济寺供智慧文殊；西台法雷寺供狮子文殊；北台灵应寺供无垢文殊；中台演教寺供孺童文殊。从此以后，凡到五台山朝拜的人，都要到五个台顶寺庙里礼拜，叫作"朝台"。此时，五台山之名已在北齐史籍中大量出现。

盛唐时期，五台山佛教的发展出现了第二个高潮。其间，据《古清凉传》记载，全山寺院多达300所，有僧侣3 000余人。此时的五台山，不仅是我国著名的佛教名山之一，而且是名副其实的佛教圣地了，被誉为我国佛教四大名山之首。五台山成为佛教圣地，并在中外佛教界产生重大影响，是从唐代开始的。有唐一代是五台山佛教发展史上的一个关键时期。

李唐王朝起兵太原而有天下，因而视五台山为"祖宗植德之所"。李渊在起兵反隋时，就对佛教许下大愿，如果当上皇帝，一定大弘三宝。武德二年（619年）李渊便在京师集聚高僧，立十大德，管理僧尼事务。唐太宗即位后，重兴译经事业，使波罗颇迦罗蜜多罗住持，又度僧3 000人，并在旧战场各地建造寺院。贞观九年（635年），太宗下诏曰："五台山者，文殊必宅，万圣幽栖，境系太原，实我祖宗植德之所，切宜祗畏。""是年，台山建十刹，度增数百。"

武则天在争夺皇位的斗争中，非常重视佛教的作用。长寿二年（693年），名僧菩提流志等呈上新译《宝雨经》，称菩萨现女身，为武则天上台大造舆论。证圣元年（695年），武后命菩提流志和实叉难陀重新翻译《华严经》，圣历二年（699年）译毕。新译《华严经》说："东北方有处，名清凉山。从昔以来，诸菩萨众于中止住。现有菩萨名文殊师利，与其眷属诸菩萨众一万人，俱常在其中而演说法。"长安二年（702年），武则天自称"神游五顶（清凉五台山的五大高峰）"，敕命重建五台山的代表寺院清凉寺。竣工后，命大德感法师为清凉寺住持，并封其为"昌平县开国公，食邑一千户，主掌京国僧尼事"。这是五台山在全国佛教界取得统治地位的发端，也是五台山在封建统治者的利用和主持下，发展成为名山圣地的开始。

据记载，唐代自太宗至德宗，"凡九帝，莫不倾仰灵山，留神圣境，御札天衣，每光五顶，中使香药，不断岁时，至于百辟归崇，殊帮赍供，不可悉记矣"。显而易见，从唐太宗到唐德宗，都对五台山佛教给予了极大的支持和扶助。

从佛教经典来看，除新译《华严经》说文殊菩萨住处"名清凉山"外，《佛说文殊师利宝藏陀罗尼经》也云："佛告金刚密迹王言：我灭度后，于此南赡部州东北方，有国名大震那，其中有山名五顶，文殊童子游行居住，为诸众生于中说法。"

由于佛教经典中所说的文殊菩萨住处——"清凉山""五顶山"，同五台山的地形、气候、环境极为相似，因此中外佛教徒便把五台山这个"五峰耸出""曾无炎暑"的自然场所，当作他们虚幻世界里的文殊菩萨住地了。五台山由此驰名中外，显赫于世，成为佛教徒竞相朝礼的圣地。不言而喻，五台山是借助李唐王朝的强盛而成为圣地、名扬中外的。

在唐代，佛教备受推崇，文殊菩萨尤其为佛教徒所尊崇。当时国家规定，全国所有寺院的斋堂，都必须供奉文殊菩萨圣像。由于朝野都尊奉文殊菩萨，视五台山为佛教圣地，因此五台山空前隆盛，名僧辈出，澄观就是一个突出的代表。

澄观（738—839年），俗姓夏侯，字大休，越州山阴（今浙江绍兴）人。11岁在应天宝林寺出家，14岁得度，39岁时"誓游五台，一一巡礼"。在遍访五台山名刹胜迹之后，留居大华严寺研习《华严经》，在寺中主讲《华严经》五年。后来，澄观觉得"华严旧疏，旨约文繁"，于是，"且暮策怀，思惟造疏"。唐德宗兴元元年（784年）四月八日，澄观谢绝交游，在大华严寺制疏阁重新注疏《华严经》。至德宗贞元三年（787年）十一月五日，历时三年多，终于著述出《大方广佛华严经疏》60卷。唐代宗时，澄观被代宗"事以师礼"。唐德宗又尊其为"教授和尚"，"诏受镇国大师号，进天下大僧录"。宪宗即位，"敕有司别铸金印，迁赐僧统清凉国师之号，统冠天下缁僧，主教门事"。"穆宗、敬宗咸仰巨休，悉封大照国师。文宗太和五年，帝受心戒于师。开成元年，帝以师百岁寿诞，赐农财食味，加封大统国师。""中外台铺重臣，咸以八戒礼而师之。"澄观"生历九朝，为七帝师"，于唐文宗开成四年（839年）卒，寿102岁。唐文宗"特辍朝三日"，命"重臣缟素"，隆重葬之。澄观被尊为"华严宗第四代祖师"。有唐一代，五台山名僧辈出，这也是五台山佛教圣地形成的一个重要标志。五台山佛教圣地形成的另一标志，是佛教寺院的大规模兴建和僧侣人数的增加。在唐代，五台山见诸记载的佛寺就有70余所，其规模都十分宏伟。

随着佛寺的兴建和扩大，五台山的僧侣人数亦日益增多。唐德宗贞元年间，合山僧尼达万人之众。寺院的兴旺发展对社会政治、经济产生了重大负面影响，唐文宗遂于会昌五年（854年）下诏废佛，命令拆毁寺宇，勒令僧尼还俗。综计全国拆毁大小寺庙44 600余所，僧尼还俗26万余人，收回土地数千万顷。五台山亦不例外，僧侣散尽，寺庙被毁。唐宣宗即位，又再兴佛教，政府规定五台山的僧数仍达"五千僧"。实际上，加上私度和游方僧，要比"五千僧"多得多。纵观历代五台山的僧侣人数，以唐代为最多。寺庙林立，僧侣若云，这也是唐代五台山佛教圣地形成的一个标志。

唐代五台山佛教圣地形成的另一个标志，是外国佛教徒对五台山的无限景仰和竞相朝礼。唐朝经济繁荣，国势强盛，在国际上声望甚高，是亚洲各国经济文化交流的中心。随着国际交往的扩大，五台山还受到印度、日本、朝鲜和斯里兰卡等国佛教徒的景仰，朝礼五台山和到五台山求取佛经、佛法的外国僧侣很多。

三、五台山古刹名寺

五台山现有建筑比较完整的寺院95处，其中国家重点文物保护单位6处：南禅寺、佛光寺、显通寺、广济寺、岩山寺（位于繁峙县）、洪福寺（位于定襄县）；省级重点文物保护单位15处：塔院寺、菩萨顶、圆照寺、罗睺寺、殊像寺、碧山寺、南山寺、龙泉寺、金阁寺、尊胜寺、延庆寺、公主寺（位于繁峙县）、三圣寺（位于繁峙县）、惠济寺（位于原平市）、石佛堂（位于河北省阜平县）；其余为县级重点文物保护单位。从宗教活动场所的角度，被公布为全国重点寺院的有 11 处：显通寺、塔院寺、菩萨顶、罗睺寺、殊像寺、碧山寺、金阁寺、广宗寺、广仁寺、黛螺顶、观音洞。

五台山佛教组织以寺院为单位，按佛教传承之不同，寺院分为青庙和黄庙。青庙亦称和尚庙，僧侣大都为汉族，一般穿青灰色僧衣，称青衣僧。五台山大部分寺院属于青庙。青庙中又有十方庙和子孙庙之分。子孙庙按师徒关系实行家传制，外寺僧人不得在本寺担任职事。历史上，五台山的青庙多属子孙庙。十方庙可以接待四方来僧，在寺僧人亦可十方云游，组织管理实行选贤制。现在，根据中国佛教协会颁布的《汉传佛教寺院管理办法》，原来的子孙庙均已不实行家传制而改行选贤制，子孙庙和十方庙已无明显的区别。

黄庙亦称喇嘛庙，属于藏传佛教。五台山藏传佛教均属宗喀巴大师创立的格鲁派，信教喇嘛均穿黄衣，戴黄帽，称黄衣僧。明永乐年间，五台山始有青庙改成黄庙。清康熙年间，敕令将罗睺寺、寿宁寺、三泉寺、玉花池、七佛寺、金刚窟、善财洞、普庵寺、台麓、涌泉寺等 10 寺改为黄庙。于是，青衣僧改为黄衣僧，汉喇嘛由此产生。现在，五台山有黄庙 8 处，即菩萨顶、罗睺寺、广仁寺、万佛阁、镇海寺、广化寺、观音洞、上善财洞。

显通寺位于台怀镇中心地，是五台山历史最悠久、规模最大的寺庙。该寺始建于汉明帝永平年间，原名大孚灵鹫寺。北魏孝文帝时期扩建，因寺侧有花园，赐名花园寺。唐代武则天以新译《华严经》中记载有五台山，乃更名为大华严寺。明太祖重修，又赐额"大显通寺"。现占地面积约 120 亩，各种建筑 400 余座，规模浩大。

塔院寺在显通寺南侧，原是显通寺的一部分，元代大德六年（1302年）由尼泊尔匠师阿尼哥设计，至明永乐年间独立起寺，与显通寺分开，院内修建白塔一座，取名为塔院寺。进入台怀镇，首先映入眼帘的就是高大的塔院寺白塔，非常引人注目，常被人们看作五台山的标志。

菩萨顶位于显通寺北侧的鹫峰上。从下往上仰望层层台阶，犹如天梯，直达菩萨顶上的梵宇琳宫。相传文殊菩萨就居住在山顶上，故起名叫菩萨顶，亦称文殊寺。原为青庙，初建于北魏，到了清朝顺治年间，经过扩大重修改为黄庙，由喇嘛住持。寺院规模宏大，占地45亩，有殿堂房舍430余间，均为清代重建。参照皇宫模式营造，瓦为三彩琉璃瓦，砖为青色细磨砖，非常豪华，为五台山诸寺之首。

栖贤寺位于五台山的大社村，故古称大社寺。据传，北宋年间，杨七郎在一次擂台比武中，打死了潘仁美第三子潘豹，潘家即把杨家视为不共戴天的仇人，不断向皇帝控告杨家"罪状"，加上潘仁美之女潘妃在宋太宗面前哭哭啼啼，内外夹攻，迫使宋太宗下令将杨家父子革职为民，遣送到五台山大社寺软禁。被软禁的第二年秋天，辽邦撕毁了和约，大举进犯宋朝边境，宋太宗以潘仁美为帅，御驾亲征，结果被困在幽州。此时，不利的形势逼迫宋太宗又要启用杨家将，便派八贤王赴五台山向杨家父子求救。当杨家父子离开大社寺时，村里人为纪念他们，把大社寺更名为"栖贤寺"。

龙泉寺原为杨家将家庙，始建于宋代，中华民国初期重建，占地15 950平方米，殿堂僧舍165间。因这里由九道山岭环抱，泉水清澈见底，谓之龙泉，寺因此而得名。龙泉寺有一座牌坊，是五台山文物中最出名的石刻牌坊。它共有三门六柱，呈"一"字形，整体雄伟壮观，巧夺天工，据说是由工匠耗时六年才建成。牌坊上刻有89条蛟龙，鳞爪俱现，神态逼真，人物表情栩栩如生。距龙泉寺西北里许的山坡，有一座杨业的瘗骨塔。传说杨业死后，五郎将其尸骨葬此，并建塔纪念。宋太宗后来追封杨业为杨令公，故后人称此塔为令公塔。

从龙泉寺对面的公路盘升，经过九拐十八回，就可望到一处南台之北、中台之南的金阁寺了。除五座台顶的寺庙建筑外，金阁寺所处的地势最高，海拔1 900多米，距台怀镇15千米。唐代宗大历五年（770年），从印度来华的三藏法师不空被诏往五台山，他根据名僧道义禅师所说的文殊菩萨显圣处"金阁浮空"而创建了金阁寺。该寺铜铸为瓦，瓦上涂金，以合"金阁"圣名。在金阁寺修建中，由印度那烂陀寺纯陀法师监工，依照经轨建造。三藏法师不空是唐玄宗时从印度来的，后来，中国的几代帝王都对他十分优礼。当年秋金阁寺落成后，不空回京师，唐代宗将其迎入城。三藏法师不空是当时新兴密宗的主要创立者，不空离开五台山后，门徒高僧含光常住金阁寺弘扬密宗。因此，历史上金阁寺在国内外很有声誉。

广仁寺又称十方堂，在罗睺寺山门东侧，为罗睺寺的属庙。清代道光年间修建。清代康熙年间，罗睺寺由青庙改为黄庙（喇嘛庙），常住藏族喇嘛。青海、甘肃等地的藏族佛教徒朝圣五台山，就在该寺居住修持。后来僧众逐渐增多，道光年间修建了十方堂，专门招待从远地来的喇嘛和少数民族善男信女。因该寺没有地产，日常开支佛用仍由罗睺寺担负。

十方堂有三进殿宇，殿宇两侧配楼房长廊。殿堂和殿堂设置有明显的藏式风格。寺内第一座殿是天王殿，旁有钟鼓二楼。第二座殿是宗喀巴大师殿，殿内主供黄教祖师宗喀巴大铜像。第三层殿面阔五间，檐额上挂一块书有藏文的木匾，意为弥勒殿，殿内供弥勒菩萨等铜像数尊，两壁的经架上置道光版藏文《甘珠尔》经。

第二节　峨眉山

一、由道改佛

知识链接

　　峨眉山的名称有何来历？《峨眉山志》等资料记载了这么一个传说故事：东汉明帝永平六年（63年）"六月一日，有蒲公者，采药于云窝，见一鹿歆迹如莲花，异之，追之绝顶无踪"。因问在山上结茅修行的宝掌和尚，和尚说是普贤菩萨"依本愿而现像于峨眉山"。蒲公归家后即舍宅为寺，于是峨眉山就发展成普贤菩萨的道场。另有资料说，是晋代的蒲公在山上采药时，见一老者骑白象隐去。以后的记载基本上是一致的。依据信仰与传说，以后历代修建寺庙时，都以普贤菩萨为中心，并发展成中国佛教四大名山之一。相传，佛教于公元1世纪传入峨眉山，汉末佛家便在此建立寺庙。他们把峨眉山作为普贤菩萨的道场，主要崇奉普贤大士，相信峨眉是普贤菩萨显灵和讲经说法之所。据佛经载，普贤与文殊同为释迦牟尼佛的两大胁侍，文殊表"智"，普贤表"德"。普贤菩萨广修十种行愿，又称"十大愿王"，因此赢得"大行普贤"的尊号。普贤菩萨形象总是身骑六牙白象，作为愿行广大、功德圆满的象征。普贤菩萨名声远播，广有信众，菩萨因山而兴盛，山因菩萨而扬名。

相传东汉时，山上已有道教宫观。峨眉山被尊为普贤菩萨道场后，全山由道改佛。东晋时期，高僧慧持、明果禅师等先后到峨眉山住锡修持。唐、宋时期，两教并存，寺庙宫观得到很大发展。明代之际，道教衰微，佛教日盛，僧侣一度有1 700余人，全山有大小寺院近百座。至清末，寺庙有150余座。

二、昔日十景

峨眉山层峦叠嶂、山势雄伟，景色秀丽，气象万千，素有"一山有四季，十里不同天"之妙喻。清代诗人谭钟岳将峨眉山佳景概括为十种："金顶祥光""象池月夜""九老仙府""洪椿晓雨""白水秋风""双桥清音""大坪霁雪""灵岩叠翠""萝峰晴云""圣积晚钟"。

1. 圣积晚钟

圣积寺，古名慈福院，位于峨眉城南2.5千米处，为入山第一大寺，环境清幽。寺外有古黄桷树二株，需数人才能合抱。铜钟原悬挂于寺内宝楼上，故名圣积铜钟，铸于明代嘉靖年间，由别传禅师募化、建造，此钟铜质坚固，重达 12 500 千克，相传为四川省最大的一口铜钟。有史书记载："其钟每于废历（即夏历）晦望二日之夕敲击……每一击，声可历一分五十秒。近闻之，声洪壮；远闻之，声韵澈；传夜静时可声闻金顶。" 1959 年，圣积寺废，钟搁置于道旁。1978 年，铜钟迁至报国寺对面的凤凰堡上，并建亭覆盖维护。凤凰堡上参天蔽日的苍杉翠柏，庄重典雅的八角攒尖钟亭，环绕四周有百余通碑刻的古碑林，与古朴凝重的巨钟浑然一体，融合了自然美与人文美，堪称一大景观。

2. 萝峰晴云

萝峰位于伏虎寺右侧，距之 0.5 千米，是伏虎山下的一座小山峦。萝峰草丰竹秀、涧谷环流，古楠耸翠，曲径通幽。山峦上数百株古松苍劲挺拔、千姿百态，是峨眉山上少见的松树聚生地。山风吹过，阵阵松涛回荡在山谷之间。夏季雨后初晴时，烟云从涧谷袅袅升起，或从蓝空缓缓飘过，从密簇簇的松林中望去，轻盈婀娜，变化莫测，显示出峨眉云彩变幻的流动美。云从石上起，泉从石下落。奇妙景观，美不胜收。罗峰庵，又名罗峰禅院，是一座雅致的小庙，于 1987 年 6 月重建。此庵翠竹掩映，桢楠蔽日，幽静典雅，绝尘脱俗，其门联曰："一尘不染三千界，万法皆空十二因。"庵后为新建的和尚塔林，墓塔林立，庄严肃穆。峨眉山的高僧大德，都把萝峰作为圆寂后的长眠之地。

3. 灵岩叠翠

灵岩寺遗址位于高桥左侧，在报国寺西南 5 千米处，创建于隋唐年间，曾名护国光林寺、会福寺。明洪武、永乐年间重建，仍名灵岩。明代是灵岩寺的鼎盛时期。此寺殿宇重叠，密林掩映，丹岩凝翠，层层叠叠，呈现出灵岩的雄伟壮观，"灵岩叠翠"便成为峨眉十景之胜。古刹于 20 世纪 60 年代全部毁坍，而"灵岩叠翠"的自然景色依然如故，去灵岩山，赏叠翠层，仍有"仿翠摹青情不尽"的感受。灵岩地处金顶三峰后面山麓，在灵岩寺遗址上向北眺望，近处青峰绵延起伏、茂林修竹、点缀其间，远处万佛顶、千佛顶、金顶宛如三座巨型翠屏横亘天际，三峰挺拔而柔和的轮廓线十分清晰——由低至高，由近至远，青青的山色，由翠绿转黛青，由灰蓝到灰白，向远方层层扩展，一直延伸到与蓝天的分界线，这是何等壮丽的奇观！

4. 双桥清音

清音阁地处峨眉上山下山的中枢，与龙门洞素称"水胜双绝"。面对清音阁展开的是一幅青山绿水画卷。高处，玲珑精巧的楼阁居高临下。中部是丹檐红楼的接御、中心二亭，亭两侧各有一石桥，分跨在黑白二水之上，形如双翼，故名双飞桥。近景则为汇合于牛心亭下的黑白二水。右侧黑水，源出九老洞下的黑龙潭，绕洪椿坪而来，水色如黛，又名黑龙江；左侧白水，源出弓背山下的三岔河，绕万年寺而来，水色泛白，又名白龙江。两江汇流，冲击着碧潭中状如牛心的巨石。任其黑白二水汹涌拍击，牛心石仍岿然不动，组成独具特色的寺庙山水园林环境。园林学家称它是"有声的诗，立体的画"。伫立中心亭，观黑白二水，大有山随水动之感。

5. 白水秋风

龙门洞位于峨眉河中游，后山公路登山入口处，距报国寺西北 2.5 千米，集峡谷风光、地学旅游、摩崖艺术为一体，与清音阁素称峨眉山"水胜双绝"。

峨眉河畔，两山对峙，宛如一门，门壁上有一大洞，传说曾有神龙居之，故名龙门洞，或龙门峡。因溪流清澈，色如碧玉，这段河流又名玉溪、玉峡、种玉溪。此处原有"二龙戏水""洞口抛珠""龙门观鱼"等景观。

洪水季节，龙门峡谷两山的绝壁上，一道瀑布飞泻而下，另有数道溪流，从河岸边喷射而出，弯曲纡行，犹如几条游龙奔涌峡谷，习称"九龙吐水"或"九龙游水"。

龙门峡内，有一道铁索桥横架上空，峡谷低处怪石嶙峋。峡壁上有一条数十米长、紫灰两色相间的岩层，形如船舶，顺卧溪面。夏秋两季，水位涨高，似石船浮游于水上，乘风破浪，受任远征，形成了一道鬼斧神工、浑然天成的自然景观。

6. 洪椿晓雨

以清幽静雅取胜的洪椿坪，坐落在众山群峰环抱之中。坪上，云低雾浓，古木葱茏，涛声殷殷，山鸟长鸣。洪椿坪建于明万历年间，原名千佛禅院，以寺外有三株洪椿古树而得名。寺中有对联曰："佛祖以亿万年作昼，亿万年作夜；大椿以八千岁为春，八千岁为秋。"以"大椿"来比喻洪椿树的古老和寺庙的历史悠久。

春夏雨后初晴的早晨，山野空气格外清新，微带凉意，寺宇庭院一尘不染，整洁雅致。此时，山林中，石坪上，庭院里，落起霏霏"晓雨"。这"晓雨"，似雨非雨，如雾非雾，楼阁、殿宇、山石、影壁、花木、游人，以及庭院右侧的林森小院，一切都似飘忽在迷茫的境界中，呈现出一种虚无缥缈的朦胧美。游者或倚立庭院，或漫步寺外，仿佛周身被"晓雨"润湿，但抚摸衣装，却没有被雨水浸湿的痕迹，只感觉到清凉和舒适。

7. 大坪霁雪

大坪孤峰突起，高耸于黑白二水之间。其位于峨眉山中部，左与华严顶、长老坪、息心所、观心坡诸山比肩相望，右有天池、宝掌、玉女诸峰环绕呼应，中心顶鼎峙于前，九老洞屏临于后，海拔1 450米。大坪山势险峻，孤峰凌空，仅东北两侧各有一陡坡上下。此峰雪后景观堪称奇特，被选入峨眉山十胜景，名"大坪霁雪"。

每年秋末，金顶开始飘雪，立冬一过，大坪已是雪花满山飞舞，挺立的常绿乔木，如琼枝玉叶，似白塔矗立。严冬时，峨眉山处处雪树冰花，全山宛如银色世界。大坪和周围的群峰，变成一片洁白的净土。晴雪初霁，伫立在高海拔的山峰上鸟瞰大坪，眼前是另一番"幽峭精绝"的冬景。大坪和环绕四周的群峰，组合成一朵庞大的雪莲花：大坪山峰如同花芯，丛丛参天古树活像花蕊，周围的峰峦犹如一片片花瓣，"大坪霁雪"展现出峨眉雪的形色之美。

8. 九老仙府

"九老仙府"是仙峰寺与九老洞的统称。"寺号仙府，洞临九老；山迎佛顶，台接三皇。"仙峰寺第一座大殿前石柱上的这副楹联，概括了"九老仙府"的主要特色。位于仙峰寺右侧 0.5 千米的九老洞，全称九老仙人洞。相传，九老洞是仙人聚会的洞府，给它蒙上了一层飘飘欲仙的神奇色彩。洞位于仙峰寺右侧山腰，旁边藤萝倒置，下临绝壁深渊。洞口呈"人"字形，高约 4 米。洞内黝黑阴森、凹凸湿润，能直立行走的通道有100 多米，往前岔洞交错，深邃神秘，未探明前，多不敢入内。

1986 年，经过四川省地质队和有关专家联合科学考察后，才初步揭开了九老洞之谜。九老洞为峨眉山著名的岩溶洞穴，在长达 1 500 多米向下延伸的通道内，有一个全封闭型的观赏空间，首先呈现出的是形状多变的空间美。第一段为浅部，有比较宽敞的厅堂及廊道式洞穴；第二段为中部，是九老洞的主体部分，这一段开始出现岔洞，多系网状交叉形的宫型洞穴，洞中有洞，上下重叠，纵横交错，在洞穴交错处，有较大的洞穴或竖井；第三段为深部，主要是裂隙型洞穴，一条暗溪时而沿裂缝渗出，时而蜿蜒隐入洞底。洞壁和洞顶有丰富的岩溶造型，如石钟乳、石笋、石柱、石芽、石花等，千姿百态，造型奇特，新颖优美，浑然天成。

9. 象池月夜

峨眉山月，自古闻名。观月的最佳地点是报国寺、萝峰顶、万年寺、仙峰寺和洗象池等处。毋庸置疑，中秋是赏月的最佳时节。"象池月夜"是峨眉十景中最富感情色彩的一景。每当月夜，云收雾敛，苍穹湛蓝，万山沉寂，秋风送爽，一轮明镜悬挂在洁净无云的碧空，唯有英姿挺拔的冷杉树林，萧萧瑟瑟，低吟轻语。月光透过茂密墨绿的丛林，大雄殿、半月台、洗象池、初喜亭、吟月楼均沉浸在朦胧的月色里，显得庄严肃穆、淡雅恬静。月光下，古刹酷似大象头颅，蓝天映衬，剪影清晰。大殿似额头，两侧厢房似双耳，半月台下的钻天坡石阶，又好似拖长的象鼻。这不会是纯粹的巧合吧，应该是建筑设计师的匠心独具。皓月当空，斗转星移，六角小池内一汪清泉，恰好映现出一轮皎洁的明月，空中嫦娥，池上玉兔，遥相呼应，天上人间，浑然一体。清高赏月君子，处此迷人美景，心旷神怡，踌躇满志，苏轼的名句脱口而出："明月几时有？把酒问青天。不知天上宫阙，今夕是何年？"那是何等的情趣！

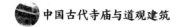

10. 金顶祥光

峨眉山金顶是峨眉山的象征，峨眉十景之首"金顶祥光"则是峨眉山精华所在，由日出、云海、佛光、圣灯四大奇观组成。

日出： 在海拔 3 079.3 米的峨眉山金顶，居高望远，日出景象更加浩瀚壮阔。黎明前地平线上天开一线，飘起缕缕红霞，空旷的紫蓝色天幕上，一刹那间，吐出一点紫红，缓慢上升，逐渐变成小弧、半圆；颜色由橘红变成金红；然后微微一个跳跃，拖着一抹瞬息即逝的尾光，一轮圆圆的红日悬在天边。旭日东升，朝霞满天，万道金光射向大地。

云海： 晴空万里时，白云从千山万壑中冉冉升起，苍茫的云海犹如雪白的绒毯，缓缓地铺展在地平线上，光洁厚润，无涯无边。山风乍起时，云海四处飘移，群峰众岭变成云海中的座座小岛；云海聚拢过来时，千山万壑隐藏得无影无踪。云海时开时合，恰似"山舞青蛇"，气象十分雄伟。

佛光： 天气晴朗时登上峨眉，当下方弥漫着雾气时，若有人背对着太阳，站在巍峨的金顶上，让阳光从身后射来，前下方的雾幕上，会出现一个彩虹般的光环，中间浮现着佛陀的身影，并且影随人动、形影不离，这就是所谓的"佛光"。即使有成百上千的游人同时观看，各人只看到自己的身影被光环笼罩，如此奇景，四海五洲，绝无仅有，既心感身受，又虚无缥缈，非海市蜃楼，乃人间仙境，十分神奇，非常玄妙，这种"佛光"又称"峨眉宝光"。佛光是光的一种自然现象，因阳光照射云雾表面而形成。佛光每年平均出现 70 余次，在下午 2—4 点钟出现较多。

圣灯： "圣灯"又名"佛灯"，在金顶无月的黑夜，"舍身岩"下常出现飘浮的绿色光团，从一点、两点形成千万点，似繁星闪烁跳跃，在黑暗的山谷中飘忽不定，被人们称为"万盏明灯朝普贤"。"圣灯"现象极为奇特，对此有不同的解释：多数认为是山谷的磷火；另外解释是，某些树木上有一种密环菌，当空气达到一定湿度时便会发光。

三、今朝十景

现在人们又不断发现和创造了许多新景观，如红珠拥翠、虎溪听泉、龙江栈道、龙门飞瀑、雷洞烟云、接引飞虹、卧云浮舟、冷杉幽林等。峨眉新十景为：金顶金佛、万佛朝宗、小平情缘、清音平湖、幽谷灵猴、第一山亭、摩崖石刻、秀甲瀑布、迎宾石滩、名山起点。

1. 金顶金佛

金顶金佛系铜铸镏金工艺佛像造像，通高 48 米，总重量达 660 吨，由台座和十方普贤菩萨像组成。金像通高 48 米，象征着阿弥陀佛的 48 个大愿。其中，台座高 6 米，长宽各 27 米，四面刻有普贤菩萨 10 种广大行愿。外部采用花岗石浮雕装饰，十方普贤像高 42 米，重 350 吨，整尊金像设计完美，工艺精湛，堪称铜铸巨塑的旷世之作，具有极高的文化价值和观赏审美价值，是海峡两岸艺术家智慧的结晶。

2. 幽谷灵猴

峨眉山灵猴是峨眉山的精灵，嬉闹顽皮、滑稽可掬又极通人性，见人不惊、跟人嬉戏、与人同乐，给游人带来了许多乐趣，成为峨眉山的一道活景观。与群猴玩耍，给猴子喂食，观赏其千姿百态，了解其生活习性，跟它们亲密接触，成为游客到峨眉山旅游不可缺少的项目。峨眉山生态猴区位于峨眉山清音阁、一线天至洪椿坪之间，为一段狭长的幽谷，占地 25 公顷，是目前我国最大的自然生态猴保护区。生态猴区内现有三支家族式野生猴，共 300 多只。

3. 万佛朝宗

万佛顶为峨眉山最高峰，海拔 3 099 米，表示"普贤住处，万佛围绕"之意。这里是峨眉山原始森林生态旅游区，有万佛阁、高山杜鹃林、黑熊沟、仙人回头等景点。万佛阁高 21 米，雄伟庄严，悬于楼顶的"祝愿古钟"古朴庄重。万佛阁撞钟颇有讲究，常撞击 108 次：晨暮各敲一次，每次紧敲 18 次，慢敲 18 次，不紧不慢再敲 18 次，如此反复两次，共 108 次，其含义是应全年 12 个月、24 节气、72 气候（5 天为一候），合为 108 次，象征一年轮回，地久天长，祈愿世界和平、国泰民安。佛家也解释为：击钟 108 次，可消除 108 种烦恼与杂念。

4. 小平情缘

1980 年夏，中国改革开放的总设计师，时任中共中央副主席的邓小平同志到峨眉山视察，当行至当时景区公路的终点——双水井时，停下来在此小憩，小平同志登高远眺，胸襟开阔，意气风发，兴致颇浓，面对峨眉山的秀丽景色，他语重心长地指示说："峨眉山是一个文化型的风景区，是一个宝库，要好好保护。要搞好规划，合理开发，综合开发。"为了缅怀这位伟人，在此建成了邓小平登山纪念亭景区，由纪念丰碑、鱼水情深、指点江山和登山不止等景点组成。

5. 清音平湖

清音平湖位于清音阁旁边，面积 30 万平方米，系绿色生态湖，水质纯净，清澈见底。四周青嶂翠峦环抱，古木参天，湖如碧玉嵌入其中，深深浅浅，点点滴滴，不知是树映绿了湖，还是湖染绿了树。置身于其间，只听绿树浓荫处，山风阵阵，蝉鸣声声，丝丝水气洗尽凡尘，一派山水之情，逍遥之乐。这里夏清秋凉、景美色秀，为度假避署的胜地；即使在冬季和春寒料峭的初春，这里没有冷风寒流相逼，仍然温适如画，翠色生烟。

6. 第一山亭

第一山亭位于低山游览区中心，展示了峨眉山丰富而深厚的文化底蕴，表现了峨眉山磅礴而奔放的恢宏气势，是峨眉山古今文化的缩影，是中国目前最大的铜亭，也是游客步行入山的起点。

7. 摩崖石刻

摩崖石刻面向峨眉山最大的生态旅游广场，位于瑜伽小径旁，北靠红珠顶，瑜伽河从旁边缓缓流过，平添一份静谧和雅趣。崖石上"神州第一山"和"山之领袖"九个朱红色大字，标明了峨眉山在中国名山中的显赫地位，向世人展示了峨眉山的自然和文化魅力。分列在四周的名人名言，代表了魏晋、元、明、清时期不同人物对峨眉"第一山"的评价。

8. 秀甲瀑布

秀甲瀑布是迎宾广场的一大景观。"秀甲天下"是"峨眉天下秀"的浓缩，"甲"字突出了峨眉秀色的地位和峨眉山人的气质。同时，"秀甲天下"与"天下名山"牌坊互相呼应，对"天下名山"的特色做了补充和强调，概括了峨眉山的历史地位和景观特色。站在瀑布前，只见飞瀑从天上泻来，一条白练悬挂于石壁上，飞溅的水花在空中形成雨雾，阳光下七色彩虹隐现，溪河中浪花滚滚，响声隆隆。

9. 迎宾石滩

迎宾石滩是迎宾广场的标志性景观，旁边有宝掌和尚所题"震旦第一山"，和康熙皇帝御题"峨眉山"三个大字，背靠峨眉山"游人中心"和峨眉山博物馆。四周绿荫环绕，山泉从石上流下，状像丝网，色如白练，似明珠镶嵌翡翠，犹水晶装饰琥珀，溪流跳跃奔腾，水声欢快歌唱，代表着热情好客的峨眉山人，欢迎来自五湖四海的宾客。

10. 名山起点

名山起点，位于有"世外桃源"之称的峨眉山第一乡——黄湾乡，是进入峨眉山景区的门户。"名山起点"牌坊结合了古代南北建筑艺术风格，既有北方建筑的庄严气势，又有南方建筑的精雕细刻，其牌坊顶部则采用了峨眉山民居典型的翘角手法，整体均为仿古式建筑，庄严凝重，古朴典雅，集景区的行政和客运于一体，也是"数字峨眉山"的重要组成部分。

四、武术流派

峨眉派与少林、武当共为中土武功的三大宗，也是一个范围很广泛的门派，尤其在西南一带很有势力，可说是独占鳌头。

峨眉派之得名，是以佛教四大名山之峨眉山而起的，它与洪门天地会之"峨眉山"不同：洪门的"峨眉山"是山堂，出于虚构；峨眉派的"峨眉"是地名，是实指。

峨眉派功法介于少林阳刚与武当阴柔之间，亦柔亦刚，内外相重，长短并用，攻防兼具。《入拳经》上讲："拳不接手，枪不走圈，剑不行尾，方是峨眉。""化万法为一法，以一法破万法。"总之是以弱胜强，真假虚实并用，站在女子的地位融汇了南拳、少林、武当等众家之长。

从宗教渊源上看，峨眉亦僧亦道，而以道姑为主。在武侠小说中，金庸《倚天屠龙记》说是郭靖幼女郭襄，因为心中爱慕杨过，而又尊敬杨过与小龙女的爱情，所以云游天下，借此畅解胸中块垒。后得机会听觉远念涌《九阳真经》，创立峨眉派，后来传至灭绝师太，其弟子纪晓芙、周芷若等皆为道姑。此外，峨眉派的许多招式，也都具有女性的色彩，如拳法中的一面花、斜插一枝梅、裙里腿、倒踩莲等。剑法中的文姬挥笔、索女掸尘、西子洗面、越女追魂等，簪法中的闭月羞花、沉鱼落雁等，都完全是女子的姿态。峨眉派的著名兵器峨眉刺，又称玉女簪，也是由女子发簪变来的。

第三节　普陀山

一、"海天佛国""南海圣境"

普陀山素有"海天佛国""南海圣境"之称，同时也是著名的海岛风景旅游胜地。普陀山是东海舟山群岛中的一个小岛，南北狭长，面积约12.5平方千米。岛上风光旖旎，洞幽岩奇，古刹琳宫，云雾缭绕。普陀山与九华山、峨眉山、五台山合称中国佛教四大名山，以山、水二美著称。普陀山这座海山，充分显示着海和山的大自然之美，山海相连，显得更加秀丽雄伟，是全国最著名最灵异的观音道场、佛教圣地。至唐朝，海上丝绸之路的兴起，促进了普陀山观音道场的形成，并使其迅速成为汉传佛教中心，传至东南亚及日、韩等国。至清末，全山已形成三大寺、88禅院、128茅蓬，僧众数千。寺院无论大小，都供奉观音大士，可以说是"观音之乡"了。每逢农历二月十九日、六月十九日、九月十九日分别是观音菩萨诞辰、出家、得道三大香会期，全山人山人海，寺院香烟缭绕，一派海天佛国景象。

普陀山四面环海，风光旖旎，幽幻独特，被誉为"第一人间清净地"。山石林木、寺塔崖刻、梵音涛声，皆充满佛国神秘色彩。岛上树木丰茂，古樟遍野，鸟语花香，素有"海岛植物园"之称。全山共有66种百年以上的树木1 221株。除千年古樟，还有被列为国家一级保护植物的我国特有的珍稀濒危物种普陀鹅耳枥。岛四周金沙绵亘，白浪环绕，渔帆竞发，青峰翠峦，银涛金沙环绕着大批古刹精舍，构成了一幅幅绚丽多姿的画卷。磐陀石、二龟听法石、心字石、梵音洞、潮音洞、朝阳洞等大多名胜古迹，都与观音结下了不解之缘，流传着美妙动人的传说。它们各呈奇姿，引人入胜。普陀十二景，或险峻，或幽幻，或奇特，给人以无限遐想。

二、成为"半个世界信仰"的观音道场

普陀山的佛教历史悠久，作为观音道场初创于唐代。唐大中（847—860年）年间，有梵僧（又说西域僧）来山礼佛，传说在潮音洞目睹了观音示现。唐咸通四年（863年），日僧慧锷从五台山请得观音像回国，途经普陀山海面时触新罗礁受阻，于潮音洞登岸，留佛像于民宅中供奉，称"不肯去观音院"，观音道场自此始。宋元两代，普陀山佛教发展很快。宋乾德五年（967年），赵匡胤内侍（太监）王贵来山进香，并赐锦幡首开朝廷降香普陀之始。元丰三年（1080年），朝廷赐银建宝陀观音寺。当时，日韩等国来华经商、朝贡者，也开始慕名登山礼佛，普陀山渐有名气。绍兴元年（1131年）宝陀观音寺住持真歇禅师奏请朝廷允准，易律为禅，山上700多渔户全部迁出，普陀山遂成佛教净土。嘉定七年（1214年），朝廷赐钱万锣修缮圆通殿，并指定普陀山为专供观音的道场，与五台山（文殊道场）、峨眉山（普贤道场）、九华山（地藏道场）合称为中国佛教四大名山。

普陀山凭借其特有的山海风光与神秘幽邃的佛教文化，很早就吸引了众多文人雅士来山隐居、修炼、游览。据史书记载，早在2 000多年前，普陀山即为道人修炼之宝地。秦安其生、汉梅子真、晋葛稚川，都曾来山修炼。普陀山作为中国古代海上丝绸之路始发港的重要组成部分，早在唐代就成为日本、韩国及东南亚国家交往的必经通道和泊地。至今山上仍留有高丽道头、新罗礁等历史遗迹，流传着韩国民族英雄张保皋等事迹。

自观音道场开创以来，观光揽胜者络绎不绝。宋陆游、明董其昌等历代名士，都先后登山游历。历朝名人雅士、文人墨客，或吟唱，或赋诗，留

下了大量珍贵的诗文碑刻，使普陀山文物古迹极为丰厚。唐宋元明清五朝近20位帝王为了祈求国泰民安，特遣内侍携重礼专程来普陀山朝拜观音。明太祖朱元璋、清圣祖康熙还多次召见普陀山高僧，赐金、赐字、赐佛经、赐紫衣，礼遇有加。新中国历任中央领导人也曾莅临普陀山视察、指导工作。五朝恩宠，千年兴革，佛国香火，由是鼎盛，赫赫声名，广播远扬。

三、景区揽胜

主要景点有三大寺：普济禅寺、法雨禅寺及慧济禅寺。普陀标志为南海观音大铜像。令人驻足观望、超尘脱俗、渐近禅境、乐不思蜀的还有自然景观和庙宇相结合的西天景区，尤其是紫竹林风景区，包括紫竹林禅院、不肯去观音院、南海观音立佛等6个风景点，以上景点是普陀山的精华所在。每到夏日来临，来山避暑的游客纷纷聚集到浙江省第一个海滨浴场——百步沙，使普陀山又增加了一道亮丽的景观。

普陀以山兼海之胜，风光独特，四时景变，晨昏物异。其风景点数以百计，可谓风光无限。同其他著名的风景名胜区一样，普陀山也有它的"景中之景"。游览普陀山的历代名人曾凭各自的观感，分别有"普陀八景""普陀十景""普陀十二景""普陀十六景"之颂赞。明代文学家屠隆有咏"普陀十二景"诗：梅湾春晓、茶山夙雾、古洞潮音、龟潭寒碧、大门清梵、千步金沙、莲洋午渡、香炉翠霭、洛迦灯火、静室茶烟、磐陀晓日、钵盂鸿灏。清代裘班所编的《普陀山志》载十二景为：短姑圣迹、佛指名山、两洞潮音、千步金沙、华顶云涛、梅岑仙井、朝阳涌日、磐陀夕照、法华灵洞、光照雪霁、宝塔闻钟、莲池夜月。

"海湾春晓"指普陀山的早春景色，普陀山也称梅岑，因西部山湾为梅湾，也称作前湾。据传此地多野梅，庵、篷僧众多好养梅怡性。每当早春季节，春回大地，遍山野梅，香满山谷，青山绿树，映衬着点点红斑，煞是一番美景，曾被人誉为"海上罗浮"。每当晴朗无风时，伫立西山巅，远眺莲花洋，只见渔舟竞发，鸥鸟翔集，海中波涛，粼粼闪光，山外青山，层层叠翠，美不胜言。若在月夜，则疏枝淡月，岛礁朦胧，幽香扑鼻，更加令人陶醉。

"磐陀夕照"指磐陀石一带的傍晚景色。由梅福庵西行不远处便可看到磐陀石。磐陀石由上下两石相累而成，下面一块巨石底阔上尖，周广20余米，中间凸出处将上石托住，曰磐；上面一块巨石上平底尖，高达3米，宽近7米，呈菱形，曰陀。上下两石接缝处间隙如线，睨之通明，似接未接，好似一石空悬于一石之上。每当夕阳西下，石披金装，灿然生辉，人们如能在此时登上石顶，环眺山海，则见汪洋连天，景色壮奇。"磐陀夕照"堪称普陀山一大奇观。

"莲池夜月"指的是海印池的月夜景色。海印池在普济寺山门前，也称"放生池""莲花池"，原是佛家信徒在此放生之池塘，后植莲花，即称"莲花池"。"海印"为佛所得三昧之名，如大海能汇聚百川之水，佛之智海湛然，能印现宇宙万法。海印池面积约十五亩，始建于明代。池上筑有三座石桥，中间一座称平桥，北接普济寺中山门，中有八角亭，南衔御碑亭。御碑亭、八角亭、普济寺古刹建在同一条中轴线上。古石桥横卧水波，远处耸立着一座古刹，疏朗雄伟中透出股灵秀，真如人间仙境，美轮美奂。

莲花池三面环山，四周古樟参天，池水为山泉所积，清莹如玉。每当盛夏之际，池中荷叶田田，莲花亭亭，古树、梵宇、拱桥、宝塔倒影，构成一幅十分美妙的图画。夏季月夜到此，或风静天高，朗月映池；或清风徐徐，荷香袭人。

📚 知识链接

为何佛家将莲花来比喻佛性？荷花，佛家称之为莲花，是圣洁、清净的象征。佛家称极乐世界为"莲邦"，以为彼土众生以莲花为居所，认为众生皆有"佛性"，只是由于被生死烦恼困扰，没有显发出自己的佛性，因此陷在生死烦恼的污泥之中。莲花则"出淤泥而不染，濯清涟而不妖"，故佛教以莲花来比喻佛性。观世音菩萨就是普渡众生往生莲邦的"莲花部主"。

法华灵洞奇特景观，方圆巨石自相垒架，形成洞穴数十处：有的狭隘低迫，伛行可过；有的宽广如室，中奉石像；有的上丰下削，泉涓滴漏，自石罅流出而下注成池。普陀山洞穴虽多，层复出奇，唯此洞为最。洞外有"青大福地""普陀岩""东南大柱"等题刻。

"古洞潮音"：洞半浸海中，纵深30米左右，崖至洞底深十余米。此处海岸曲折往复，巉岩峭壁，怪石层层叠叠。洞底通海，顶有两处缝隙，称为天窗。潮音洞口朝大海，呈张口状。日夜为海浪所击拍，潮水奔腾入洞口，势如飞龙，声若雷鸣。若遇大风，浪花飞溅，浪沫直冲"天窗"之上。如是晴天，洞内七彩虹霓幻现，叹为奇观。据载，宋元时期来普陀朝山香客，多在潮音洞前扣求菩萨现身赐福。明以后则多去梵音洞叩求观音大士显灵。香客中常有纵身跃下山崖，舍身离世，借以往生西方极乐世界者，于是定海县令缨燧在岸上建亭，并亲书《舍身戒》，立碑以禁舍身。

过仙人井，登八宝岭东望，见岗上有岩斜峙似象，伸鼻举目，眺望东海，此即为象岩。象岩上侧，犹有驯服似兔的兔岩。象岩以东临海处，复道转折，层梯而下，有一天然洞窟，广不逾丈，却幽邃窈冥。洞外巨石参差，积叠人海。洞口面朝东洋，左右挽百步沙与千步沙。每当晴日，清晨在此看日出，观海景，景色壮丽，叹为观止。旭日"巨若车轮，赤若丹沙，忽从海底涌起，赭光万道，散射海水，千鲜相增，光耀心目"。因此，人们给它起名为"朝阳洞"，并把"朝阳涌日"列为普陀十二景之一。在普陀山见日出，以朝阳洞为先。

朝阳洞也是听潮音的好去处。朝阳洞上原有朝阳庵，根据书载，身处此庵，浪涛轰鸣其下，如千百种乐交响迭奏，别有情趣。

千步金沙，沙色如金，纯净松软，宽坦柔美，犹如锦茵设席，人行其上，不濡不陷。此处海浪日夜拍岸，涛声不绝。浪潮嬉沙，来如飞瀑，止如曳练。每遇大风激浪，则又轰雷成雪，骇人心魄。悠忽之际，诡异尤常，奇特景观，不可名状。千步沙沙坡平缓，海面宽阔，且水中无乱石暗礁，常为游泳健儿所青睐。如在夏日来的游客，千万不要错过这一景观，或在游山之后，赤足漫步其上，让海浪亲抚你的脚面，其趣其味，未亲试者不可想象。或者静静地在沙滩上坐上一会儿，听听潮声。或者干脆换上泳装跃入佛海波涛，它会给你带来无限凉爽。

千步金沙并不只是白天很美，每临月夜，婵娟缓移，清风习习，涛声时发，其清穆景色更为诗意盎然。故有人曾将其与壮丽的朝阳涌日，合称普陀山绝观。

到普陀山，晚上能听到千步沙那里的海潮音，声若雷鸣，震耳欲聋，如万马奔腾，比欧阳修秋声赋中所说的声音还要大上百千万倍。《法华经普门品》的偈语说："梵音海潮音，胜彼世间音。"传说这个海潮的音声之所以异常响亮，也有着一个小故事，就是蛇王虽然无条件把山借给菩萨开道场，但他要菩萨说出一个归还的日期来，到时候可以物归原主。菩萨对蛇王说："哪一天全山听不到我的弟子敲木鱼的声音，或者千步沙前的海潮音声不响了，我就把山让还给你。"普陀山现在发展到三大丛林，80 余家院庵，160 多个茅蓬，因而每天木鱼音声是不会断的，尤其海潮的音声是永久不会断绝的！最为奇观的是海潮拜浪，不管你起东南西北风，千步沙的海潮是始终不会随风转浪的，仍然是一波一波地扑向这边。有人说，这是潮拜浪，无情的潮水也知道朝拜观世音菩萨。如果遇见大风激荡，那千步沙的波浪，若雷震云涌，眩目震耳，来若飞瀑，止若曳练，倏然万变，不可名状。站在千步沙石上欣赏这俗人难得一见的大海之奇观，那一种身心荡然的境界，不是笔墨所能形容的。

光熙峰在佛顶山东南，一名"莲石花"，又名"石屋"。从远处望去，翠绿丛中，峰石耸秀，似莲花盛开，如白雪积峰。"光熙雪霁"指的是光熙峰的雪后景色，为普陀十二大景观之一。普陀山难得下雪，冬天显得宁静而奇妙。但如果你运气好，赶上一场大雪，登上佛顶山，俯瞰光熙峰，犹如碧玉塑就，银装素裹，千树万树梨花开，山色混一，海大抵与冻云齐平。此时此景，你会觉得心清虑净，犹如身临洁白无垢的佛国净土，舒畅无比。

光熙峰的雪景，是不大容易见到的，但普陀是佛家圣地，佛门弟子常来常往，或常住静修，就有缘赏识普陀山的"雪霁"风光。

普陀山

茶山位于佛顶山后，自北而西，婉蜒绵亘，山势空旷，中多溪洞。而每在日出之前，茶树林夙雾缭绕，时而如丝似缕，时而烟缊弥漫。此时此刻，如若身处其间，如梦如幻，令人遐思无限。古代普陀山没有居民，山中僧人自种自食，种茶是住山僧人的一项重要劳作。每到采摘季节，众僧一齐出动，山上立时出现一种"山山争说采香芽，拨雾穿云去路赊"（明李桐诗句）的繁忙景象。普陀茶山之茶，被人称作"云雾佛茶"，因为此茶树多为僧人所植，所以山僧谈论"茶山夙雾"也别具情韵。

天门清梵，指普陀山最东端梵音洞的景观。从法雨寺经飞沙呑，过祥慧庵，即为普陀最东部的青鼓垒山。此地常惊涛拍崖，潮声撼洞，昼夜轰响，宛如擂鼓，故又称"惊鼓擂"。在青鼓垒山东南端有一天然洞窟，洞岩斧劈，高有百米，峭壁危峻，两边悬崖构成一门，习称梵音洞。在普陀山众多神奇的洞壑中，梵音洞的磅礴气势和陡峭危壁，为其他洞所莫及。梵音洞山色清黔，苍崖兀起，距崖顶数丈的洞腰部，中嵌横石如桥，宛如一颗含在苍龙口中的宝玉。两陡壁间架有石台，台上筑有双层佛龛，名"观佛阁"。凡欲观览梵音洞者，先要从崖顶迂回沿石阶而下，然后来到观佛阁。据传在这里观佛，人人看到的佛都不同，即使是同一个人，也会随看随变，极为奇异。此地又为梵音洞观潮最佳处，佛阁下曲屈通大海，海潮入洞，拍崖涛声如万马奔腾，如龙吟虎啸，日夜不绝，闻之者无不惊心动魄。佛家信众至此，多喜在洞口膜拜，祈求见到观世音菩萨现身。清康熙三十八年（1699年），皇帝御书"梵音洞"额赐挂于此处。

观音洞位于市区西北7千米处，景区内有幡龙山、鸡冠山、观音洞山、平顶山、红石山、二郎洞山等山景观，林木茂密，山势雄伟奇秀。普陀山观音洞山最早叫老母山，后因辽太子耶律倍曾藏身于此山中，其母便命人将山名改为普陀山，洞名为观音洞，并在洞前建寺取名紫竹寺。多少年来，因观音洞名气大，人们便忘记了山的真名普陀山，而冠以观音洞山，一直沿袭至今。寺庙建于山中，几经修葺，元代取名为石堂道院，到明正统二年（1437年），重修后的古寺改名普陀寺，清代又多次扩建，观音洞逐渐兴盛起来。观音洞集奇洞、妙佛、圣泉、宝树于一体，是海内闻名、佛声远播的旅游胜地。

在普陀山梅岭西麓，一大型石室天然生成，洞内有一石柱悬垂至地，洞上及洞周石壁雕有观音像。洞旁建一庵，明万历年间为茅篷，清康熙年间成庵宇，道光、光绪、宣统年间又陆续兴建。1983年，大殿内由浙江美术学院雕成观音坐像一尊，目光慈祥，妙相庄严。洞后古树成荫，巨石层叠，上书"大士重现"四个大字。

白华古庵建于明万历四十年（1612年），康熙年间屡次扩建。庵中大悲阁，原为僧人收藏古玩、图书之处，名人学士常往观赏。1960年后作为民居，现尚修葺。庵中有"真歇泉"古迹，宋代文学家史浩题有石碑，碑尚存居民处，为普陀山现存最古碑刻。近年又在白华庵右侧妙庄严路旁发现明万历年间修筑的海塘碑刻。

竹禅（1842—1901年），清末著名画僧，与破山禅师齐名，一生嗜好书画。俗姓王氏，号熹公。工书、画，其水墨人物、山水、竹石，人谓别成一派，题画诗亦佳，光绪年间（1875—1908年）返蜀示寂，著有《海上墨林》《韬养斋笔记》《益州书画录》。竹禅14岁出家于梁山报国寺，受戒于双桂堂，一生云游大江南北，晚年为双桂堂第十代方丈。通诗文，善书画，工篆刻。其书画作品中以水墨人物、山水、墨竹、顽石、罗汉佛像见长，主要作品现存于新都宝光寺、普陀山白华庵。人们在他墓前题联评价："携大笔一支，纵横天下；与破山齐名，脍炙人间。"这是这位书画名家一生的真实写照。

四、各式各样的文化节活动

普陀山南海观音文化节，作为舟山三大旅游节庆之一，是以普陀山深厚的观音文化底蕴为依托，以弘扬观音文化、打造文化名山为内涵的佛教旅游盛会。其间有大型法会、佛教音乐会、众信朝圣、莲花灯会、文化研讨会、佛教文化旅游品展览会等一系列活动，吸引着众多海内外观音弟子、佛教信徒、香客游客聚缘"佛国"。

每逢金秋时节，旅客尽情领略佛国文化千姿百态的无穷魅力：可以在妙相庄严佛像前体会缭绕香烟氤氲的神秘；可以传心灯，植心愿，亲身体验佛事法会的虔诚肃穆和宗教文化感化人心的力量；还有动人心弦的佛教音乐会、恢宏壮观的朝拜法会、充满睿智的讲经说法、博览天下的佛教文化艺术展览……即时，所有的一切都将汇成一场丰盛的文化盛典呈现在游客的面前，让游客在一段不长的时间里对宗教文化、普陀山文化、观音文化有深刻的感受。

普陀山观音香会节起源于观音应化诞生或成道等日。每年农历二月十九日观音圣诞日、六月十九日观音成道日、九月十九日观音出家日，海内外佛门弟子，不论远近，纷纷从四面八方云集普陀山敬香朝拜和参加法会。十八日晚、十九日凌晨达到高潮，上万信众摩肩接踵，三步一拜齐登佛顶山，场面蔚为壮观。全山彻夜灯烛辉煌，讲经诵佛之声通宵达旦，呈现出佛国盛会庄严虔诚的节庆氛围。

"普陀山之春"旅游节是融群众娱乐、游客参与于一体的互动性大型旅游娱乐文化活动，于1990年首创，每年举办一届。其内容丰富多彩，包括声乐、舞蹈、戏剧、书画、摄影、灯谜、幸运抽奖、佛国茶道、旅游义工活动等，是普陀山继观音文化节、香会节之后的又一旅游盛会。"普陀山之春"旅游节以"生态旅游，人文体验，游客互动，百姓同乐"为宗旨，在每年阳春三月举办。通过精心演绎，力争展现旅游节庆的群众参与性和游客互动性，体验佛国静谧宗教氛围的同时，让节庆的激情和奔放真正融入旅途中。活力四射的民俗文化，在清净佛地体验难得一见的民风激情；别具一格的素食文化烹饪比赛，领略中华美食林中素食文化这朵奇葩的别样风采；修炼身心意志的"佛国朝圣五十三参"，有幸亲历善财童子参悟得道的漫漫历程。此外，还有精彩纷呈的摄影大赛、互娱互乐的沙滩游艺活动等一系列参与性、观赏性强的旅游节目。

佛国集体婚庆。心字石前许前愿，千年古樟证今生。绵延的金沙、纯洁的天空、坚贞的磐陀石，巧妙和谐地融合在这神圣、浪漫的海天佛国，所有草木也多情温柔起来，在这里结下白头之约，似乎别有意义。爱侣们携手栽下心愿树，结上同心锁，让灵山为天下有情人共证姻缘，用菩提心祝福百年好合。情缘佛国，美在青春，如此别具风格的集体婚庆活动，是普陀山特有的节庆活动，也表达了普陀山出尘入世的慈悲情怀，这令每一对情侣终生难忘，成为一生记忆的珍藏。

第四节 九华山

一、圣山缘起

九华山开辟为大愿地藏王菩萨道场，成为 1 000 多年来僧侣及大众的朝圣地，源起于新罗国僧人"金地藏"的修道故事。

新罗国（位于朝鲜半岛南端）王族金乔觉（696—794 年），24 岁时削发为僧，于唐玄宗开元年间来华求法，经南陵等地登上九华，于山深无人僻静处，择一岩洞栖居修行。当时九华山为青阳县闵员外属地，金乔觉向闵氏乞一袈裟地。几亩或数顷都不在话下，何况只是区区一袈裟地，闵氏自然不假思索、慷慨应允，此时只见金乔觉袈裟轻轻一抖，不料展衣后竟遍覆九座山峰。这使闵员外既十分诧异，又大开眼界、叹未曾有，由静而惊，由惊而喜，心悦诚服地将整座山献给"菩萨"，并为持戒精严、艰苦修行的高僧修建庙宇。唐至德二年（757 年）寺院建成，金大师有了修行道场和收徒弘法的条件。金乔觉由此威名远扬，许多善男信女慕名前来礼拜供养。连新罗国僧众闻说后，也相率渡海来华随侍。闵员外先让其子拜高僧为师，随后自己亦欣然皈依、精进修行，今九华山圣殿中地藏像左右的随侍者即为闵氏父子。

金乔觉驻锡九华，苦心修炼数十载，唐贞元十年（794 年），于 99 岁

九华山

高龄时跏趺示寂。其肉身置函中经三年，仍"颜色如生，兜罗手软，罗节有声，如撼金锁"。根据金乔觉的行持及众多迹象，僧众认定他即地藏菩萨化身，遂建石塔将肉身供奉其中，并尊称他为"金地藏"菩萨。九华山遂成为地藏菩萨道场，由此名声远播、誉满中华乃至全球，逐渐形成与五台山文殊、峨眉山普贤、普陀山观音并称的地藏应化圣地。

九华山有三座肉身殿，分别在神光岭、百岁宫、双溪寺，神光岭肉身殿是安置金地藏肉身的地方，亦称"地藏塔"。

历经唐、宋、元各个时期的兴衰更迭，九华山佛教至明初获得显著的发展，清代达到鼎盛时期，有寺庙 300 余座、僧尼 4 000 多人，"香火之盛甲天下"。今存寺庙 90 余座（其中 9 座被列为全国重点寺院，30 座被列为省级重点寺院），有僧尼近 600 人，存真身（肉身）5 尊，佛像 6 300 余尊，藏历代经籍、法器等文物 2 000 余件。

二、真身宝殿与地藏法会

明万历年间，朝廷赐银重修地藏塔殿，赐额"护国肉身宝塔"。清康熙二十二年（1683 年）重修殿宇。咸丰七年（1857 年）大部分殿宇遭兵焚毁。光绪十二年（1886 年）肉身塔大规模重修，移殿门正南向，门额悬挂"东南第一山"横匾。1914 年殿宇重修。1917 年，北洋军阀政府总统黎元洪书赠"地藏大愿"匾额。1955 年和 1981 年又经两次重修，建筑面积 705 平方米。

肉身殿是典型的宫殿建筑，殿高 15 米，门朝西南，红墙森严，巍峨雄壮。入殿须登 81 级台阶。站在台阶之下，举目仰望，可见南门厅上两块匾额。上额书"肉身宝殿"，下额书"东南第一山"。塔东侧有明刻石碑《地藏圣迹碑记》，为明万历年间刘光复所撰写。与塔基相平处横一巨石，似人工洞顶，南面镌刻"磐石常安"横幅，北面雕着"神光异彩"四个字。

大殿四周回廊上方雕梁画栋，仙鹤、麋鹿等珍禽异兽栩栩如生，牡丹、灵芝诸鲜花奇草，鲜艳夺目。回廊有石柱 20 根，南北檐下石柱上均刻有楹联。北面是："誓度群生离苦趣，愿放慈光转法轮。"南面两副，一副题着"心同佛定香火直，目极天高海月升"；另一副是"福被人物无穷尽，慧同日月常瞻依"。两副对联的首字连读是"心目福慧"，表示"心中"不离地藏、终能修到"福慧"圆满。此殿庄严雄伟，是塔殿式建筑，上盖铁瓦，四角有宫殿式翘檐。殿宇面阔三间，进深 16 米，地面平铺汉白玉石。中央为 1.8 米高的汉白玉塔基，上矗七层八面木质宝塔一座，高 17 米。塔的每层八面皆有佛龛，每龛均供奉地藏金色坐像，共大小不等的 56 尊，塑造于清光绪十二年（1886 年）。木塔外为汉白玉神台，上有双手捧圭的十殿阎罗立像，朝奉着"幽冥教主"地藏菩萨。塔基四角有回柱顶梁，塔内是供奉金地藏肉身的三级石塔。塔前悬着镂空八角琉璃灯，终年不分昼夜灯火长明。

塔北门廊下，有黑底、金字的小篆横匾，写着地藏菩萨誓言："地狱未空誓不成佛；众生度尽方证菩提"，为黎元洪所书。晨曦中，台下云层如海，称为"云铺海"胜景。多雨季节，低云凝重，云层含有微细水珠，在日光照耀下，银光闪闪，现出"银铺海"奇观。

据佛经记载，农历七月三十日（小月二十九日）为地藏菩萨圣诞日，传说也为金地藏成道日。这天，九华山在肉身殿举行隆重庆典，称"地藏法会"，诵《地藏菩萨本愿经》，守金地藏肉身塔。法会一般历时七天，从农历七月三十日至八月初六日，圆满之日设斋供众，广结良缘。法会期间，民间有"百子会（团）"等朝山进香。凡人数满百人即可组成一会，称"百子会"。百子会设香首和副香首，朝山途中香首高诵"南无幽冥教主本尊赦罪地藏王菩萨"，余众接诵"阿弥陀佛"。每逢地藏菩萨圣诞期，僧俗二众于肉身塔诵经拜菩萨通宵达旦，常见僧尼和信士一步一跪拜塔不止，求其超度亡灵、赦免罪孽、消除灾障、增加福寿。与此相应，各地还有类似会（团）汇拢九华，如"万胜老会""香山胜会""同人老会"等。

自 1978 年以来，九华山佛教协会每年都举行"地藏法会"，或称"祈祷世界和平法会"，悬挂"南无大愿地藏王菩萨法会"飘幡。来参加地藏法会的港澳同胞、海外侨胞，十方四众弟子及善男信女，逐年增多，盛况空前。今日肉身宝殿，成了朝山进香的香客和游览九华山的游人必到之地。

三、九华之茶由佛教而至民间

九华山产茶历史悠久。《青阳县志》载："九华为仙山佛地，竹卉鱼禽，间为他方所未有。……所产金地源茶，为金地藏自西域携来者，今传梗空筒者是。茗（闵）地源茶，根株颇硬，生于阴谷，春夏之交方发萌，茎条虽长，旗枪不展乍紫乍绿……天圣初，郡守李虚已，太史梅询试之，以为建溪顾渚不及也。"南宋周围必大游九华作《九华山录》云："献土产茶味敌北宛。"北宛茶为建州（福建建阳）名茶，可见九华山茶之名贵。

九华山茶始于唐，兴于宋，由寺院而至民间，"仙铛气味冷芝耳，僧碗芳香点茗芽"，山、寺、茶三者联袂成趣。据清代刘銮在《五石瓠》中所述，闵茶有二：一为休宁闵茶，万历末年闵文水所制；二为九华山闵园茶，即"唐闵，长者地也，产茶不多，僧熔之岁数斤耳，用山中之泉烹之，真味殊绝。有闵茶引不知何僧作，其词变腾空而去云，今年称闵公是也，其宅今梵殿，其畦今虽闵园，茶出于此，故以名之。园在九华之颠，东岩之侧，一坞半弓，四周峭壁，数百丈危峰之上，复有山焉，下瞰龙池，上疏石涧，林蔽石流，交映终日，沉雾团风不见山麓，人仰视之，烘然一混沌也，其钟气于胜地者既灵，吐含于烟云者复久，一种幽香，自尔迥异。此坞方园径尽许所产更佳，过此则气味又别矣。然盛必锡器烹之清泉，炉必紧炭，怒火百沸，彼其沸透，急投茶于壶，壶以宜兴砂注为最，锡次之，又必注于头青磁钟，产于天者成于人，而闵茶之真味始见，否则水火乖宜，鼎壶不洁，虽闵公所亲植者变无用矣，有识者知其味淡而气厚，瓶贮数年，取而试之，又清凉解毒之大药云"。真可谓详尽之至。

自宋至元，由蒸青团茶—蒸青散茶—炒青散茶，历经三百余年。九华山相传宋代始有"天台云雾"和"九华龙芽"的制作，是由晒青（或蒸青团茶）发展到炒青散茶的阶段。制茶工艺"究极而精巧"，花色品种随之增多，宋时的"云雾"和"龙芽"均是"毛峰"茶的前身，前者因地命名，泛指天台山背道僧一带所产之茶。此间茶树朝迎晨雾，晚沐露霖，叶质柔嫩香高味浓故名。后者因茶种而谓，系指用金地源和闵地源之茶树采制而成，香味均列上乘的茶叶。宋时九华"贡茶"开始面世，周必大于1167年在《九华山录》中称赞九华之茶"味敌北宛"。当时，"北宛"已为贡茶，可见其品质出类拔萃。除此之外，当时还有仙、嫩蕊、福合、禄合等花色，宋代陈岩云："春山细摘紫英芽，碧玉瓯中散玉花。"此之谓也。

自明至清，九华山茶由炒青散茶到烘青绿茶花色品种面貌一新，历经300多年。明吴仁有诗云："犬吠披云客，花迎看竹翁，山家供玉乳，一碗便生风。"清代白元亮在《登九华》一诗中描述得更详细："频年飘泊在天涯，又信萍踪上九华。云拥奇峰天欲滴，泉春乱石涧生花。傍林鸟语捣灵药，隔岸人声摘闵茶。今日探幽具乘兴，不知何处谪仙家。"明清时九华山已有"东崖雀舌""肉身仙茗""龙池云雾""南苔空心"等花色，分别产于四大丛林之王的东崖、神光岭前的肉身宝殿、下闵园的龙池和小天台的南苔庵，均属绿茶之烘青类，茶叶制作刻意求工，外形多姿多彩，内质别具一格，被视为佛门珍宝。据1933年李非《青阳风土志》记载："茶种类有龙眼茶，云雾茶，雀舌茶，毛尖茶，旗松茶。用于手采摘，置于锅内以火炕干，山乡所产地，用篾篓或布袋装好，舟运至县城，再运住大通，南京等地销售。"可见九华之茶由佛教而至民间，到明清、民国时，已处于花色品种齐全的丰盛期。

第五章

孔庙

　　孔庙，顾名思义，就是为了纪念孔子、祭祀孔子、推崇儒学而建立的庙宇。孔子（公元前 551 年—前 479 年），名丘，字仲尼，春秋末期著名的思想家、政治家、教育家。"千年礼乐归东鲁，万古衣冠拜素王。"孔子是世界上最伟大的哲学家之一，中国儒家学派的创始人。2 000 多年以来，对于个人而言，"温良恭俭、信义和平"的儒家文化早已渗透至血液之中，并成为安身立命之所；对于整个国家的精神旨归而言，"达则兼济天下"的儒家文化已成为中国的第一文化、正统文化、主流文化，并走出中国，深刻地影响到东亚、东南亚各国文化的建构与思想价值体系的形成，成为整个东方文化的坚实基石。

　　孔子是儒家文化的"始祖""开创者"，中国境内和世界各地建造的孔庙数量众多，不可胜数，最多时可数以千计，保存到现在的也有百个之多。在这其中，曲阜孔庙是祭祀孔子的本庙，是分布在中国、朝鲜、日本、越南、印度尼西亚、新加坡、美国等国家 2 000 多座孔子庙的先河和范本。

曲阜是孔子的故乡，这里的孔庙与别处大不相同，不但始建年代早，而且规模宏伟，保存完整，具有典型性、示范性，因而被近代古建筑专家公认为建筑史上"唯一的孤例"，将它与北京的故宫、河北承德的避暑山庄并称为"中国古代三大建筑群"。

第一节　曲阜孔庙的建造沿革

曲阜孔庙坐落在曲阜古城的正中央，是第一座祭祀孔子的庙宇，东接孔府。孔庙、孔府并列，蔚为壮观。加上"颜（颜，即孔子的高足颜回）庙""颜府"亦在附近，仅这些建筑就占去了曲阜古城一半的面积，使曲阜古城因为这厚重的庙府遗迹和文物珍藏而越显"东方文化圣城"的风采。

一、曲阜孔府的历代修造

孔子去世后的第二年，即公元前478年，鲁国君主鲁哀公为了纪念孔子，追念孔子的功德，遂将孔子的3间故宅改建为庙，每年祭祀。当时，庙内藏有孔子生前所穿戴的衣服、帽子，授课时所用的竹简，平时所使用的家具，娱乐时所用的琴瑟以及出行时所乘过的车舆。这就是最初的孔庙，仅具雏形。

其后，历代王朝对孔庙不断加以维修和扩建。据统计，自汉代一直到中华民国期间，孔庙仅大规模的修建就多达71次，中小型的修葺则数以千次。其中，较为著名的修建、扩建有：东汉永兴元年（153年），汉桓帝下令修缮孔庙，并派孔和为守庙官，"立碑于庙"。魏文帝黄初二年（221年），曹丕下诏在鲁郡修缮旧的孔庙。东魏孝静帝兴和元年（539年）修孔庙时，"雕塑圣容，旁立十子"，这是孔庙塑像的开始。明代最大的一次修筑在弘治十二年（1499年）。当时孔庙遭到雷击，殿宇着火，损失惨重，

120 多间建筑化为灰烬。明孝宗朱祐樘下令重修孔庙，汇聚了大量的人力、物力和财力，历时 5 年，耗银 15.2 万两；清代雍正二年（1724 年），孔庙又毁于雷火，雍正帝非常重视孔庙的重修，敕令大臣督工监修，并亲自审阅维修方案，还先后调集了 12 个府、州、县的知府、知州、知县督修，先后用了 6 年的时间，方告修造圆满成功。因此，到了清代前期，孔庙已形成了今日所见之规模：平面呈长方形，南北 1 120 米，东西 140 米，占地 327.5 亩，以高大的红色垣墙环绕，庙内殿宇亭阁 466 间，包括三殿、三祠、两庑、两堂、两斋、一阁、一坛、54 座坊表亭门。

二、曲阜孔庙的尊崇地位

曲阜孔庙建筑的不断修造和扩充，很显然与历代当政者对孔子的尊崇以及儒教地位的不断提高有着直接的关系。不必说汉代的"罢黜百家，独尊儒术"，单就隋朝以后而言，自唐高宗李治奉孔子为"太师"起，至明世宗尊孔子为"至圣先师"，此后延及中华民国时期，均沿袭"先师"的封号，孔子遂成为"天下文官祖，历代帝王师"，可享用帝王宫室的有关建筑礼制，因而曲阜孔庙成为仿皇宫建筑群体的绝无仅有的特例。譬如，皇宫是由九进院落组成的，孔庙也是九进院落；皇宫建筑采用的是黄色琉璃瓦，孔庙中路建筑采用的也是黄色琉璃瓦；皇宫内的门钉是九九制，孔庙中路门上的硕大门钉也是九九八十一颗。这一切都充分显示了孔子在历朝历代所享有的无与伦比的崇高地位。

知识链接

曲阜的"三孔"，向来以丰厚的文化积淀、悠久的历史、宏大的规模、丰富的文物珍藏以及科学艺术价值著称。那么，你知道"三孔"指的是什么吗？

曲阜的"三孔"，指的就是孔府、孔庙、孔林。孔庙的东侧就是孔府，是孔子嫡长孙世袭的府第，是衙宅合一、园宅结合的范例。孔府始建于宋代，经历代不断扩建，形成了现在的规模。孔府现占地 200

余亩,有房舍480余间。官衙和住宅建在一起,是一座典型的封建贵族庄园。衙署大堂用于接受皇帝颁发的圣旨,或处理家族内事务。孔府后院有一座花园,幽雅清新,布局别具匠心,可称园林佳作,也是园宅结合的范例。孔府内藏有大量的历史档案、传世文物、历代服饰和用具等,极其珍贵。

孔林又称"至圣林",在曲阜城北门外,占地3 000亩,周围砖砌林墙长达14华里,是孔子和他的后代子孙们的家族墓地。孔林是延续年代最久、保存最完整的家族墓地。进入孔林,首先要经过1 200米的墓道,然后穿过石牌坊、石桥、甬道,到达孔子的墓前。孔子的坟墓封土高6米,墓东是孔子之子孔鲤和他的孙子孔伋的坟墓。在孔林中,有的墓前还存有石雕的华表、石人、石兽等。这些都是依照墓中人当时被封爵位的品级设置的。整个孔林桧柏夹道,苍翠深幽,历经2 500多年,内有坟冢10多万座。其延续时间之久,墓葬之多,保存之完好,举世罕见。

第二节　曲阜孔庙的建筑特色

曲阜孔庙的总体设计是非常成功的。前面为神道,两侧栽植苍翠欲滴的柏松,创造出庄严肃穆的气氛,以培养拜谒孔庙者崇敬的情绪。孔庙的主体贯穿在一条南北中轴线上,左右对称,布局严谨。前后九进庭院,前三进是引导性庭院,只有一些尺度较小的门坊。院内遍植成行的松柏,浓荫蔽日,创造出使人清心纯雅的幽谧环境;由高耸挺拔的苍松古柏之间,辟出一条幽深的通道,既使拜谒者感到孔庙历史的悠久长远,又烘托了孔子思想的深奥博大。座座门坊高昂的额匾，极力赞颂孔子的功绩，给参拜者以强烈深刻的印象，使敬仰之情不觉油然而生。第四进以后的庭院，建筑雄伟，黄瓦、红墙、绿树交相辉映，既喻示出孔子思想的博大高深，也喻示了孔子的丰功伟绩。而供奉儒家贤达的东西两庑，分别长 166 米，喻示了儒家思想的源远流长。

一、"金声玉振" 石坊

进入曲阜城的南门，迎面立有一座石坊，其由 4 根巨柱支撑，雄伟壮观。石坊顶端各饰有莲花宝座，座上各蹲踞一个雕刻古朴的麒麟，正中额题 "金声玉振" 4 个大字，笔力雄健，系明代著名书法家胡缵宗所书。"金声玉振" 四字来源于 "亚圣" 孟子的话，孟子曾说："孔子之谓集大成。集大成也者，金声而玉振之也。金声也者，始条理也；玉振之也者，终条理也。" 孟子以古乐起奏之 "钟"、结束之 "磬" 来比喻孔子高深的思想，因此石坊被命名为 "金声玉振"。石坊后面是一个单孔石桥，两侧各立石碑一幢，上刻 "官员人等至此下马" 字样，这就是俗称的 "下马碑"。武官至此下马，文官至此下轿，皇帝至此也要下辇而进。在这里，在这神圣的儒家文化圣地，任何人都没有特权，包括至高无上的皇帝在内。

二、棂星门

孔庙的大门称为棂星门。棂星，即灵星，又名 "天田星"，本指天上文星，古人认为它 "主得士之庆"。古代祭天，先要祭祀灵星。孔庙的大门命名为灵星，意思就是 "尊孔如同尊天"，将孔子看得和上天一样神圣，借以表现孔子的崇高地位。

棂星门在泮水桥后，石柱铁梁，铁梁上铸有 12 个龙头 "阀阅"（记录功勋的柱子）。四根圆石柱上刻缀祥云，顶端雕有怒目端坐的天将。额坊上雕饰火焰宝珠，"棂星门" 3 个大字熠熠闪光，是由清乾隆皇帝亲自书写的。明代时此门为木质结构，清乾隆十九年（1754 年）重修时改成石质。

三、第一进庭院

从棂星门进去，便是孔庙的第一进庭院。棂星门里面建有两座坊，南为 "太和元气" 坊，此坊建于明嘉靖二十三年（1544 年）春，形制与 "金声玉振"坊相同，坊额题字系山东巡抚曾铣手书，赞颂孔子思想如同天地生育万物一样；北为"至圣庙"坊，明代时此坊原刻"宣圣庙"3个字，清雍正七年（1729年）改成现在的名字。两座坊前后而立，都是由汉白玉石雕制而成的，柱子上雕饰有朵朵祥云。

后人为赞颂孔子思想对我国社会所产生的深远影响，使用了"德侔天地""道冠古今"8个字，意即他的贡献如同天地一样大，他的主张自古至今都是最好的。因此，在孔庙第一进院落的左右两侧，各修建了两座对称的木质牌坊，东边题字"德侔天地"，西边题字"道冠古今"。两座木坊建于明朝初年，具有明显的时代风格，均为4根柱子、黄色琉璃瓦。额坊下各雕饰有8只石雕怪兽。居中的是4只"天禄"，披麟甩尾，颈长爪利；两旁的是4个"辟邪"，怒目扭颈，形态怪异。

四、第二进庭院

孔庙的第二进庭院自"圣时门"开始，取意于孟子所说的"孔子，圣之时者也"。据《孟子·万章下》记载："孟子曰：'伯夷，圣之清者也；伊尹，圣之任者也；柳下惠，圣之和者也；孔子，圣之时者也。'"意思是说，在各位圣人之中，孔子是最适合时期的。"圣时门"始建于明永乐十三年（1415年），当时为3间的规模，弘治年间扩为5间，中间设有3个拱门，门的顶端是碧瓦，四周是深红的墙皮，拱门内是杏黄的墙里，颜色对比鲜明，透着厚重的沧桑感。由拱门向内望，令人有深邃莫测之感。

过了"圣时门"，视野豁然开朗，但见偌大一个庭院，古柏森森，绿荫匝地，芳草如茵。迎面有3座石桥横跨，桥下是流水潺潺，荷叶田田。微风过处，碧波粼粼，荡漾起美丽的涟漪，飘送来清幽的荷香。因为水"萦绕如璧"，所以名为"璧水"，桥因而得名，称为"璧水桥"，四周环水雕刻有玲珑的石栏。桥的南面有东西二门，甬道相连，东匾题为"快睹门"，取唐代文人李渤"如景星凤凰，争先睹之"之语，即"先睹为快"之意；西匾题为"仰高门"，取自《论语》"仰之弥高，钻之弥坚"之语，赞颂孔子的学问十分高深。

五、第三进和第四进庭院

"壁水桥"北面为"弘道门",此为孔庙第三进庭院的标志,其高近 10 米,长 17 米有余,宽近 9 米。弘道门原修建于明朝洪武十年(1377 年)。清初名为"天阶门",清雍正七年(1729 年)据《论语·卫灵公》"人能弘道,非道弘人"的语意而钦定命名"弘道门",以赞颂孔子阐发了尧舜禹汤和文武周公之道。弘道门内有元代碑刻两块,东面的四棱碑为"曲阜县历代沿革志",记载了曲阜的变迁沿革,史料价值很高;西面的碑为"处士王处先生墓表",颇有书法价值,是于 1966 年移入孔庙的。

进入孔庙的第四进庭院,即经过"大中门"。"大中门"原名为"中和门",较弘道门长且狭窄,原为宋代修建,后经明朝弘治年间重修,现在的"大中门"系清代所建。门左右两旁各有绿瓦拐角楼一座,系元至顺二年(1331 年)为使孔庙像皇宫一样威严而建造的。角楼均为 3 间,平面作曲尺形,立在正方形的高台之上,高台的内侧有马道可以上下。第四进院落疏阔有致,古树遒劲葱郁,禽鸟翔集翩飞,幽深静谧。

六、第五进庭院

进入大中门,迎面即为"同文门"。这就是孔庙第五进庭院的开始。清初曾将此门命名为"参同门",顺治后改为此名。过了同文门,在庭院的北端有一座高阁拔地而起,顶檐下群龙护绕的一块木匾上,写有"奎文阁"3 个大字,它就是以藏书丰富、建筑独特而驰名中外的孔庙藏书楼。

奎文阁始建于宋天禧二年(1018 年),刚开始的名字就叫"藏书楼"。金章宗在明昌二年(1191 年)重修时始改名为"奎文阁",清乾隆皇帝时重新题的匾额。"奎"本是星名,是二十八星宿之一,居白虎星座之首。白虎星座有星 16 颗,颗颗"屈曲相钩,似文字之画",因而《孝经》称"奎主文章",后人进而将"奎(魁)"视为"文官之首"的代名词。由于后代封建帝王对孔子极力赞颂,遂将孔庙的藏书楼命名为"奎文阁"。

奎文阁高 23.35 米,阔 30.1 米,深 17.62 米,顶端为黄色琉璃瓦,三重飞檐,四层斗拱。内部两层,中夹暗层,呈层叠式构架。奎文阁结构合理,坚固异常,为古今中外的建筑专家所交口称道。奎文阁自明代弘治十七年（1504年）重修以来，经受了几百年风风雨雨的侵袭和多次地震的摇撼。清朝康熙年间，曲阜地区发生了大地震，这次地震使得曲阜的房屋几乎损毁殆尽，只剩十分之一："人间房屋倾者九，存者一。"但奎文阁仍然坚固无恙，岿然屹立，的确堪称奇迹，不愧是我国著名的古代木结构建筑之一。奎文阁西面的碑亭中记载康熙年间地震的石碑就是奎文阁坚固的旁证。阁前廊下有两座石碑，东面刻有《奎文阁赋》，系明代著名诗人李东阳撰文，著名书法家乔宗书写；西面刻有《奎文阁重置书籍记》，记载着明代正德年间皇帝命令礼部重新整修奎文阁并钦赐书籍收藏的情况。

奎文阁前面有两座御碑亭，亭内外共有4座明代御碑。每座高6米多，宽2米多，碑下的大龟高1米多。碑的顶端精雕盘龙，绕日盘旋，栩栩如生。碑文的内容多是尊崇孔子及其思想的。在东南方向，有一座露天的"重修孔子庙碑"，为明宪宗朱见深所立。碑文极力推崇孔子的思想，认为孔子的思想是励精图治的政治基础："朕惟孔子之道，有天下者一日不可暂缺。"字体为楷书，书体端庄，结构严谨。这块碑以精湛的书法著称于世，由于立于明朝成化四年（1468年），因此又习惯称此碑为"成化碑"。

孔庙第五进庭院的东西方向各有一所独立的院落，名曰"斋宿"，是祭祀孔子前，祭祀人员戒斋沐浴的场所。东院是"衍圣公"（即孔子嫡派后代的世袭封号）的斋宿所，由于清代康熙、乾隆两位皇帝祭祀孔子时曾在此沐浴，因此东院又称"驻跸"（帝王出行时，开路清道，禁止通行。后泛指跟帝王行止有关的事情），现在经常用来举办孔子生平事迹的展览。西院是从祭官员的斋宿所，清代中期就已经废弃了，仅存院落。清朝道光年间，孔子第七十一代孙孔昭薰将孔庙内宋、金、元、明、清五代文人的谒庙碑共130余块集中镶嵌在西院的院墙上，并改称其为"碑院"。碑碣或流畅奔放，飘逸自如，或丰润温雅，神采飞动，或端庄典雅，质朴古拙，精品多多，蔚为大观。

七、第六进庭院

过了孔庙第五进庭院的奎文阁，就是孔庙的第六进庭院。院落狭长，矗立着13座碑亭，其中南面有8座。其中，4座为金代、元代所建，东起第三、六座为金明昌六年（1195年）所建，呈正方形，碑亭布置疏朗，是孔庙现存最早的建筑。其余4座为清代所建。北面有5座碑亭，分别建于清朝康熙、雍正、乾隆年间。13座碑亭分两行排列，檐牙高啄，彩绘梁栋，黄瓦耀金，鳞次栉比，煞是奇伟。十三碑亭是专为保存封建皇帝御制的石碑而建的，因而习惯上称之为"御碑亭"。亭内存放石碑55座，共计唐、宋、金、元、明、清、中华民国等7个时期所刻。碑文多是皇帝对孔子追谥加封、拜庙亲祭、派官致祭和整修庙宇的记录，由汉文、八思巴文（元代蒙古文）、满文等文字刻写，具有重要的史料价值和艺术价值。

各亭的碑首多有精美的浮雕，碑的下面多以似龟非龟的动物为趺（即"驮碑"）。这种似龟非龟的动物名叫"赑屃"（bì xì），据说是龙的儿子。传说龙生九子，各有所能，赑屃擅长负重，因而用来驮碑。碑亭中最早的是两座唐碑，一座是立于唐高宗总章元年（668年）的"大唐赠泰师鲁先圣孔宣尼碑"，另一座是立于唐玄宗开元七年（719年）的"鲁孔夫子庙碑"，皆位于上述的第六座金代碑亭中。而最大的一座石碑是清朝康熙二十五年（1686年）所立的，位于上述的第三座金代碑亭内。这块碑高7米有余，重约35吨，加上碑下的赑屃、水盘，总共重约65吨。这座石碑的石料采自北京的西山，在当时的技术条件下，能将此碑安然运抵千里之外的曲阜，不能不令人讶异与赞叹！

第六进庭院的东南、西南方向，各有一片丛林似的碑碣。北墙朱栏内还镶嵌着大量的刻石，均为历代帝王、大臣们修庙、谒庙、祭庙后所刻。从书法艺术的角度来看，有真、草、隶、篆等书体，各有千秋，共放异彩。另有几座石碑从侧面记载了元末红巾军，明代中期刘六、刘七以及明末徐鸿儒等农民起义的情况，是研究农民革命历史的难得的珍贵史料。

"御碑"亭院的左右两侧各有一门通往孔庙之外。东门称"毓粹门"，又称"东华门"；西门名"观德门"，又名"西华门"。亭院北面又有三个门横列，将再进院落分作三路。东路进入"承圣门"，为孔子故宅和供奉孔子五世祖的地方，有诗礼堂、崇圣祠、家庙、礼器库、孔宅故井、鲁壁等景观；西路进入"启圣门"，为祭祀孔子的地方，有金丝堂、启圣殿、启圣寝殿、乐器库等建筑。中路进入"大成门"，即孔庙的第七进庭院。

八、第七进庭院

大成门是孔庙第七进庭院的大门。"大成"是"亚圣"孟子对孔子的评价，他曾说："孔子之谓集大成者。"（《孟子·万章下》）赞颂孔子达到了集古圣先贤之"大成"的至高境界。大成门面阔5间，飞檐斗拱，有黄色琉璃瓦覆顶，南北两面共有石柱6根，居中两根有深浮雕的盘龙，其余为平雕的云龙。进入大成门后，阶下有1株古桧，高20米，相传为孔子亲手栽植。原树已枯，现在的古桧是清朝雍正十年（1732年）萌发的新枝长成，旁边立有石碑，上刻"先师手植桧"。

迎着大成门而立的是"杏坛"，相传是孔子讲学的地方。孔子"杏坛设教"的记载最早见于《庄子·渔父》篇："孔子游于缁帷之林，休坐乎杏坛之上，弟子读书，孔子弦歌鼓琴。"但是原址在哪里，未见史料记载。宋代天禧二年（1018年），孔子第四十五代孙孔道辅监修孔庙，将正殿后移扩建，以正殿旧址"除地为坛，环植以杏，名曰杏坛"；金代始于坛上建亭，由当时著名文人党怀英篆书"杏坛"二字。杏坛四面悬山，黄瓦朱栏，雕梁画栋，彩绘精美华丽，坛前置有精雕的石刻香炉，坛侧植有几株杏树，每当初春，绿叶婆娑，红花摇曳。乾隆皇帝曾为之赋诗："重来又值灿开时，几树东风簇绛枝。岂是人间凡卉比，文明终古共春熙。"

"杏坛"向北而望，一座气势高大的殿宇凌空兀立，这就是"大成殿"。大成殿是第七进庭院的中心建筑，也是孔庙的主殿，建在东西宽45米、南北长35米、高2米的露台上。台周以石栏环绕，结体得当，雕工精湛。台分上下两层，下层东、西、南三面共有24个石雕螭（古代传说中一种没有角的龙）首，探出露台，扬须怒目，形象生动。台前有大型浮雕龙的两层台阶，雕龙游弋于升腾的云雾之中，栩栩如生，呼之欲出。整个台面平展开阔，祭孔"八佾乐舞"即在此进行。现在，每逢孔子的诞辰（农历九月二十八），孔庙都要表演"八佾乐舞"。

大成殿高24.8米，阔45.78米，深24.89米，和故宫"太和殿"、泰山"天贶殿"并称为"东方三大殿"。抬头仰望，在双重飞檐之中，海蓝色的

竖匾之上，木刻贴金的群龙紧紧团护着3个金色大字"大成殿"。字径1
米，为清朝雍正皇帝手书。

大成殿的结构简洁整齐，重檐飞翘，饰以云龙图案，以金箔贴裹，祥
云缭绕，群龙竞飞。整座大殿可谓雕梁画栋、金碧辉煌。大成殿的独特
之处在于，在四周廊下环立的28根巨型顶擎雕龙石柱均以整石刻成。柱
高5.98米，直径0.81米，原为明代弘治十三年（1500年）由徽州的能工
巧匠刻制，清雍正二年（1724年）重新雕刻。其中，大成殿的两侧和后
檐的18根石柱为浅雕，以云龙装饰，每根石柱为八面，每面浅刻9条团
龙，每柱72条，细心的工匠在石柱上记下了雕刻的龙的总数，共计1 296
条。前檐的10根石柱为深浮雕，每根柱子上两龙对翔，盘绕升腾，两龙
之间雕刻宝珠，四周环绕云焰，柱脚缀以山石，衬以波涛。10根龙柱两两
相对，各具变化，无一雷同。刀法刚劲有力，雕刻玲珑剔透，龙姿栩栩如
生。这是曲阜独有的石刻艺术瑰宝。据说，清朝乾隆皇帝来曲阜祭祀孔子
时，石柱均用红绫包裹，不敢被乾隆皇帝看到，恐怕他因看到孔庙的龙雕
超过皇宫而怪罪下来。大成殿的建筑与浮雕艺术，充分显示了我国劳动人
民的才华和智慧。1959年，当代著名学者郭沫若曾为大成殿的群龙浮雕赋
诗："石柱盘龙二十株，大成一殿此尤殊。……天工开物眼前是，梓匠何曾
读圣书？"

大成殿内正中供奉着孔子的塑像，高3.35米，头戴十二旒冠冕，身
穿十二章（即"十二章纹"）王服，手捧镇圭（古代举行朝仪时，天子所
执的玉制礼器），一如古代天子的礼制。孔子塑像两侧为"四配"，东位
西向的是弟子颜回和孔子之孙孔伋，西位东向的是曾参和孟轲。再向两
侧为"十二哲"，东位西向的是闵损、冉雍、端木赐、仲由、卜商、有
若，西位东向的是冉耕、宰予、冉求、言偃、颛孙师、朱熹。"四配"塑
像高2.6米，"十二哲"塑像高2米，均头戴九旒冠，身穿九章服，手执
躬圭，一如古代上公的礼制。塑像都置于木制贴金的神龛内，孔子像为单
龛，龛前两柱各雕一条龙，绕柱盘旋，姿态生动，雕刻玲珑，异常精美。
"四配""十二哲"两位一龛，龛前有供桌、香案以及祭祀时使用的豆、爵

等礼器。大成殿的殿外悬挂有 10 块匾额、3 副对联，如门外正中是清朝雍正皇帝题书的"生民未有"的匾额，殿内正中是康熙皇帝题书的"万世师表"和光绪皇帝题书的"斯文在兹"的匾额，殿内南面悬挂着乾隆皇帝题书的"时中立极"的匾额。每块匾额长 6 米多，高约 2.6 米，雕龙贴金，精美华丽。

大成殿东西两侧的房子叫"两庑"，是后世供奉先贤先儒的地方。配享的贤儒大都是后世儒家学派的著名人物，如汉代的董仲舒、唐朝的韩愈、明代的王阳明等。在唐朝，供奉的贤儒仅有 20 余人，经过历代的增添更换，到中华民国时，多达 156 人。配享的贤儒原来为画像，金代改为塑像，明代成化年间一律改为写有名字的木制牌位，供奉在一座座神龛之中。

两庑之中陈列着数量众多的历代石刻。"老桧曾沾周雨露，断碑犹是汉文章。"东庑中保存着 40 余块汉、魏、隋、唐、宋、元时的碑刻，最为珍贵的是"汉魏北朝石刻"，一共 22 块。西汉石刻，首推"五凤"；东汉石刻，以"礼器""孔宙""史晨"等碑为隶书珍品；北朝则以"张猛龙"碑为魏体楷模。西庑内陈列着 100 多块"汉画像石刻"，题材丰富广泛，既有人们社会生活的记录，也有历史故事、神话传说的反映，是久负盛名的艺术珍品。孔庙保存的汉碑在全国是数量最多的，这些石刻内容丰富，既有神话传说的青龙、白虎、朱雀、玄武，又有反映当时社会生活的捕捞、歌舞、杂技、行医、狩猎等场景，是研究我国汉代社会生活的珍贵资料。石刻技法，或细致精巧，或粗犷奔放，各具风格。两庑北部陈列有 584 块"玉虹楼石刻"，洋洋大观，是清朝乾隆年间孔子的第六十九代孙孔继涑收集了历代著名书法家的手迹临摹精刻而成的。这些石刻原被置放在曲阜"十二府"的"玉虹楼"（孔继涑的书斋号）下，于 1951 年移入孔庙，1964 年展出，以供书法爱好者欣赏、品鉴。

九、第八进庭院

沿大成殿的回廊向后转，但见层栏围绕，又一座重檐大殿巍然矗立，它就是孔庙三大建筑之一的"寝殿"（另两大建筑为奎文阁、大成殿）。它是供奉孔子夫人亓官氏的专祠，也是孔庙的第八进庭院的标志。

寝殿阔 7 间，深 4 间，重檐斗拱，黄色琉璃瓦覆顶。寝殿周遭的廊下立有 22 根浅雕石柱，上雕凤凰牡丹；藻井等处以金箔贴饰团凤，枋檩等处又以金箔贴饰游龙，富丽堂皇，雍容典雅，一如皇后宫室的形制。

亓官氏，礼器碑上作"并官氏"，宋国人，19 岁嫁与孔子，比孔子早 7 年去世。关于亓官氏的情况，古籍上很少有记载，直到大中祥符元年（1008 年），她才被宋真宗赵恒追封为"郓国夫人"；元至顺三年（1332 年），亓官氏又被加封为"大成至圣文宣王夫人"；明嘉靖八年（1592 年），由于孔子改称"至圣先师"，因此她也被称为"至圣先师夫人"。孔子去世后，鲁哀公将孔子所居住的 3 间故宅改建为庙，每年祭祀，亓官氏即和孔子一起被祭祀。寝殿始建于北宋天禧二年（1018 年），在这之前，亓官氏一直与孔子同室奉祀。寝殿早期曾有亓官氏塑像，清雍正八年（1730 年）重修时改设神主牌位，上书"圣圣先师夫人神位"，牌位罩有木刻神龛，神龛木雕游龙戏凤，精美异常；在龛前置有供桌。

十、第九进庭院

"圣迹殿"是以保存记载孔子一生事迹的石刻连环画"圣迹图"而得名的大殿。此殿位于寝殿之后，独成一院，是孔庙最后的第九进庭院。圣迹殿是明万历二十年（1529 年）由巡按御史何出光主持修建的。原来孔庙内有反映孔子事迹的木刻图画，何出光建议改为石刻，并由杨芝作画、章草刻石，嵌在殿内的四壁上，这就是为数 120 幅的"圣迹图"。"圣迹图"每幅宽约 38 厘米，长约 60 厘米，其所表现的圣迹是从"颜母祷于尼山"生孔子，到孔子死后"子弟庐墓"为止，并附有汉高祖刘邦、宋真宗赵恒以"太牢"之礼祭祀孔子的两幅图画。其中有人们熟知的"宋人伐木""苛政猛于虎"等孔子一生的主要活动和言论，是我国第一本有完整人物故事的石刻连环画，具有很高的历史价值和艺术价值。

圣迹殿内，迎面是清朝康熙皇帝手书的"万世师表"的石刻。字下正中为唐代大画家吴道子画的"孔子为鲁司寇像"，左边是晋代名画家顾恺之画的"先圣画像"，习惯上称之为"夫子小影"。据说，这幅"小影"在孔子像中最真，最接近孔子原貌，由孔子第四十八代孙孔端友于宋绍圣二年（1095年）摹勒于石上。右边是吴道子画的"孔子凭几像"，孔子按几而坐，弟子分侍左右，由孔子第四十六代孙孔宗寿翻刻于石上。在这些画像上，有宋太祖、宋真宗等皇帝的御赞，有宋代绍圣、政和等年号和题跋。殿内还有宋代书法家米芾篆书的"大哉孔子赞"以及清朝康熙、乾隆皇帝的御制碑，艺术价值极高。

回顾2 000多年的漫长历史发展进程，曲阜孔庙虽然屡遭风雨、地震、大火、兵燹等天灾人祸的损毁，但它的整修与扩建从未停止。而今，在国家的大力保护下，孔庙由当初孔子的一座私人破旧住宅发展成为现在无论是规模还是形制都堪与帝王宫殿相媲美的庞大建筑群，延时之久，记载之丰，可以说是人类建筑史上的孤例。

第三节　北京孔庙

在北京的安定门内，有一条著名的国子监（古代中国的最高学府）街，又名"成贤街"。这条街共有4座带有浓郁清代建筑特色的彩绘木牌楼，是北京保留牌楼最多、最完整的一条街。街道两旁古槐成行，浓荫蔽日，槐花飘香。北京孔庙就坐落在这条街的东端。在全国各地数量众多的孔庙中，

北京国子监街

建于14世纪元朝的北京孔庙，因其规模和布局仅次于山东曲阜孔庙，而成为中国第二大孔庙。

一、建造沿革

自汉武帝"罢黜百家，独尊儒术"开始，历朝历代的皇帝每年都会祭

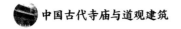

孔。自汉代以后，祭孔活动延续不断，规模也在逐步提升。

元世祖忽必烈定都北京后，深知"马背上得天下"，而不能"马背上治天下"。为了加强思想方面的统治，笼络汉族的封建贵族和士大夫，元世祖遂下令沿袭历代的旧典，敕令建造"宣圣庙"，用来祭祀孔子。据《元史·哈剌哈孙传》记载："京师久阙孔子庙，而国学寓他署，乃奏建庙学。"到元大德六年（1302年），在现在北京孔庙的地址上正式建立庙宇，前后历时4年，于大德十年（1306年）建成，并根据"左庙右学"的礼制，同年在孔庙西侧建立国子监，又称"太学"。大德十一年（1307年），特诏命封孔子为"大成至圣文宣王"（这块"加号诏书"石碑现仍耸立在北京孔庙的大成门前）。元文宗至顺二年（1331年），皇帝下诏恩准孔庙配享宫城规制，允许孔庙的四个方位建造角楼。元末，北京孔庙荒废。

明代永乐九年（1411年），重新整治孔庙，并修缮了主殿——大成殿；嘉靖九年（1530年），为祭祀孔子的五代先祖，增建了"崇圣祠"。清朝乾隆二年（1737年），乾隆皇帝亲谕孔庙，可以使用最高贵的代表皇室尊严的黄色琉璃瓦顶，黄瓦是封建社会的最高建筑规制，"崇圣祠"仍用绿色琉璃瓦顶。这时的孔庙已是红墙黄瓦、金碧辉煌了，凸现出浓郁的皇家风范与气派。到了光绪三十二年（1906年），祭孔的礼节升为大祀，孔庙也大规模地修缮，工程尚未完成，清朝就被推翻了，但修缮工作仍在继续进行，一直到中华民国五年（1916年）才竣工。至此，北京孔庙形成了今天的规模与布局。

2005年4月，北京孔庙开始了新中国成立后的第一次大规模修缮，这次修缮以古代建筑的复原和维护为主，主要恢复清代的建筑规模和样式，宏伟大气、巍峨壮观的北京孔庙以全新的面貌再次出现在世人的面前。

二、建筑特色

北京孔庙是中国元、明、清三朝祭祀孔子的场所，虽然经过历代重修，但其基本结构仍然保留了元代的风格。北京孔庙坐北朝南，规模宏伟，占地广阔，约有2.2万平方米，古建筑面积约有7 400平方米，现有房屋286间。北京孔庙前后共有三进院落，采用了主体建筑沿中轴线分布、左右对称的中国传统建筑布局。中轴线上，从南向北依次为先师门、大成门、大成殿、崇圣门、崇圣祠、碑林五座建筑。

1. 先师门

先师门，又称"棂星门"，是北京孔庙的大门，面阔 3 间，基本上保留了元代的建筑风格。先师门的左右两侧连接孔庙的外围墙，犹如一座城门。进入先师门，便是北京孔庙的第一进院落，是皇帝祭孔前筹备各项事宜的场所。院落的东侧设有宰牲亭、井亭、神厨，用于祭孔"三牲"（清代指 1 头牛、1 只羊、1 头猪）的宰杀、清洗和烹制；西侧有神库、致斋所，用于祭孔礼器的存放和供品的备制。整个院落的环境神秘而幽雅。

2. 大成门与大成殿

走过先师门，迎面看到的便是大成门。大成门创建于元代，在清代又重修，面阔 5 间。整座建筑坐落在高大的砖石台基上，中间的"御路"石上，高浮雕海水龙纹图样，五龙戏珠，栩栩如生。大成门前廊两侧摆放着 10 个石鼓，每个石鼓的鼓面上都篆刻有一首上古游猎诗。这是清朝乾隆皇帝时，仿照公元前 8 世纪周宣王时期的石鼓遗物刻制的，文字难辨，诗意深邃，非学识渊博者无以理解。

进入大成门，便是北京孔庙的第二进院落，它是孔庙的中心院落。每逢祭孔大典，这里便钟鼓齐鸣，乐舞升平，仪仗威严。院内青砖铺地，苍松翠柏，古树参天。中间一条笔直的甬道通向大成殿，甬道两旁浓荫掩映着 11 座清代的碑亭，甬道西南设有祭奠焚纸燎炉，甬道尽头便是气势非凡的大成殿。

大成殿是第二进院落的主体建筑，也是整座北京孔庙的中心建筑，是孔庙内最神圣的殿堂。大成殿始建于大德六年（1302 年），后来毁于战火；明朝永乐九年（1411 年）重建，清朝光绪三十二年（1906 年）将殿宇由 7 间扩建为 9 间。大成殿内，金砖铺地，顶端饰有团龙图案，其规制是我国封建社会的最高建筑等级。殿中供奉孔子"大成至圣文宣王"的木牌位，牌位两边设有"四配""十二哲"的牌位，前面设置祭案，上设尊、爵、卣（yǒu）、豆等祭器，均为清朝乾隆时的御制真品。大成殿的内外高高悬挂着清朝康熙帝至宣统帝共 9 位皇帝的御匾，均是皇帝亲书的对孔子的四字赞语，是极为珍贵的文物。

在第二进院落的御道西侧，有一口古井。井台是由青石板组成的精致的花瓣形状，井圈为石质。由于古井坐落在德胜门、安定门一带的水线上，因此当年井水常溢到井口，水质清纯甘洌，被称为"满井"。相传，进京赶考的举人们在拜谒孔子后，都要饮一些井中的"圣水"，饮后就能文思泉涌，妙笔生花，写出一手好文章。而用井水磨墨，写出的字墨香四溢，落笔如神。因此，当年乾隆皇帝钦赐名为"砚水湖"。虽然现在井中的水位很低，也没有人饮用，但是这口井雅致大气的名字及动人的传说，为北京孔庙增添了几分文采。

3. 崇圣祠

"崇圣祠"包括崇圣门、崇圣殿和东西配殿，这组建筑组成了北京孔庙的独立完整的第三进院落。第三进院落最具特色，与前二进院落分割明显而又过渡自然，反映出古人在建筑布局上的巧妙构思。"崇圣祠"是祭祀孔子五代先祖的家庙，建于明代嘉靖九年（1530 年），清朝乾隆二年（1737 年）重修，并将灰色瓦顶改为绿色琉璃瓦顶。崇圣殿又称"五代祠"，面阔五间，殿前建有宽大的月台，月台三面建有垂带踏步各 10 级。殿内供奉着孔子五代先人的牌位及孔子弟子与后代子孙——颜回、孔伋、曾参、孟轲四位"先哲之父"的牌位。东西配殿坐落在砖石台基上，面阔五间，殿内供奉着程颐、程颢兄弟以及张载、蔡沈、周敦颐、朱熹六位"先儒之父"。

北京孔庙的三进院落及其建筑有明确的建筑等级差别和功能区域划分，却又和谐统一地组成了一整套皇家祭祀性的建筑群落，的确是我国古代建筑的杰出代表。

4. 进士碑与碑林

北京孔庙历经 700 多年的历史文化积淀，遗留下来众多的弥足珍贵的文物。进士题名碑和"十三经"碑林，成为研究孔子儒学特别是中国古代科举的重要史料和实物。

在北京孔庙第一进院落的御路两侧，分四部分竖立着198座高大的进士题名碑。其中，元代3座，明代77座，清代118座。这些进士题名碑上刻着元、明、清三代各科进士的姓名、籍贯、名次，共计5万余人。在众多的进士当中，有我们大家熟知的一些名人，如明代的张居正、于谦、徐光启，清代的纪昀、刘墉及近代的刘春霖、沈钧儒等。穿梭在这片时间跨度达数百年的进士碑中，轻抚旧貌斑驳的碑身，仰望碑面上已经模糊的字迹，不免让人发出"江山代有才人出，各领风骚数百年"的感慨。

在北京孔庙与国子监之间的夹道内，有一处由189座高大石碑组成的碑林。石碑上刻有代表儒家经典的"十三经"：《周易》《尚书》《诗经》《周礼》《仪礼》《礼记》《春秋左传》《春秋公羊传》《春秋谷梁传》《论语》《孝经》《孟子》《尔雅》。这部石经的蓝本是清朝雍正年间，由江苏金坛的贡生蒋衡前后历时12年手书而成的。乾隆五十六年（1791年），乾隆皇帝下旨刻石立碑。全部石经共计63万余字，规模宏大，楷法工整，其内容的准确性和刻制的精美度都优于西安的"开成石经"。而在规模上，这也是仅次于西安碑林的全国第二大碑林。相传，当年乾隆命和珅、王杰为总主持，彭元瑞、刘墉为副总主持来考订经稿。彭元瑞以宋元善本"十三经"核订蒋衡手书的经稿，并把俗体字均改为古体字，使经文更加完善规范，古意大增，受到乾隆的赞赏，被授以"太子太保"衔。这使得和珅对彭元瑞非常嫉恨，权倾朝野的他命人在一夜之间挖去石碑上全部改过的古体字。后来，和珅下台，古体字迹才得以修复。至今，在众多的碑面上，还留有一块块被挖补的痕迹。

在700多个春秋更替中，北京孔庙成为元、明、清三代统治者尊孔崇儒、宣扬教化、主兴文脉的圣地，也成为众多志在功名的读书人顶礼膜拜的殿堂。这组比故宫年代还久远的仿皇家古建筑，浓缩了千年儒家文化的精髓，凝固了数百年的科举之路。徜徉在古柏参天、石碑林立、广殿高堂的北京孔庙，远离都市的喧嚣，亲手触摸厚重历史、源远文化的脉搏，以宁静淡泊之心去感受中华传统文化之博大精深，实在是一生之中难得的雅事、幸事、快事。

第六章

妈祖庙与关帝庙

　　民间信仰就是老百姓的信仰，是指民众自发地对某类神灵的信奉与尊重。各方百姓，各有神灵。这些神灵或者来自对自然的崇拜，或者来自宗教的神祇，或者来自传奇的英雄。而妈祖和关公就是"传奇"所造就的"神"。尽管不同的民族、地域、时期，人们的信仰不尽相同，但妈祖和关公这一类来自人间的"神灵"，不仅在历史的淘洗中大放异彩，而且还将续写新的"传奇"篇章。

第一节　妈祖庙

　　妈祖，又称"天后""天妃""天后圣母""海神娘娘"，是历代船工、海员、渔民、商人共同信奉的神。

根据有关资料统计，目前全世界共有妈祖庙 5 000 多座。其中，仅中国台湾省就有妈祖庙近千座；国外也有数百座之多，分布在日本、韩国、越南、泰国、新加坡、马来西亚、印度尼西亚、印度、菲律宾、美国、法国、丹麦、巴西、阿根廷等 17 个国家。妈祖庙遍布广泛，信众亦多，全世界信仰妈祖的约有 2 亿人。

一、妈祖的传说

相传妈祖本姓林，名默，是北宋初年人，人们习惯称她为"默娘"。因为据说她自出生至满月，不啼不哭。默娘在人间虽然只活了 28 个春秋，她的名字却被人们传诵了 1 000 多年。

默娘懂得医术，且有一副热心肠，平时就为人治病，教人防疫消灾。她性情和顺，热心助人，只要能为乡亲们排难解纷，她都乐意去做；人们遇到了什么困难，也都愿意和她商量，请她帮助。

生长在海滨的默娘，还有一个特别的"本领"，即从小就熟悉水性，识别潮音，还会看星象；长大后，默娘能够"化木附舟"，一次又一次地救助海难。海域里遇险的渔船、商船，经常能得到她的救助。默娘曾经高举火把，把自家的屋舍燃成熊熊火焰，给迷失的商船导航；她矢志不嫁，把救难扶困当作自己一生的追求。传说默娘在 28 岁的时候，因为在湄洲湾口救助遇难的船只而不幸遇难。虽然身体已经殒去，但默娘的魂魄仍系海天，每每风高浪急、樯桅摧折之际，默娘便会化成红衣女子，伫立云头，指引商旅舟楫，逢凶化吉。

因此，千百年来，人们为了缅怀这位勇敢善良的女性，到处立庙祭祀她。加上从宋朝开始，海运对于国计民生的影响越来越大，因此，历朝历代对妈祖非常重视。自宋徽宗宣和五年（1123 年）以后，历经元朝、明朝，直至清代，共有 14 个皇帝先后对妈祖敕封了 36 次，并列入国家祀典。妈祖的封号亦从"夫人""天妃""天后"一直到"天后圣母"；截至清朝同治十一年（1872 年），封号竟多达 70 字。妈祖信仰逐渐从民间转为公开地传播，妈祖成了最受崇拜的"海上女神"，成了万众敬仰的"天上圣母"。

知识链接

民间流传的妈祖的故事有很多，你知道妈祖都有哪些故事吗？你能明白她受后人尊崇、信仰的原因吗？

故事一：在没有灯塔的年代，航海之人最怕海上迷航，在黑夜里撞上了礁石，或者大风浪之中找不到避风港。妈祖经常为海上迷航的船只指点方向，这位女神身着红衣的形象本身便具有象征意义：她是一位伟大的导航使者。相传郑和下西洋时，途经福建洋面遇到风暴，海上浊浪滔天，船只颠簸摇荡，天空漆黑无光，船工们茫然不知所向。郑和想起海神妈祖，仰天祷告。祷告毕，只见在船头隐约出现了一盏红灯，妈祖信步浪尖从容导航。于是，船队紧跟前进，脱离危险，进入避风港。

故事二：大风浪之夜，妈祖发现有一支来自阿拉伯的船队在海上迷失航向，处于危险之中。妈祖便把阿爸、阿妈叫出门，一把火点着了自己家的茅房，燃起熊熊火焰。黑夜中的船队看到了一片火光，于是辨明了陆地方向，将船驶入湄洲湾秀屿港而化险为夷。当外国商人看到妈祖家的残垣断壁时，无不感动流泪。正是这种不避亲疏的博爱胸怀，使妈祖成为一切海上谋生的人所敬爱的海上女神。

二、具有代表性的妈祖庙

世界各地的妈祖庙数量众多，建筑形态也是多姿多彩。不同地方的妈祖庙承载着不同地方的历史人文痕迹，折射出独具特色的"妈祖信仰"文化。

1. 湄洲妈祖庙

湄洲岛位于福建省莆田的东南方向40多千米处，因形似娥眉而得名，面积超过14平方千米。这里四季如春，绿树成荫，天蓝水净，空气清新，景色秀丽，闻名海内外的妈祖祖庙——湄洲妈祖庙就坐落在岛北端的牛头尾山麓。

湄洲妈祖庙是全世界众多妈祖庙的祖庙。在妈祖逝世的当年，乡人为了感念她生前的恩惠，就在湄洲岛上建庙祭祀，即闻名遐迩的湄洲妈祖庙。经过千百年的口耳相传，随着信众走出国门，妈祖也从湄洲逐渐走向世界，成为一尊跨越国界的国际性神祇。

湄州妈祖庙始建于宋朝雍熙四年（987年），开始仅"落落数椽"，名曰"神女祠"。后来又经过多次的修建、扩建，才形成现今的规模。例如，明代洪武七年（1374年）增建了寝殿、香亭、鼓楼、山门，明代永乐年间，著名航海家郑和曾两次奉旨，来湄洲主持祭祀仪式，并扩建庙宇；清朝康熙二十二年（1683年）重修时，扩建有钟鼓楼、梳妆楼等，建筑规模日臻雄伟，最后形成了包含正殿、偏殿在内的5组建筑群、16座殿堂楼阁、99间斋舍客房。整个妈祖庙雕梁画栋，金碧辉煌，恰似"海上龙宫"。庙宇前临大海，潮汐吞吐，激响回音，素有"湄屿潮音"的美誉。后来，由于天灾人祸等原因，湄洲妈祖庙几经损坏，雄奇的建筑也日渐破败；损败最严重的时候，妈祖庙几乎被"夷为平地"。

20世纪80年代以来，湄洲妈祖庙开始陆续重建。尤其是近10年来，众多妈祖信徒同心协力，捐资捐物，在政府的帮助下，对湄洲妈祖庙进行了大规模的修复兴建。如今，湄洲妈祖庙不但重放光彩，而且建筑规模也远远超过了历史上的任何时候，更加富丽堂皇。目前，湄州妈祖庙的建筑群是以前殿为中轴线进行总体规划布局，依山势而建，形成了纵深300米、高差40余米的主庙道。从庄严的山门、高大的仪门到正殿，由323级台阶连缀两旁的各组建筑，气势不凡。

从祖庙的第一个大牌坊进去，两边可见雕梁画栋的长廊，依山逶迤，迎面是一座城阙形的山门，内有"千里眼""顺风耳"守护。出山门再登上石级，仰望凌空而建的仪门牌坊，俗称"圣旨门"，寓为妈祖受到历代皇帝敕封。仪门与广场相连，往上有钟鼓楼东西对峙，每逢节庆，钟鼓齐鸣，声震海滨。钟鼓楼的中间正对着妈祖庙的正殿，又称"太子殿"。正殿的左上侧是"寝殿"，系供奉妈祖的主要殿宇，也是平时举行祭祀的地方。寝殿往上，有石道四通八达，道旁的朝天阁、升天楼、观音殿、佛殿、五帝庙、中军殿、爱乡亭、龙凤亭等建筑物，都各具特色，各展雄姿，以供游人凭吊。

在祖庙山顶，还建有 14 米高的巨型妈祖石雕塑像，栩栩如生。妈祖面向大海，神态安详，依然是人们所景仰的那个佑护平安的"海上女神"。游人如若伫立山顶，极目远眺，但见山海茫茫，水天一色；回望山下，整个庙群建筑尽收眼底，构成了一幅瑰丽壮美的山水画。

湄洲妈祖庙的独特之处，就在于朝圣"海神"与观光游览的结合，让人们在峰回路转、登山观海中感受风景的迷人情趣；同时，也在浓重的妈祖文化的氛围中得到精神的升华，得到思想的启迪。

2. 澳门妈阁庙

妈阁庙为澳门最著名的名胜古迹之一，初建于明弘治元年（1488 年），距今已有 500 多年的历史，是澳门三大古刹（妈阁庙、观音堂、莲峰庙）中历史最悠久的。妈阁庙原称"妈祖阁"，又俗称"天后庙"，位于澳门妈阁山西面的山腰上，枕山临海，倚崖而建，周围古木参天，风光绮丽。

妈阁庙的门口有一对石狮，雕工精美，形态逼真，据说是 300 年前清朝人的杰作。庙内花木错落，岩石纵横，景色清幽，主要由入口大门、正殿、弘仁殿、观音阁、正觉禅林等建筑物组成，各建筑规模虽然细小简单，但是能充分融合自然，布局错落有致。它们之间用石阶和曲径相通，曲径两旁的岩石上有历代名流政要或文人骚客题写的摩崖石刻。院内另有一块名为"洋船石"的巨石，上刻一艘古代海船，船的桅杆上挂着一面写有"利涉大川"的幡旗，是人们喜爱的"一帆风顺"的图景。

妈阁庙的入口大门为一牌楼式花岗石建筑，宽 4.5 米，只开有一个门洞，门楣有"妈祖阁"三字，两侧为对联，这三部分均有琉璃瓦顶等装饰。其中，门楣顶部更有飞檐状屋脊，脊上装有瓷制宝珠及鳌鱼。紧跟在大门之后，是四柱冲天式牌坊，亦由花岗石建造而成，并有 4 只石狮分置在柱头上。

正殿为供奉妈祖的一个神殿，有"神山第一殿"之称，与入门建筑、牌坊以及在半山腰上的弘仁殿在空间上形成了一条直线。正殿的建筑主要由花岗石及砖头砌筑而成，其中花岗石作为主导，柱、梁、部分墙身以及屋顶均由此材料修筑，两边墙体均开有大面积的琉璃花砖方窗，在较高位置的气窗则为圆形。在石造之屋顶上，又铺设琉璃瓦顶，其屋顶造型又分两部分，"朝拜区"的屋顶以卷棚顶的形式出现，"神龛区"的琉璃屋顶则为重檐式，飞檐纯朴有力。

弘仁殿的规模最小，只有3平方米左右。此建筑以山上的岩石作为后墙，再以花岗石作为屋顶及两边的墙身。殿内亦供奉妈祖，两侧墙身内壁有妈祖的侍女及浮雕，妈祖神像置于山石前，与正殿神龛区的做法一样。在石屋顶上，也有绿色琉璃瓦及飞檐式屋脊作为装饰。而位于最高处的观音殿，主要由砖石构筑而成，其建筑较为简朴。

相对于正殿、弘仁殿以及观音殿，正觉禅林位于整个建筑群的最前方，且与正殿同在一个平台上，不管在规模上，还是在建筑形式上，都较为讲究。正觉禅林的建筑由供奉妈祖的"神殿"及"静修区"组成。"静修区"建筑为一般民房，而"神殿"较为复杂。神殿前面有一个内院，两侧侧廊为卷棚式屋顶。主殿区被分为3个开间，屋顶为琉璃瓦坡顶，两边侧墙顶部为金字形"镬耳"山墙，有防火的意思，具有浓烈的闽南特色。主殿区的中间部分最高，而两边渐低，墙身有泥塑装饰，墙顶则以琉璃瓦装饰。此外，主殿区的中间部分还开有一个半径为1.1米的圆形窗洞，而琉璃瓦顶上的飞檐以及瓷制宝珠的装饰，亦显示出此殿的重要性。

3. 澎湖马公天后宫

在我国的台湾省，妈祖信仰十分普遍，台胞有三分之一以上信仰妈祖，全岛共有大小妈祖庙800多座。其中，位于澎湖马公岛的天后宫是台湾历史最悠久的妈祖庙。马公岛原名"澎湖岛"，是澎湖列岛中面积最大、人口最多的海岛。澎湖岛世居的渔民最多，因为妈祖是海上的保护神，所以岛上建有天后宫奉祀。澎湖马公天后宫既是台湾最古老的妈祖庙，也是台湾历史最悠久的古迹。

据考证，天后宫建于明代万历二十年（1592年），原名为"妈祖宫"。

清朝康熙二十三年（1684 年），清廷加封妈祖为"天后"，妈祖宫从此改名为"天后宫"，迄今已有 400 多年的历史。庙内雕梁画栋，刻工精细，古香古色，美不胜收。

天后宫的建筑格局为四进，殿宇庄严。庙内的刻工呈现出古朴而精细的面貌，令人赞叹。正殿重檐的燕尾脊凌空欲飞，线条流畅；正殿的屋檐、梁柱、石鼓、窗棂及殿内各处的装饰雕刻，均表现出古朴精细的雕琢手法，尤其是门槛窗镂木刻的"凤凰富贵长春图"，细腻精致，栩栩如生，是庙宇木刻作品中的佼佼者，充分展现了当年闽南工匠们的非凡技艺。台湾众多的妈祖庙中，妈祖塑像的面容或者红面，或者乌面，唯独天后宫的妈祖塑像是钦封的"天上圣母"，因而是独一无二的"金面妈祖"。每年农历三月二十三妈祖神诞日的时候，天后宫都要举办大规模的妈祖海上祭祀活动，借以祈求风调雨顺，阖家平安。

万历三十一年（1603 年），荷兰侵略者韦麻郎率领舰队侵入澎湖，在马公岛登陆，占领了天后宫。当时的福建金门守将沈有容闻知后，亦率领军队，在天后宫会见韦麻郎。沈有容慷慨陈词，义正词严，晓以利害，要求荷兰侵略军退出马公岛。韦麻郎自知开战没有胜算，于是灰溜溜地离开了澎湖。沈有容的大义凛然、激昂勇为，书写了中国人"不战而屈人之兵"的光辉一页。这也是中国政府第一次向全世界明确表明：澎湖和台湾是中国神圣的领土，是中国不可分割的一部分，容不得丝毫的侵犯。

后来，郑成功东征逐荷，施琅收复台湾，都曾在天后宫附近驻军。清廷统一中国后，康熙皇帝钦赐"神昭海表"匾额给天后宫，并派遣礼部郎中雅虎前来致祭，重修了庙宇。现在的大殿内尚存有当年雅虎宣读的祭文之匾额。

天后宫的后进是"清风阁"，右壁嵌有一方石碑，碑高 1.98 米，正面刻有"沈有容谕退红毛番韦麻郎"11 个字。这是为纪念沈有容驱逐荷兰侵略者这一重大事件而立的，是明朝万历年间的遗物，也是台湾现存最古老的石碑，目前已被列为国家一级古迹。

4. 新加坡天福宫

新加坡的天福宫可以说是海外众多妈祖庙的一个缩影。天福宫是新加坡最古老的庙宇之一，始建于清道光十九年（1839 年），历时 3 年才建成。整座宫殿气象巍峨，规模宏大，庙内宽敞雅洁。天福宫不仅建筑风格酷似中国的寺庙，如琉璃瓦飞檐上装饰着龙的图案，而且建庙用的花岗石柱、木祭台等建筑材料也都是从中国福建运去的，就连正殿奉祀的身穿红袍的妈祖神像也是 1840 年从中国运去的。

新加坡华人都非常崇拜妈祖。在 1840 年 4 月天福宫还没有完全建成时，新加坡华人便花费巨资，举行了一次盛况空前的"迎神会"，迎接他们心目中的"天妃"从中国驾临新加坡。

在天福宫正殿的最高处，高高地悬挂着一块匾额，上面题写着"波靖南溟"4 个大字，出自清朝光绪皇帝的手笔，大字的周围是龙的浮雕，庄严肃穆。还有一块题为"显彻幽明"四字的匾额，是清政府派驻新加坡的第三任领事左秉隆奉献的。这两块匾额使天福宫身价倍增。

天福宫之所以远近闻名，除了上述的那两块匾额之外，还有自身的显著特色——与其他庙宇不同，天福宫里奉祀的不仅仅是妈祖。在被装点得金碧辉煌的天福宫后殿里，不但供奉着佛祖释迦牟尼的塑像，而且供奉着高达 1 米的孔子坐像，像的上方有一条红布，贴着"孔子先师"4 个金字。释迦牟尼的塑像与孔子的坐像遥遥相对。更为奇异的是，在孔子像的左右两侧，是观世音像和弥勒佛像，前面则是刘备、关羽、张飞的立像。这里不仅有海上的女神，还有佛国的先祖、救难的菩萨，更有人间的文圣、武圣，看似杂乱的供奉，实际上表达的是人们祈求平安、增福添寿、学问渊博、仕途顺利等种种美好的愿望。

妈祖短暂的一生虽未留下什么著作，也谈不上有什么思想体系，但她的热爱劳动、热爱人民、见义勇为、扶危济困、无私奉献、高尚情操以及种种救人危难的英雄事迹，体现了中华民族的传统美德，并形成了一股巨大的精神力量。妈祖去世之后，人们按照自己的愿望和理想，进一步把她塑造成为一位慈悲博爱、护国庇民、可敬可亲的女神，其目的仍是化育子

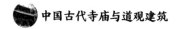

孙后代和弘扬民族精神。"传闻利泽至今在,千里桅樯一信风",这是宋代状元黄公度的诗句;"但见舳舻来复去,密俾造化不言功",这是宋代学者陈宓的诗句;"普天均雨露,大海静波涛",这是元代诗人张翥的诗句;"扶危济弱俾屯亨,呼之即应祷即聆",这是明成祖永乐皇帝的题诗。以上这些诗句既是对妈祖精神的高度概括,又说明了历代政治家、思想家和文学家都很重视发挥妈祖的教化功能,希望使这一民间信仰成为促进国家昌盛、民族团结、民生富饶的推动力。从这个意义上说,妈祖精神无疑是中华民族的优秀文化遗产之一。

你知道"澳门"一词的由来吗?

400多年前,当葡萄牙人抵达澳门后,由于妈阁庙建筑雄伟,风光秀美,他们立即就注意到了,并对其发生了浓厚的兴趣。当葡萄牙人询问当地居民的名称及历史时,居民误认为是指庙宇,故答称"妈阁",葡萄牙人以其音译而成"MACAU",这成为澳门葡文名称的由来。2005年7月15日,在南非德班市举行的第29届世界遗产委员会会议上,包括妈阁庙前地在内的澳门历史城区被列入《世界文化遗产名录》。

第二节　关帝庙

关帝,即三国时期蜀国大将关羽,也称关公。关羽生前忠义双全,勇武盖世,在《三国演义》中被描述为"五虎上将"之首,很受时人的敬重。

关羽死后备受民间的推崇，又经历代朝廷的褒奖封号，元明时期被奉为"关圣帝君"，简称"关帝"。清朝奉"关帝"为天神，上至统治阶层，下至平民百姓，都对"关帝"顶礼膜拜。关公与后人尊称的"文圣人"孔夫子齐名，被人们称为"武圣关公"。如今，集中体现关帝信仰的关帝庙已经成为中华传统文化的一个重要组成部分，与人们的生活息息相关。一座关帝圣殿，就是一方水土的民俗民风的展示；一尊关公圣像，就是千万民众的道德楷模和精神寄托；一块青石古碑，就是一个感天动地的忠义教案。在海外，凡是中国人聚居的地方，都能寻觅到关公庙的踪迹。目前，美国、日本、新加坡、马来西亚、泰国、越南、缅甸、印度尼西亚、澳大利亚等国，都建有富丽堂皇的关帝庙。

关帝庙为何遍及四海？美国芝加哥大学人类学系博士焦大卫先生的一段话大概可以作为旁证："我尊敬你们的这一位大神，他应该得到所有人的尊敬。他的仁义智勇直到现在仍有意义。仁就是爱心，义就是信誉，智就是文化，勇就是不怕困难。上帝的子民如果都像你们的关公一样，我们的世界就会变得更加美好。"

一、关羽其人其事

史书《三国志》粗略地记录了关羽的生平事迹。

关羽（160—219年），约生于东汉桓帝年间，字云长，本字长生，河东解良（今山西运城）人。

东汉末年，社会危机日益严重，爆发了黄巾军农民起义。关羽逃出乡关后，奔走涿郡（今河北涿州）时，遇上了东汉政府动员各地豪强地主组织武装，共同镇压黄巾军起义。关羽在这里结识了正在聚众起兵的刘备，便和张飞投奔到刘备手下，三人"不避艰险"，"寝则同床，恩若兄弟"，生死同心，力图匡扶衰朽的汉室。

刘备投靠军阀公孙瓒，做了平原相，任关羽为别部司马。关羽与张飞分统部曲，追随刘备左右。刘备袭杀徐州刺史车胄，派关羽领徐州，守下邳。

建安五年（200年），刘备兵败投袁绍，关羽被曹操所俘，曹操礼遇甚厚，拜为偏将军，封为汉寿亭侯，但关羽"身在曹营心在汉""降汉不降曹"。为报曹操知遇之恩，他策马于千万军众之中，杀颜良，诛文丑，解曹军"白马之围"。曹操更加喜爱关公，派关羽同乡张辽劝说，关羽说："我知道曹公对我很好，但我受刘备厚恩，立誓生死与共，绝不能背叛于他。"曹操听罢，也无可奈何，同时更加钦佩关羽的为人。后来，关羽打听到刘备的下落，遂留信告别了曹操，"千里走单骑""过五关斩六将"，终于找到了刘备。

刘备收江南诸郡后，拜关羽为襄阳太守、荡寇将军，领兵驻扎江北。等到刘备西走益州后，于建安十九年（214年）令关羽镇守要塞荆州。建安二十四年（219年），关羽围攻曹操大将曹仁于樊城，又活捉大将于禁，斩大将庞德，"水淹七军""威震华夏"。曹将司马懿、蒋济计谋：关羽得志，必非孙权所愿。遂遣人劝孙权断其后路，以图解樊城之围。

当初，孙权曾想为儿子娶关羽的女儿，关羽鄙夷道："虎女焉配犬子！"孙权大怒，埋下了与关羽之间的矛盾。后来，关羽部下糜芳、傅士仁叛变孙吴，关羽兵败失荆州，又遭吴将吕蒙、陆逊伏击。关羽与儿子关平败走麦城，被孙权捉住，大骂不降，被害于漳乡（今湖北当阳东北），壮别人间。

关羽生命的结局是悲剧性的，麦城败亡，使他"志扶汉室"的一腔宏愿付诸东流。而他的生命结束之后又是富有传奇色彩的，因为关羽死后，身子和头竟然葬在两个地方，即"身首异处"。据说关羽死后，孙权将他的首级放入一只木匣内献与曹操。曹操开匣观看，只见关羽口开目动，须发皆张，吓得魂不附体，赶忙命人设礼祭祀，刻沉香木为躯，并以王侯之礼将关羽葬于洛阳城南。惊吓了曹操，这只是后人的夸张渲染。不过，关羽死后，的确是头颅葬在了河南洛阳，身子葬在了湖北当阳。现今两地各有一处关陵，民间盛传关羽"头枕洛阳，身卧当阳，魂在山西"。

二、关公故事中的"关帝信仰"

关帝信仰是中国特有的民间信仰，这种民间信仰的实质，是对关羽身上所体现的忠、义、信、智、仁、勇等道德的崇拜，体现了中国传统文化中精诚团结、仁义互助的道德理念和美好寄托。

关帝信仰又成为中国传统信仰中地位最特殊的一种信仰：儒家把关帝称为"关圣帝君"，道家把关帝奉为"武圣帝君"，佛家把关帝封为"护法伽蓝"；历朝历代的帝王也都给关帝的头上增加了许多"王""公"的封号。民间信仰中的关公已经脱离了历史真实的关羽，而成为一个多元化的万能的神。

作为民间信仰，对关帝的信仰又带有明显的功利性，商人向关帝求"利"，文人向关帝求"才"，武将向关帝求"勇"，朋友往来，向关帝求"义"。各行各业，都从关帝信仰中找到了出发点和归宿。

譬如能向关帝求"利"：据说关公年轻的时候，曾在家乡从商，以贩卖布匹为业。他精通理财之道，发明了"日清簿"的记账方法。由于此法记账非常方便、清楚，因此迅速在商人中间流传开来。商人做生意，最看重的是信用和义气，而关公信义俱全，加之他所使用的青龙偃月刀十分锋"利"，又恰巧与生意上的求"利"同音，因此关公就被后世的商人尊为"商业守护神"和保佑人们发财的"武财神"。

再譬如能向关帝求"义"：据民间传说，关羽最早并不姓关，因他杀了人才更名改姓。那年关羽刚19岁，从自己的家乡河东解县下冯村（今山西运城常平乡）来到解州城，想求见郡守，陈述自己的报国之志。可是，郡守因他是无名小卒，拒不接见。当晚，关羽就住在县城的旅馆里，却听到隔壁有人在伤心地哭泣，一问才知道哭的人叫韩守义，他的女儿被城里的恶霸吕熊强占蹂躏。吕熊仗着自己有钱，勾结官宦，欺男霸女。当时，解州城由于靠近盐池，地下水是咸的，不能食用，只有几口甜水井散落在城里各处。吕熊便叫手下人将城里的甜水井都填了，只剩下他家院里的一口甜水井。还规定了一条，凡是来挑水的人，只能是年轻貌美的女人，否则不许进。进来的年轻女人，不是被他调戏，就是被他霸占。大家都很气愤，但因吕熊财大气粗，谁也奈何不得。韩守义的女儿让吕熊霸占后，气得他"叫天天不应，呼地地不灵"，只好独自悲泣。关羽听罢，不禁怒火中烧，急公好义的性格使得关羽决定要"替民行道"。他立即提着宝剑闯进吕家，杀了吕熊，解救了韩守义的女儿和其他良家妇女。之后，关羽害怕官府追查，遂连夜逃往他乡，途中路过潼关时，遭到守关军官的盘问，情急之下，关羽手指关口说自己姓"关"。从此以后，"关"姓就一直伴随着关羽，再未改变过。

千百年来，经过民间故事的种种传奇，经过历代统治者的褒扬，经过戏曲、小说的演义描述，一个代表着中华民族传统美德的完美的关公形象出现在世人面前：千里寻兄是"仁"，华容道放曹是"义"，秉烛达旦是"礼"，水淹七军是"智"，单刀赴会是"信"，温酒斩华雄是"勇"……关公由"侯"而"王"，由"王"而"帝"，由"帝"而"圣"，由"万世人杰"而"神中之神"，为历代统治者和天下万民所敬奉、所共仰。

三、全国四大关帝庙

我国民间信仰关公，除了在自家堂屋请来一尊关羽像，每逢初一、十五供奉外，各地还建有很多关公庙，不计其数。例如，在台湾省，就有300多座关帝庙。而在众多的关帝庙中，山西解州关帝庙、福建东山关帝庙、湖北当阳关帝庙和河南洛阳关帝庙，被称为"全国四大关帝庙"。

1. 山西解州关帝庙

中国传统意义上的关帝庙，即指山西解州关帝庙。解州关帝庙位于山西运城解州镇，这里是关公的故里。明代诗人吕子固在《谒解庙》诗中曾无限感慨地吟咏道："正气充盈穷宇宙，英灵烜赫几春秋。巍然庙貌环天下，不独乡关祀典修。"其真实地反映了那个时期人们对关公的崇拜和敬仰以及关帝庙遍布天下的盛况。解州关帝庙，以其历史悠久、规模宏大、气势非凡而享誉华夏，扬名海外。

（1）总体格局。

解州关帝庙创建于隋朝开皇九年（589年），宋朝大中祥符七年（1014年）重建，以后屡建屡毁，现存建筑为清朝康熙四十一年（1072年）的一场大火之后，历时10年重建的，规模宏大，布局完整，古朴宏丽，被誉为"武庙之祖"。关帝庙以东西方向的街道为界线，分南北两大部分，总占地面积 7.3 万余平方米，为海内外众多关帝庙占地面积之最。

街道的南面称为"结义园"，由结义坊、君子亭、三义阁、莲花池、假山等建筑组成。有一座残存的高两米的"结义碑"，人物系白描阴刻，周遭配以吐艳的桃花、扶疏的竹枝，人与景相得益彰。整块碑构思奇巧，刻技颇高，系清朝乾隆二十八年（1763 年）言如泗主持刻建的。园内桃林繁茂，千枝万朵，颇有"桃园三结义"的景致。街道的北面是正庙，坐北朝南，仿宫殿式布局，占地面积近 2 万平方米。横轴上分为东、中、西三院。其中，中院是主体，又分为前院和后宫两部分。前院依次是照壁、端门、雉门、午门、山海钟灵坊、御书楼和崇宁殿，两侧是钟鼓楼、"大义参天"坊、"精忠贯日"坊、追风伯祠；后宫以"气肃千秋"坊、春秋楼为中心，左右有刀楼、印楼对称而立。东院有崇圣祠、三清殿、祝公祠、葆元宫、飨圣宫和东花园。西院有长寿宫、永寿宫、余庆宫、西花园等以及前庭的"万代瞻仰"坊、"威震华夏"坊。

解州关帝庙共有殿宇百余间，主次分明，布局严谨；殿阁嵯峨，气势雄伟；屋宇高低参差，前后排列有序；牌楼高高耸立，斗拱密密排列；建筑间既自成格局，又和谐统一，布局十分得体。庭院之间，古柏参天，藤萝缠树，碧草如茵，花香迷人，使气势磅礴的关帝庙笼罩在一片浓烈的生活气息之中。

（2）具体建筑特色。

游人从"义勇门"或"忠武门"进入前庭，穿过"文官下轿，武官下马"的端门，但见东西两侧的钟鼓楼巍然耸立；迎面有 3 座高大的单檐庙门，中间的"雉门"是专供帝王进出的，东面的"文经门"是供文职官员行走的，西侧的"武纬门"是甲胄之士通行的。"雉门"门楼上镶嵌着一块竖匾，上书 3 个金色大字"关帝庙"。"雉门"后部的台阶上是戏台，铺上台板即可演戏，戏台的四字"全部春秋"横匾，与上场门、下场门的"演古""证今"相映成趣。继续前行，就能看到午门。其是一座面阔五间、石雕回廊的厅式建筑。周遭围有石质栏杆，栏板的正反两面浮雕各类图案、人物 100 多幅，洋洋大观，颇有情趣。厅内南面绘有周仓、廖化的画像，轩昂威武，气势非凡；北面左右两侧彩绘有关羽戎马一生的主要经历，起于"桃园三结义"，止于"水淹七军"，没有"败走麦城"的情节。全国关帝庙的壁画中，都没有"败走麦城"这一情景，据说这是因忌讳关羽自高自大而被杀，终于造成蜀国的覆灭而隐去的。穿过午门，经过"山海钟灵"坊、御书楼，便是关帝庙的主体建筑——崇宁殿。

北宋崇宁三年（1104年），宋徽宗赵佶封关羽为"崇宁真君"，因而此殿名为"崇宁殿"。殿前苍松翠柏，郁郁葱葱，配有一对石华表、两座焚表塔、一对铁旗杆，月台宽敞，勾栏曲折，使人顿生敬佩之感。崇宁殿面阔7间，进深6间；重檐琉璃殿顶，额枋雕刻富丽；周围回廊立置雕龙石柱26根，蟠龙姿态各异，个个须眉毕张，活灵活现；下有栏杆石柱52根、栏板50块，刻浮雕200方，蔚为壮观。大殿的明间悬挂横匾"神勇"二字，系清朝乾隆帝手书；檐下有"万世人极"匾，是清朝咸丰帝所写。殿内罗列3把青龙偃月刀（关羽的兵器），重300斤，门口还有一座铜香案、一对铁鹤，以示威严；木雕的神龛玲珑精巧，内塑关羽坐像，着帝王装，勇猛刚毅，端庄肃穆。龛外雕梁画栋，仪仗倚列，木雕云龙金柱，自下盘绕至顶，狰狞怒目，两首相交，以示关羽的英雄气概。龛上有康熙手书的一方"义炳乾坤"横匾，更增添了崇宁殿庄严肃穆的气氛。

穿过崇宁殿，进入后宫南门，就进入了寝宫，过花圃，有"气肃千秋"坊，是中轴线上最高大的木牌坊。东侧有印楼，里边放着"汉寿亭侯"的玉印模型；西侧是刀楼，里面陈列着青龙偃月刀的模型。院里种有一片翠竹，风动影摇，疏朗雅致；又有《汉夫子风雨竹》碑刻，以竹入诗，诗曰："莫嫌孤叶淡，经久不凋零。不谢东君意，丹青独立名。"传说出自关羽的手笔。

后宫后部，是关帝庙的扛鼎之作——春秋楼，掩映在参天古树和名花异卉之间，巍然屹立，大气磅礴。楼内有关羽读《春秋》塑像，因而命名为"春秋楼"。《春秋》又名《麟经》，因而春秋楼又名"麟经阁"。此楼创建于明代万历年间，现存建筑为清朝同治九年（1870年）重修的。春秋楼阔7间，进深6间，上下两层，高达33米。两层皆有回廊，四周勾栏相依，可凭栏远眺。第一层楼上有木制隔扇 108 面，图案古朴，工艺奇特，传说是象征历史上山西的 108 个县。进入二层楼，有神龛暖阁，正中有关羽侧身夜读《春秋》塑像，暖阁板壁上，正楷刻写着整部《春秋》。春秋楼的檐下木雕龙凤、流云、花卉、人物、走兽等图案，雕工精湛，精彩纷呈；楼顶覆盖彩色琉璃瓦，光泽夺目；楼内东西两侧各有楼梯 36 级，可供上下。

在漫长的历史岁月中，尤其是在宋、元、明、清 1 000 余年的社会中，解州关帝庙是进行中国传统道德文化教育和感化的神圣殿堂。一朝又一朝的最高统治者、一批又一批的庶民百姓，一次又一次地来到这里参拜祭祀，虔诚地从关公身上学习为人处世的原则和品格。在国家和民族危难之际，有着"天下兴亡，匹夫有责"之感的人们，在这里通过对关公的祭拜，接受忠于国家和民族、勇于保家卫国的教育；当少数民族统治阶级入主中原之后，他们来到这里进行褒封和祭祀，力图通过对关公的赞扬、肯定和对关公文化的认同，去弥合、同化民族之间的思想、文化的分歧与不同；在社会压迫和社会剥削加重、民不聊生的年代，揭竿而起的反抗者们来到这里，从关公身上汲取勇往直前、敢于抗争的精神和力量；在物欲横流、拜金主义甚嚣尘上之际，恪守传统道德的人们来到这里，从关公身上寻找坚持信义和忠诚的道德原则；当遭际坎坷的时候，命运多舛的人们来到这里，效仿关公的"威武不能屈，富贵不能淫"；即使是目不识丁而又胸无大志的人来到这里，也能接受到待人处事要以"忠""诚""信""义"为本的教育与感化……

综上所述，解州关帝庙这座历史悠久、气势恢宏的古老庙宇，直至今天，仍有着自己的独特价值和意义。它是中国古代道德文化发展到宋、元、明、清时期的物质化凝结，作为珍贵的文化遗存，将永远向后人揭示着中国古代道德文化的丰富内涵和复杂内容。

2. 福建东山关帝庙

福建东山关帝庙，又称"铜陵关帝庙""铜山武庙"，位于福建东山县铜陵镇岵嵝山的东麓，依山临海而建，坐西北朝东南，规模壮观，气派巍然。庙中的木雕、石刻工艺精湛，这是一座闻名海内外的关帝庙宇。

东山关帝庙的建造历史要追溯到唐朝。唐总章三年（670年），陈政、陈元光奉旨开发闽南，带来了家乡所奉祀的关羽神像，以作为士兵们精神和心灵的寄托，关帝信仰由此进入福建。明朝洪武二十年（1387年）建福建铜山城时，为了防范倭寇，特雕刻关公塑像，并建庙奉祀，以护佑官兵。明朝正德三年（1508年）扩建庙宇，至正德七年（1512年）竣工，后又经过多次重修。关帝庙的主要建筑布置在中轴线上，依次为庙门的牌楼、大殿、主殿及左右两廊，层层递高，占地面积约680平方米。

关帝庙的前面有明清时期雕刻的4对石狮子，昂首威猛，神态各异。庙门是一座牌楼式的建筑，叫"太子亭"。令人称奇的是，太子亭的左右两边有4根石柱都向中间的柱子倾斜。可见，早在600年前，中国建筑工程师们就对力学有了全面的认识和掌握，知道了三角形稳定性的原理。左右两边各两根柱子与中间的一根柱子刚好构成两个三角形，形成一个稳定的受力结构，即使上面还顶托着数百支纵横交错、承力均匀的斗拱，拱架上还架着一座宫殿式楼亭，也是稳如泰山。数百年来，太子亭虽历经无数次大地震、大台风的侵袭，但安好无损，令许多中外的建筑专家们赞叹不已。

太子亭的屋顶上有各种精美的图案，正面是"八仙过海"和"兽图"（如麒麟、象、狮、虎、鹿、羊、骡、豸等）；背面有120个唐宋故事中的英雄人物，如李世民登基、樊梨花征西、岳母刺字、穆桂英挂帅等，造型生动，千姿百态。这些图案和故事人物就是最具闽南地方艺术特色的"剪瓷雕"。其制作方法是根据不同的人物造型，用泥胎制成形，再将彩色瓷片根据人物造型的需要剪碎贴上。这种传统艺术的过程烦琐复杂，需要有精湛的工艺才行。"剪瓷雕"有两个特点：一是不会褪色，可以长时间保持色彩的鲜艳；二是在阳光照射下闪闪发光，流光溢彩。

关帝庙的大殿有3个门，中门两侧各有一个石鼓，石鼓上各架着一根蟠龙镏金木棒，称为"龙档"或者"皇档"，顾名思义，就是将人们挡在外面，不能从中间的门进入关帝庙，而只有皇帝来了才能从中门进，这也表达了对关帝的无限敬意。游人如若站在大殿门口，对着"太子亭"正中央的门洞看过去，关帝庙的中轴线恰好与隔海相望的"文峰塔"相对，与塔尖形成一条笔直的直线。在古代没有任何精密仪器的情况下，工匠们能建造得如此精确，确实罕见，可谓巧夺天工。

在大殿的下方，有一块水磨青色"陛石"，上面雕刻着一条罕见的盘龙。龙头在陛石的中间，龙身顺次盘开，腾云吐珠，龙角峥嵘，造型独特。关于这块青龙陛石的由来，还有一个美丽的传说呢！相传，明朝正德年间，有人得到了一块上好的陛石，当时东山关帝庙正在重修，这个人就将陛石献给了关帝庙，并请来师徒两人雕凿这块石头。师傅决心将这块陛石雕成独一无二的盘龙石雕，可是刚开工，师傅的家中恰好有事，就赶回家了。徒弟左等右等不见师傅回来，就大胆尝试着将盘龙雕刻在这块陛石上。待师傅从家中赶回来时，看到徒弟的杰作，不禁大加赞赏："真是有状元学生，没有状元老师啊！"在大殿的东侧，还悬挂着一口高 1.2 米、底长 2.15 米、重 400 多斤的铜钟，其铸造于清朝道光年间，硕大威武，声音洪亮。

关帝庙的主殿正中，悬挂着镇殿之宝——清朝咸丰皇帝手书的"万世人极"匾额，这是对关公品格的极高评价，也是千秋万世为人的准则。牌匾下供奉着两尊关帝神像。前面的一尊称为"镇庙神"，是按《三国演义》中关公的形象雕成的：面如重枣，眉似卧蚕，相貌堂堂，威风凛凛，令人肃然起敬。后面的一尊坐在轿子里，是可以搬动的。每逢关帝寿诞期间，轿子里的关帝就会被抬出来，在东山的大街小巷巡游，以示恩泽百姓。在关帝两边立有四尊泥塑雕像，他们是关帝生前的四员得力大将：持大刀的是周仓，捧大印的是关平，还有王甫和赵累。这四员大将生前跟随关公南征北战，屡建战功，声名显赫；逝后依然忠心耿耿地护卫在关公的左右，足见他们的赤诚忠心。在关帝右边的神龛里，供奉的是周仓的坐像，上有一个匾额题为"在帝之右"，这在全国的关帝庙中是绝无仅有的。主殿的石柱上，还悬挂着一副对联："数定三分，扶炎汉，平吴削魏，辛苦倍常，未了一生事业；志存一统，佐熙明，降魔伏虏，威灵丕振，只完当日精忠。"这副对联是明朝大学士黄道周题写的，精要地概括了关公一生的丰功伟绩。

东山关帝庙是集瓷雕、木雕、石雕于一体的闽南民间艺术博物馆，以其古老的历史和精湛的建筑艺术成为史学家和建筑学家研究的对象，更以深远的关帝文化的积淀与传承，让历代的帝王与黎庶心怀虔诚，景仰膜拜。

3. 湖北当阳关帝庙

湖北当阳关帝庙坐落在湖北当阳城西5里处。据史料记载，当阳关陵是埋葬关羽身躯的地方，当地民间流传有"关羽死后，头枕洛阳，身卧当阳"的说法。关陵，原称"大王冢"，建于东汉末年。宋代以前，关羽的古墓只是一座林木掩隐的土丘。南宋淳熙十五年（1188年），襄阳太守王铢对关羽墓培土加封，并"始建祭亭，环以垣墙，树以松柏"。明朝成化三年（1467年），经明宪宗恩准，开始关羽墓对大兴土木，并形成庙院；建筑群体落成于明朝嘉靖十五年（1536年）。目前，关陵庙占地98亩。

湖北当阳关陵自创建以来，经过几次大修和重建，布局仍保持着明嘉靖年间形成的旧制。关陵庙坐西朝东，南依群山，面临沮水，是一处宫殿式的庙宇群落，陵区四周环以帝陵式的红墙黄瓦宫墙。正殿大门上方，有清朝同治皇帝亲书的一块"威震华夏"的金字匾额。陵区前后分为五院四殿，现有建筑20多座、80余间，均衡对称地分布在东西中轴线的两侧。中轴线上，自东而西依次为广场、仿明清门阙、神道碑亭、石牌坊、三元门、马殿、拜殿、正殿、寝殿、祭亭、陵墓；南侧有关公戏台、石墓表、石狮、南碑廊、来止轩、伯子祠、佛堂；北侧有石墓表、书亭、石狮、北碑廊、古井、斋堂、圣像亭、春秋阁、启圣宫等。关陵庙建于早期的碑亭屋面，大多覆以诸侯所用的绿色琉璃瓦顶，建于明朝成熟期的正殿，则冠以只有帝王才能使用的黄色琉璃瓦顶和九排九行的仿铜乳钉门。其他附属建筑物上的色彩配备也各有深意，既表现了关陵庙历史地位的不断攀升，也是中国建筑色彩上的一个典范作品。

鸟瞰关陵庙的整体建筑，总体规划严密，前后贯通，左右对称，主次分明，气势宏伟，恰似一处庄严肃穆的帝王宫殿，在建筑艺术、建筑美学上达到了极为完美的境界。关陵庙以其独特严谨的建筑布局特色，在相当长的时间和特定的区域里对南方关帝庙的产生及其布局结构产生了巨大的影响，同时更是研究中国建筑史、关公文化史不可多得的重要实物、文化遗产。

`4. 河南洛阳关帝庙

河南洛阳关帝庙，又称为"洛阳关林庙"，位于洛阳城南 15 华里，是关羽的首级埋藏地，因而又称"关帝冢"；又因在冢前建庙，亦称"关帝庙"。它北依隋唐故城，南临龙门石窟，西接洛龙大道，东傍伊水清流，是"冢、庙、林"三祀合一的古代经典建筑群，形成了浓厚的关公文化氛围。"洛阳关林庙"的"关林"是通称，不仅说明这里有古柏翠松，葱茏繁盛，而且是效仿中国文化圣人孔子墓——孔林的规制。

关林始建于明朝万历二十四年（1596 年），是在汉代关庙的原址上，扩建成占地 200 余亩、院落四进、殿宇廊庑 100 余间、规模宏远的朝拜关公的圣域。清代有所扩建和增修。乾隆皇帝、光绪皇帝、慈禧太后都曾拜过关林，并题有匾联，悬挂至今。关林的建筑规格是按照宫殿形式修建的，布局严谨壮观。庙前有戏台，中轴线建筑依次有大门、仪门、甬道、拜殿、大殿、二殿、三殿、碑亭、关冢，构成了关林巍峨宏大的建筑格局。中轴线两侧，又附有其他形式相同的对称建筑物。总计殿宇廊庑 150余间、石坊 4 座、大小石狮 100 多个、碑刻 70 余块，林立的翠柏共 800多株环绕其间，可谓：高冢丰碑，殿宇堂皇，古柏苍郁，景色幽雅。

蹲踞于关林大门两侧的明代石狮，雄赳赳，气昂昂，具有凛然不可侵犯的威严。极富气势的大门镶嵌着 81 颗金色门钉，体现了关林的崇高地位和关羽的身后荣耀；立于仪门左右重达 3 000 余斤的铁狮，是明代善男信女敬奉关公的遗物，虽历经几百年的风风雨雨，依然肃穆含威；仪门上"威扬六合"的匾额为慈禧太后亲书，端庄厚重，弥足珍贵。连接仪门和拜殿的石狮御道是海内外众多的关帝庙所独有的，甬柱的顶端雕有石狮104 尊，百狮百态，圆润生动，毫无石刻的生硬之感，代表了乾隆时期中原石刻艺术的最高成就。关林主体建筑上的龙首之多，为中原之最。建于康熙年间的"奉敕碑亭"，结构端庄，彩饰华丽繁复，木雕精美，反映了古代建筑匠师高超的创造力。

"关冢"始建于汉末，如今绿草如盖，清雅绝俗；千株古柏，葱茏绕合。每当大雨骤停乍晴之时，但见云气似雾如纱，轻柔绕冢，悠悠流走，奇幻之景，令人拍案称奇。

1994年秋，洛阳市举办了第一届"关林国际朝圣大典"，在海内外产生了巨大影响。近年来，朝圣大典已经成为洛阳对外开放的重要平台。每年秋天，海内外的关庙人士和宗亲组织从四面八方云集关林，举行隆重的朝拜仪式。"关公信仰"这一特殊的文化现象，已成为沟通海内外炎黄子孙、浓郁亲情的桥梁和纽带。

知识链接

全国各地的关帝庙，除了建筑形制的特色之外，最有趣的莫过于字数不一的"庙联"了。关帝庙的各"庙联"均对仗工整，言简意丰，表达了对关帝的崇拜敬仰之情。请大声朗读以下四则关帝庙庙联，仔细体会蕴含在其中的思想情感。

赤面秉赤心，乘赤兔追风赶月；
青灯观青史，提青龙兴汉安刘。
——江苏大丰白驹关帝庙

兄玄德，弟翼德，德兄德弟；
友子龙，师卧龙，龙友龙师。
——安徽祁门关帝庙

孔夫子，关夫子，万世两夫子；
修春秋，读春秋，千古一春秋。
——四川成都关圣庙

先武穆而神，大宋千古，大汉千古；后文宣而圣，山东一人，山西一人。
——湖北当阳关陵寝殿

附　录

列入全国重点文物保护单位的佛教寺庙（部分）

1. 昌珠寺

昌珠寺为西藏著名寺院，1961 年被列为全国重点文物保护单位。其位于山南雅砻河东岸的贡布日山南麓。该寺建于吐蕃松赞干布时期，据说文成公主曾在该寺驻足修行。寺中有一口铜钟在整个西藏都很有名。帕竹政权时期，昌珠寺进行了大规模的维修和扩建。昌珠寺在其晚期归属格鲁派。藏语中，昌是鹰、鹞的意思，珠是龙的意思。昌珠寺在乃东县昌珠乡。相传吐蕃王松赞干布时期，当时此地为一片大水，内藏毒龙，松赞干布想泄水筑城，用法师之计，以大鹏降龙，7 日水干，筑基建寺，昌珠是藏语"鹏与龙"之意。据说莲花生和米拉日巴等藏传佛教史上有名的人物都曾在昌珠寺周围修行，仍存的修行地遗址是佛教信徒朝拜的圣地。昌珠寺的珍珠唐卡为镇寺之宝，所画的是坚期木尼额松像（观世音菩萨憩息图）。整个唐卡长 2 米、宽 1.2 米，共耗珍珠 26 两（计 29 026 颗），镶嵌钻石 1 颗，红宝石 2 颗，蓝宝石 1 颗，紫宝石 0.55 两，绿松石 0.91 两（计 185 粒），珊瑚 4.1 两（计 1 997 颗），黄金 15.5 克。

全寺建筑规模宏大，主体建筑是错钦大殿，大殿下层布局和形式与大昭寺大殿相仿。文成公主进藏初期曾居此。寺内廊中悬挂有一口铜钟，钟上铭文说这口铜钟是汉族比丘仁钦监造，施主是赤德赞第三妃提氏。松赞干布和文成公主常来昌珠寺住，文成公主亲手栽下许多柳树，至今已繁衍西藏各地，统称"唐柳"，他们用过的灶和陶盆至今还保留在寺里，古色古香，已成为珍贵的文物。松赞和文成公主住的房屋，现在仍保留着。

2. 光孝寺

广州民谚说："未有羊城，先有光孝。"广州光孝寺是羊城年代最古老、规模最大的佛教名刹。光孝寺坐落于光孝路，是广州市四大丛林（光孝、六榕、海幢、华林寺）之一，1961 年 3 月被国务院公布为全国重点文物保护单位。

该寺最初是南越王赵佗（220—265 年）之孙赵建德的住宅。三国时吴国都尉虞翻因忠谏吴王被贬广州，住在此地，并在此扩建住宅讲学。虞翻在园里讲学时种了许多频婆树和苛子树，亦叫"苛林"。虞翻死后，施宅为寺，名曰"制止寺"。东晋时期，西域名僧昙摩耶舍来广州弘法时，在此建了大雄宝殿。唐宋时期，该寺改为"报恩广孝寺"。南宋绍兴二十一年（1151 年）改名光孝寺。此名一直沿用至今。

光孝寺在中国佛教史上具有重要地位。自从昙摩耶舍在此建寺讲学以后，广州光孝寺先后有许多名僧也来此传教。例如南北朝的梁朝时期，印度名僧智药禅师途经西藏来广州讲学，并带来一株菩提树，栽在该寺的祭坛上。唐仪凤元年（676 年），高僧慧能曾在该寺的菩提树下受戒，开辟佛教南宗，为该寺增添了不朽的光彩。公元 749 年，唐代高僧鉴真第五次东渡日本时，被飓风吹至海南岛，然后来广州，也在此住过一个春天。

寺院气势十分雄伟，殿宇结构威严壮丽，特点鲜明。大雄宝殿作为光孝寺最主要的建筑，构筑在高高的台基上，钟、鼓二楼分建在殿之左右。殿内是新修建的三尊大佛像，中为释迦牟尼佛，左右分别是文殊菩萨和普贤菩萨，三尊佛像合称为"华严三圣"。宝殿台基左右两侧还有一对石法幢。

寺内主要建筑有山门、天王殿、大雄宝殿、瘗发塔。大殿为东晋隆安五年昙摩耶舍始建，历代均有重修。现面阔七间 35.36 米，进深五间 24.8 米，高 13.6 米，重檐歇山顶，为岭南最雄伟巍峨的大殿。伽蓝殿为明弘治七年（1494 年）重建，面阔、进深均三间。六祖殿为清康熙三十一年（1692 年）重建，面阔五间，进深四间，两殿多处仿大殿做法。屋檐斗拱层层向外延伸，使屋背跨度增大，体现了中国唐代以来的建筑风格。中国南方的许多寺院都仿照该寺的样式。

3. 独乐寺

独乐寺，俗称大佛寺，位于天津蓟州区城内西大街。古寺建于唐贞观十年（636 年），辽统和二年（984 年）重建，是中国仅存的三大辽代寺院之一，为国务院 1961 年首批公布的全国重点文物保护单位。

关于寺之得名，一说是安禄山在此起兵叛唐，思独乐而不与民同乐，故名；一说是寺西北有独乐水，故名。相传创建于唐贞观十年（636 年）由尉迟恭监修，后毁。辽统和二年（984 年），秦王耶律奴瓜重建。其后，又多次进行修缮和扩建，特别是在明万历、清顺治、乾隆、光绪时期和 1949 年后，工程规模都比较大。因寺内有观世音菩萨的大塑像，故又称之为"大佛寺"。

在日本侵华时期和 1949 年前夕，独乐寺遭到了严重破坏，珍贵文物被洗劫一空，一些塑像和壁画遭到损坏，寺院残破不堪。1949 年后，独乐寺被列为国家重点文物保护单位，国家多次拨款维修，最后一次维修是在 1998 年。如今寺院和佛像均已修葺一新，千年古刹重放光芒。独乐寺已和白塔寺、鲁班庙、鼓楼一起成为蓟州区古城内的著名旅游景点。

关于独乐寺有一个有意思的传说：鲁班显圣。

大将尉迟敬德奉皇帝李世民的旨意监修独乐寺，既是敕命修建，自然要修得与众不同，黑脸将军找来了十几个有名的工匠，对他们说："阁得高，不用钉，不用铆，你们八仙过海，各显其能吧。"一个月过去了，设计式样没有一个令人满意的。他心急火燎，一个人喝起了闷酒，喝得迷迷糊糊正欲入睡，忽见一位黑胡子老者推门进来，手里提着一个蝈蝈笼子。

尉迟敬德一看，这个蝈蝈笼子可不寻常，精巧别致，和他想象中的阁楼一模一样。外看两层，中间有空井通到阁顶。他一阵高兴，赶忙说："老人家，您这蝈蝈笼子要多少钱？"老者说"多少钱也不卖。"尉迟敬德一听急了，忙向老者说明原委和自己的忧愁。老者说："我是专门为修观音阁给你送来的。"说罢，把蝈蝈笼子放在桌上，转身走了出去。尉迟敬德抬腿要追，猛然惊醒，原来是一场梦。于是，他急忙把工匠们集合在一起，把梦里见到的蝈蝈笼子式样给大家讲了，工匠们就照此设计施工。

三个月后，观音阁的骨架已经支起来，就要上椽子了。一天中午，工匠们正坐在地上吃饭，一个黑胡子老者走到跟前，作了个罗圈揖说："我也是木匠，同行是一家，出门断了盘缠，诸位赏口饭吃吧。"工匠们说："一块儿吃吧。"老者端起碗吃了两口饭，又夹一箸菜放进嘴里，吧嗒吧嗒嘴说："盐短。"一个工匠就给他捏了一捏盐。老者又吃了一口菜，说："盐短。"另一个工匠又给了他一捏盐，老者不一会儿把饭菜吃光了，用手抹抹嘴，扬脖看了看观音阁，摇着头朝外面走去。

过后，尉迟敬德听说了这件事，他猛一惊：这位老者的长相和梦里的那位一点也不差呀！莫不是鲁班师傅显圣吧？他站在观音阁前，看着上好的椽子琢磨着"盐短"的意思。蓦然明白了：原来椽子出檐太短了。他让工匠蹬上脚手架，把椽子放长一尺。最后就做成像现在这样的斗拱，出跳深远，像飞起来的一样，美观极了。

4. 奉国寺

奉国寺，位于塞北佛乡，辽宁省锦州市义县古城东街，始建于辽开泰九年（1020 年），是世称释迦牟尼转世的辽朝圣宗皇帝耶律隆绪在母亲萧太后（萧绰）的家族封地所建的皇家寺院。奉国寺，初叫咸熙寺，又因为大雄宝殿内有七尊大佛，俗称大佛寺，金代改为奉国寺，是国内现存辽代三大寺院之一，集古建筑、绘画、考古、佛教等历史科学文化艺术价值于一体。

寺内主体建筑大雄殿及寺院整体，上承唐代遗风，下启辽、金等寺院布局，是辽金寺院中最具典型的例证。其中，大雄殿代表了辽代佛教建筑的最高成就，展现了 11 世纪中国建筑的最高水平。对此，建筑学家梁思成赞誉其为"无上国宝、罕有的宝物"。大雄殿筑于高 3 米的台基之上，为五脊单檐庑殿式建筑，面阔九间，长 48.2 米，进深五间，宽 25.13 米，高达 21 米，建筑面积 1 829 平方米，是中国古代建筑中最大的单层木结构建筑，被誉为"中国第一大雄宝殿"。

关于七尊大佛还有一个美丽的传说：相传，大佛寺中供奉的七尊大佛，本来是姐妹七人。她们个个美貌非凡，而且心地善良，心灵手巧。东家的婆婆病了，她们服前侍后，端汤喂药；西家的公公衣服破了，她们浆洗缝补；就是讨饭的路过，也要茶饭相待，临走还要送些衣食盘缠，当地的人们都称她们是七仙女。一天，七妹到河边为一位老公公捶洗衣服，忽见一位白胡子老头随着一阵轻风自天而降。七妹正觉奇怪，只听老头开口道："吾乃玉皇大帝的使者。玉皇大帝和各路神仙为你们七姐妹的善举所感动，决定收你们为佛。明天正午时分，天鼓响时，你们就会成佛了。"老头说完，就不见了。七妹是亲耳所听，亲眼所见，知道不是在做梦，回去后就把此事告知了六位姐姐。六位姐姐听了，知道以后就再不能亲手为乡亲们做事了。于是，当天夜里，七姐妹一夜没睡，给乡亲们做了许多鞋袜衣裤，一直做到天大亮，才把做完的东西分送到各家各户。事情做完了，七姐妹看看时辰不早了，赶紧梳洗打扮。就在这时，天近午时，只见西北天空乌云翻滚，雷声一阵比一阵大。正午，天鼓响了，六位姐姐都已归位坐好。只有七妹，因为光顾帮助姐姐们梳妆打扮了，衣服刚刚穿上一半，玉皇大帝就把她们一块儿收成佛了。现在，我们在大佛寺里还能看到了一个穿着半截衣服的佛像，就是传说中的七妹，其余六尊是她的姐姐们。这只是民间的美丽传说，然而，听过之后，还是会令人心旷神怡。

5. 善化寺

善化寺俗称南寺，系全国重点文物保护单位，位于山西大同城内西南隅，始建于唐。玄宗时称开元寺。五代后晋初，改名大普恩寺，俗称南寺。辽末保大二年（1122 年）大部分毁于兵火，金初，该寺上首圆满大师住持重修。自天会六年（1128 年）至皇统三年（1143 年）经 15 年始成。

元代仍名普恩寺，并颇具规模。元史记载，曾有4万僧人奉元世祖忽必烈之命在此寺集会，进行佛事活动。明代又予修缮，明正统十年（1445年）始更称今名善化寺。寺亦为官吏习仪之所。全寺占地面积约2万平方米，整个布局唐风犹存。主要建筑沿中轴线坐北朝南，渐次展开，层层迭高。前为山门，中为三圣殿，均为金时所建。辽代遗构大雄宝殿坐落在后部高台之上。其左右为东西殿，东侧为殊阁遗址，西侧为金贞元二年所建普贤阁。寺院建筑高低错落，主次分明，左右对称，是我国现存规模最大、最为完整的辽、金寺院。寺内还保存着泥塑、壁画、碑记等到珍贵文物，其中金代泥塑造型优美，个性突出，特别是二十四天王像，它们有男，有女，有老，有少，有美，有丑，有文，有武，或是帝王装，或是臣子像，或祖膊赤足，披纱衣华似来自天竺国土，或身着铠甲，衬皮毛以抵御北国寒风。生活气息浓郁，极富感染力，堪称国之瑰宝。

6. 萨迦寺

萨迦寺坐落于西藏自治区萨迦县本波山上，是藏传佛教萨迦派的主寺，1961年被国务院列为全国重点文物保护单位。"萨迦"系藏语音译，意为灰白土。北宋熙宁六年（1073年），吐蕃贵族昆氏家族的后裔昆·贡却杰布（1034—1102年）发现本波山南侧的一山坡，土呈白色，有光泽，现瑞相，即出资建起萨迦寺，逐渐形成萨迦派。萨迦寺用象征文殊菩萨的红色、象征观音菩萨的白色和象征金刚手菩萨的青色来涂抹寺墙，因而萨迦派又俗称"花教"。

公元13世纪初期，以成吉思汗为首的蒙古部落兴起，用武力统一了中原。1240年，元朝阔端进兵西藏前，欲召见在各教派中声誉较高的萨班贡噶坚赞。1244年，萨班贡噶坚赞率侄子八思巴（1235—1280年）去凉州（今甘肃武威）。1247年在凉州会见阔端，并写信说服西藏各派高僧和贵族接受了元朝的对藏条件，把西藏正式纳入了祖国的版图。忽必烈统一全中国，建立元朝中央政府后，封八思巴为"帝师"，赐玉印"命统天下释教"，即管理全国佛教事务，并协助中央政府管理西藏，统领西藏13万户，八思巴遵忽必烈所嘱，在西藏清查户口，制定法律，于1268年在萨迦正式建立起与中国其他行省相同结构的地方政权，八思巴成为隶属于元朝中央政府的西藏地方行政长官，萨迦派势力达到鼎盛时期。

萨迦派不禁娶妻，以道果教授为主要修法。萨迦派对发展藏族文化起过重要的作用。萨迦派协助元朝统领西藏时期，西藏结束了400多年的战乱局面，社会生产力得到发展，文化艺术出现了繁荣局面。当时，萨迦派的一些高僧在文学和史学方面都有不少译著和作品留传下来，如萨班的《萨迦格言》、八思巴的《彰所知论》都是影响深远的名著。八思巴奉忽必烈之命创制的蒙古新字，亦称八思巴字，在中国文字史上占有重要地位。

萨迦寺建筑在仲曲河两岸，故称萨迦南寺和萨迦北寺。全寺共有40余个建筑单元，是一座规模宏伟的寺院建筑群。公元1073年贡却杰布初建萨迦北寺时，结构简陋，规模很小。后经萨迦历代法王在山坡上下不断扩建，加盖金顶，增加了许多建筑物，从而形成了逶迤重叠、规模宏大的建筑群。八思巴被元中央政府封为"帝师"，统领西藏后，萨迦北寺又成为西藏地方政权机关所在地。

萨迦寺的历史文物非常丰富，作为西藏地方和中央政府关系的历史见证，保存有元代中央政府给萨迦地方官员的封诰、印玺、冠戴、服饰；有宋元以来的各种佛像、法器、刺绣、供品、瓷器以及法王遗物等。其中，年代悠久、制造精美、价值很高的文物有两颗印：一为玉质梵文印，一为铜质刻有汉、藏、蒙三种文字的三体印，上面刻有汉文"成化二十一年九月礼部造"字样。据不完全统计，萨迦寺的各种佛像有2万多尊，很多系元、明以来的珍贵文物，其中铸有"大明永乐年施"款识的铜佛有数十尊。萨迦寺有四件珍奇的宝物，即贡布古如（由竹青白瓦巴从印度请来的依怙神像胶）、朗结曲丹（由大译师帕白洛扎瓦修建的佛塔，塔里经常出水，被视为神水）、文殊菩萨像（系萨班的本尊像，据说在像前念七天文殊经就能打开智慧之门）、玉卡姆度母像（八思巴供奉的本尊佛像），四件奇宝中三件是佛像。萨迦寺的镇寺之宝是当年忽必烈送给八思巴的一个黑木匣子，匣中有一只硕大的海螺，寺中僧人视其胜于生命，只有宗教吉日才开启木匣，捧出海螺由高僧吹奏。萨迦寺收藏的各种瓷器有2 000余件，其中多为元、明时期的瓷器，也有少量宋瓷。唐卡和壁画是西藏寺院绘画艺术的两大奇葩，萨迦寺仅唐卡就存有 3 000 余幅，据鉴定，宋、元、明时期的珍贵唐卡有 360 余幅。萨迦寺壁画色彩鲜艳、形象生动，除了宗教内容外，壁画还记录了八思巴来往内地和西藏，在北京受封等场面。

萨迦寺每年都举行或大或小多次法事活动，其中规模较大、独具特色的要算萨迦寺夏季和冬季金刚神舞法会。萨迦寺夏季神舞在每年藏历七月进行，冬季神舞从藏历十一月二十九日开始。神舞表演时，舞者都戴着萨迦寺护法神和各种灵兽面具，神舞用简单的故事情节，形象地反映了藏传佛教密宗神舞的灭杀魔鬼的基本内容。每年适逢这两个法会时，成千上万的远近僧俗群众都要赶到萨迦寺朝拜观瞻，祈祷神舞能给人间带来幸福和吉祥。

7. 智化寺

智化寺位于北京市东城区禄米仓东口路北。明初正统八年（1443年）明朝司礼监太监王振仿唐宋"伽蓝七堂"规制而建，得英宗皇帝赐名"报恩智化寺"。智化寺是一座明代古刹，其庄重典雅、用料独特的黑琉璃瓦顶，素雅清新的装饰彩绘，精美古朴的佛教艺术，有"中国古音乐活化石"美誉的"智化寺京音乐"，都是不可多得的瑰宝。

明代初年规定，佛教寺院分为禅、讲、教三类，要求僧众分别专业修行佛法。智化寺属于禅寺，禅僧地位高于乐僧。当时乐僧只收 13 岁以下小孩做门徒，入寺之后，要学习七年音乐，学习期间每日练习听音、发音，必须在很窄的板凳上练习吹奏和打击姿态，直到能在寒冷的冬天和酷热的夏日连续演奏四五个小时，仍然韵真声满，字正腔圆，才算合格。经过严格训练的乐僧使智化寺音乐得似较为完整地流传到今天。王振凭借独特的地位将明代的宫廷音乐带出宫院高墙，送进自己的私庙。由于智化寺具有太监寺院共同的封闭性，艺僧们按照十分严格的"口传心授"的方式代代传受，不与外界接触，明代进寺院的音乐就相对完整地延续下来了。曲调空灵神秘，古朴典雅，大部分曲牌与明永乐二年（1404年）编成的《诸佛世尊如来菩萨尊者名称歌曲》相同，堪称"中国音乐的活化石"。

　　据说，古代的每一朝皇帝在登基之前都会来智化寺求灵气和财气，因此老百姓就称此寺为北京龙头智化寺。智化寺有"龙头"的尊荣和"中华经济命脉"的富贵，因而它不仅以古代的历史文化底蕴在吸引着海内外人士，而且作为皇家寺庙的神秘色彩和佛教文化与风水宝地的灵气扬名海内外。传说当年明英宗皇帝为了镇住龙头智化寺风水宝地的龙脉之灵气，为了让国富民强，还特赐了一尊调节国家风水的神兽（貔貅）供奉于此。由此，称智化寺为貔貅的发源之地。

　　智化寺"貔貅"是用一种非常珍贵的乌木雕刻而成的。乌木兼备木的古雅和石的神韵，有"东方神木"和"植物木乃伊"之称。由地震、洪水、泥石流将地上植物生物等全部埋入古河床等低洼处，埋入淤泥中的部分树木，在缺氧、高压状态下，细菌等微生物的作用下，经长达成千上万年炭化过程形成乌木，故又称其为"炭化木"。历代都把乌木用作辟邪之物，制作工艺品、佛像、护身符挂件。用乌木雕刻成的"貔貅"比玉石和铜器铸造的"貔貅"更具有灵气，因而智化寺的乌木"貔貅"被称为北京"四气"中的财气。

　　8. 普乐寺

　　普乐寺位于河北省承德市避暑山庄，武烈河东岸，坐东面西，居溥仁寺东北，与安远庙南北相峙，正面隔河遥对永佑寺舍利塔。该寺东西长195米，南北宽93米，占地2.4公顷。

　　普乐寺建于公元1766年。当时，清朝政府彻底平定了准噶尔部贵族的叛乱，使生活在巴尔喀什湖一带的左、右哈萨克族和生活在葱岭以北的东西布鲁特（柯尔克族）从此摆脱了准噶尔叛乱势力的压榨和欺凌。不久，清军又粉碎了"回部"霍集占兄弟的暴乱，使西北疆更趋稳定。至此，西北各民族与清朝政府的关系日益密切，他们不断派代表到山庄朝觐，奉表贡物，接受封赏，并经常伴随乾隆到围场行猎。为了表示对西北各民族宗教信印的尊重，进一步加强中央政权的统治，乾隆遂决定修建庙宇，敕赐"普乐寺"，即"天下统一，普天同乐"的意思。寺院面对避暑山庄，呈众星拱月态势，象征多民族国家的统一，俗称圆亭子。普乐寺的修建，是各民族团结的象征。1949年后，经过维修，被列为全国重点文物保护单位，备受各族人民的爱护和崇仰。

普乐寺山门为单檐歇山顶，山门内有钟鼓楼、天王殿、宗印殿等建筑。天王殿为单檐歇山顶，布瓦绿剪边，内有四大天王、大肚弥勒和韦驮像。宗印殿是正殿，重檐歇山顶，殿脊用彩色琉璃瓦拼合成云龙图案，脊正中有大型琉璃宝塔。殿侧有琉璃"八宝"浮雕，殿内供释迦牟尼佛、药师佛、阿弥陀佛，三尊佛后各蹲着护法神：一只大鹏金翅鸟，两侧有八大菩萨塑像。普乐寺后半部藏式主体建筑称经坛，是集会讲道祭祀之所。它共有三层，主殿称"旭光阁"，外观极似北京天坛祈年殿。阁中须弥座上的主体"曼陀罗"上有一尊铜制的藏传佛教的佛像，即"上乐王佛"，又称其为"欢喜佛"。阁内的天花藻井，在外八庙诸寺中也是首屈一指的。

9. 悬空寺

悬空寺，又名玄空寺，位于山西浑源县，距大同市65千米，悬挂在北岳恒山金龙峡西侧翠屏峰的半崖峭壁间。悬空寺始建于1500多年前的北魏太和十五年（491年），历代都对悬空寺做过修缮。全球著名杂志《时代》周刊"历数"世界上看似"岌岌可危"的奇险建筑，北岳恒山悬空寺进入该杂志的"法眼"。2010年12月，在《时代》周刊公布的全球十大最奇险建筑中，悬空寺与"全球倾斜度最大的人工建筑"阿联酋首都阿布扎比市的"首都之门"、希腊米特奥拉修道院、意大利比萨斜塔等国际知名建筑同列榜中，引起国内外广泛关注。

悬空寺距地面高约60米，最高处的三教殿离地面90米，因历年河床淤积，现仅剩58米。悬空寺发展了我国的建筑传统和建筑风格，整个寺院上载危崖，下临深谷，背岩依龛，寺门向南，以西为正。全寺为木质框架式结构，依照力学原理，半插横梁为基，巧借岩石暗托，梁柱上下一体，廊栏左右紧联。其建筑特色可以概括为"奇、悬、巧"三个字。"悬"是悬空寺的一大特色，全寺共有殿阁40间，表面看上去支撑它们的是十几根碗口粗的木柱，其实有的木柱根本不受力，所以有人用"悬空寺，半天高，三根马尾空中吊"来形容悬空寺。而真正的重心撑在坚硬岩石里，利用力学原理半插飞梁为基。

悬空寺不仅以它建筑的惊险奇巧著称于世,而且独特的"三教合一"的宗教文化内涵同样精彩纷呈,以巧妙的多元宗教文化内容,在边塞民族融合之地和历代战争此起彼伏的金戈铁马格局中,竟然得以1 500多年保存完好,未受损害,堪称奇迹中的奇迹。正因为悬空寺三教合一,历代统治者都对其进行了保护。在悬空寺千手观音殿下的石壁上,嵌着两块金代的石碑,距今已有800多年历史。碑文中赞颂了三教创始人各自不同的出身和伟大的业绩。后人据此碑认为,悬空寺是从金代开始由单一的佛陀世界变成了三教合一的寺庙。现今更有一些基督教学者认为,悬空寺第十三室内,两尊北魏太武帝复兴道教前的佛像,即法身佛和如来佛。悬空寺虽然名为"寺",却做到了佛、道、儒三教合一,时僧时道,僧、道融合。

寺内有铜、铁、石、泥佛像八十多尊,寺下岩石上"壮观"二字,是唐代诗仙李白的墨宝。古人云:"蜃楼疑海上,鸟道没云中。"明代大旅行家徐霞客叹其为"天下巨观"。远望悬空寺,像一幅玲珑剔透的浮雕,镶嵌在万仞峭壁间;近看悬空寺,大有凌空欲飞之势。登临悬空寺,攀悬梯,跨飞栈,穿石窟,钻天窗,走屋脊,步曲廊,几经周折,忽上忽下,左右回旋,仰视可见一线青天,俯首而视,峡水长流,叮咚成曲,如置身于九天宫阙,犹如腾云皈梦。

10. 白居寺

白居寺属全国重点文物保护单位,位于西藏江孜县境内。15世纪初始建,是藏传佛教的萨迦派、噶当派、格鲁派三大教派共存的一座寺庙。白居寺是汉语名称,藏语简称"班廓德庆",意为"吉祥轮大乐寺",位于江孜县城东北隅,拉萨南约230千米处,距日喀则东100多千米,海拔3 900米。白居寺始建于明宣宗宣德二年(1427年),历时10年竣工。它是一座塔寺结合的典型的藏传佛教寺院建筑,塔中有寺、寺中有塔,寺塔天然浑成,相得益彰,它的建筑充分代表了13世纪末至15世纪中叶后藏地区寺院建筑的典型样式。由于白居寺是在西藏各教派分庭抗礼、势均力敌的情况下建立的,因此它能聚萨迦、格鲁、噶当等各派和平共存于一寺,每个教派在此寺内都拥有五六个"扎仓"。该寺现有 16 个扎仓，这使它在西藏佛教史上有特殊的地位和影响。

白居寺内的措钦大殿已经有 500 多年的历史了。经堂的正殿供奉三世佛，它的两侧还有东、西净土殿。因为要兼容花、白、黄三教，所以全寺塑像的风格也不同于别处，措钦殿表现最为明显。经堂西北有一尊强巴佛的鎏金铜像，高有 8 米，据说是用 14 000 千克黄铜铸成的。殿高三层，底下是 48 根立柱的大经堂，立柱上挂满了年代久远的丝织唐卡佛像。措钦大殿的二层是拉基大殿，全寺最高级别的"拉基会议"就在这里举行。

白居寺旁的白居塔有"十万佛塔"之美誉，它的正名叫"菩提塔"。藏语称这座塔为"班廓曲颠"，意为"流水漩涡处的塔"，这流水便是日喀则地区的年楚河。白居寺就是因为这座佛塔才格外富有魅力。这塔不是普通的佛塔（它是由近百间佛堂依次重叠建起的塔）。塔有九层，高达 32 米多，有 77 间佛殿、108 个门、神龛和经堂等，在中国建筑史上是独一无二的珍品。殿堂内绘有十余万佛像，因而得名十万佛塔。塔内另有千余尊泥、铜、金塑佛像，堪称佛像博物馆。

背光是白居寺壁画装饰内容中的一大重要特征，由头光和身光两部分组成。白居寺壁画中常见的背光有舟形、龛形和椭圆形、马蹄形，特点是造型精细、纹样丰富、讲究对称，色彩对比强烈而又和谐，色彩的运用也很丰富，感觉精美庄重，但又不至于显得晦暗。

11. 国清寺

国清寺位于浙江天台城北 3 千米的地方，和济南灵岩寺、南京栖霞寺、江陵玉泉寺并称"天下四绝"，是佛教"天台宗"发祥地，也是日本天台宗祖庭。国清寺是我国创立的第一个佛教宗派天台宗的发源地，始建于隋开皇十八年（598 年），初名天台寺，后取"寺若成，国即清"之意，改名为国清寺。

国清寺在南宋被列为"江南十刹"之一，现存建筑为清雍正十二年（1734 年）奉敕重修。全寺总面积 7.3 万平方米，分为五条纵轴线，正中轴由南而北依次为弥勒殿、雨花殿、大雄宝殿、药师殿、观音殿；还有放生池、钟鼓楼、聚贤堂、方丈楼、三圣殿、妙法堂（上为藏经楼）、伽蓝殿、罗汉堂、文物室等，大雄宝殿正中设明代铜铸释迦牟尼坐像。像背壁后，有以观音像为中心的慈航普渡群塑，殿两侧列元代楠木雕刻的十八罗汉坐像，构成一个拥有2.8万平方米建筑面积、面阔达7.3万平方米、8 000余间房屋的古建筑群。

国清寺在佛教发展史和中外关系史上都具有重要地位，寺周保存了大量的摩崖、碑刻、手书、佛像和法器等珍贵文物。李白、皮日休、杜荀鹤、郭沫若、赵朴初等文人雅士均在此留下了不朽名篇。

国清寺内有著名庭院——鱼乐国，在寺的西南角。从"双涧萦流"的小门进去，只见古木苍郁，鱼池如镜，乾隆御碑、清心亭、鱼乐国石碑、放生池等小品布置得错落有致，环境优美宁静。御碑为清代乾隆皇帝所赐，镂刻非常精细，碑侧刻有鲤鱼跳龙门的图案，碑文中写着国清寺的优美自然环境和历史沿革。相传，天台宗祖师——智者大师从江陵来到天台山时，路遇一个慈眉善目的老和尚，言谈中得知，这老和尚名叫定光，学识渊博，佛法高超，智者就拜他为师。智者在天台弘扬佛法，想新建一座寺庙。定光指点他要找一块山环水绕的福地建寺，并告诉他，还要记住"寺若成，国即清"这六个字。智者问这是何故，定光说，当今世道，战乱遍地，百姓遭殃，寺庙建成，国家就可以清平，百姓即可安居乐业。智者依师父的话找到这块福地，并亲手绘制了寺宇的式样，不幸的是，图样刚刚画好，智者就谢世了。他的徒弟灌顶实现了智者的遗愿，将寺庙建成，寺名就叫"国清寺"。寺内清心亭，居高临下，可观放生池中各色大鱼摇首摆尾、悠然自得的姿态，最大的鲤鱼长1米左右，重达三四十千克。放生池边立有一块石碑，上书"鱼乐国"三个大字，为明朝大书法家董其昌所书。相传，董其昌来国清寺避暑，老方丈知道他是海内闻名的大书法家，便请他题碑额，可是董其昌不肯下笔。一天晚上，月明如水，董其昌来到放生池边纳凉，阵阵轻风，吹得他睡意顿起，恍惚间遇到了名叫鱼珠、乐珍、国珍的三位仙女。她们为董其昌唱起优美的歌曲，跳起优美的舞蹈，吹起优美的玉笛，乐得董其昌赞美不已。董其昌醒后，若有所失，便依梦中情景，吟诗："鱼珠妙歌喉，乐珍柳枝腰。国珍金玉笛，游梦实逍遥。"

这时方丈来到他的身边，听了他的诗，笑呵呵地说："你的诗真好，把这道诗每句的第一个字连起来，不就是'鱼乐国游'四字吗？"于是董其昌应方丈之请，写下了"鱼乐国"三个大字，同时题写了"清心亭"亭匾。

国清寺有隋梅一株，在大雄宝殿右侧，相传是智者大师弟子灌顶法师手植。从圆洞门进去，即可见到这株苍老遒劲、冠盖丈余的古梅，它是我国现存最古老的梅树之一。关于隋梅，当地有一段民间传说。相传1 000多年前，临海白水洋地方，有一对杨姓夫妻喜栽梅花。他们生有一女，取名"梅女"。梅女长到18岁，聪明非凡，尤其是一手刺绣更是出色。这年春天，杨家院中梅花又盛放，乡邻们都来赏梅。消息传到城里，一个不学无术的刁少爷也带着家丁赶来赏梅。他见梅女美貌风姿，就动手去拉梅女，梅女惊怒之下，拿起扫帚将他赶走，一时忙乱，头上银钗掉落地上。刁少爷随手拾起，藏入怀中。两日后，刁少爷请师父出面，带着彩礼来杨家求亲。师父对梅女的父亲说："日前少爷来你家赏梅，已蒙梅女当面相许，并以银钗为凭。"梅父心知有异，唤出梅女相问，知道是刁少父仗势要挟，遂断然拒绝。师爷一听，两眼一瞪，留下彩礼，扬言三日后来娶，便自顾自走了。梅家父女心急如焚，与乡邻们商量，让梅女改扮男装到国清寺暂避。临行，梅父将一包梅核交给梅女，要她种植在寺中，留芳异地。梅女到国清寺，灌顶法师见她聪慧，就让协助整理经籍著作。梅女私下又用姜黄色的丝线，将《法华经》绣在白色缎子上，积年累月，共绣了69 777个字。三年后，刁少爷暴病死亡，梅父来国清寺接女儿回家。梅女向灌顶献上白缎经卷和一包梅核。灌顶打开经卷一看，惊喜万分，感动得说不出话来。灌顶法师把梅女留下的梅核埋在寺右的花坛里，不几年，梅树越长越茂，每到早春，疏枝横斜，香满古刹。

12. 法雨寺

在浙江省舟山市普陀山白华顶左、光熙峰下，距普济寺2.8千米，为普陀三大寺之一——法雨寺，明万历八年（1580年）由僧人大智真融始建，因当时此地泉石幽胜，结茅为庵，取"法海潮音"之义，取名"海潮庵"。万历二十二年（1594年）改名"海潮寺"，万历三十四年（1596年）又名"护国镇海禅寺"，后毁于战火。清康熙二十八年（1689年），普济、法雨二寺领

法雨寺

朝廷赐帑，同时兴建；后法雨寺的明益禅师又孤身入闽募资，历时三年，将所募财物用以建圆通殿，专供观音佛像，两年后又建大雄宝殿，供诸菩萨。康熙三十八年（1699年）清朝廷又赐金修寺，修缮大殿，并赐"天华法雨"和"法雨禅寺"匾额。同治、光绪年间又陆续建造殿宇，使其成为名动江南的一代名刹。2006年5月25日，法雨寺作为清代古建筑，被国务院批准列为第六批全国重点文物保护单位。

法雨寺占地33 408平方米，现存殿宇294间，依山取势，分列六层台基上。入山门依次升级，中轴线上有天王殿，后有玉佛殿，两殿之间有钟鼓楼，又后依次为观音殿、御碑殿、大雄宝殿、藏经楼、方丈殿。观音殿又称九龙殿，九龙雕刻得十分精致生动，九龙殿内的九龙藻井及部分琉璃瓦从南京明代宫殿拆迁而来，被誉为普陀山三宝之一。整座寺庙宏大高远，气象超凡，不远处的千步金沙空旷舒坦，海浪声日夜轰鸣，北宋王安石曾赞之"树色秋擎书，钟声浪答回"。

法雨寺悠久的历史创造了辉煌的吴越文化，大地上文物古迹比比皆是：杭州的六和塔、岳飞墓，宁波天一阁，溪口蒋氏故居等28处文物古迹被国务院列为重点文物保护单位。

13. 会善寺

会善寺位于嵩山积翠峰下，山清水秀，林深谷幽，花木葱郁，是天地之中历史建筑群之一，位于河南登封市嵩山太室。会善寺与少室山少林寺、嵩岳寺等并称为嵩山名刹。2001年6月25日，被中华人民共和国国

务院公布为全国重点文物保护单位。经联合国教科文组织第 34 届世界遗产大会 2010 年 8 月 1 日审议，将"天地之中"等 8 处 11 项历史建筑列为世界文化遗产，包括少林寺建筑群（常住院、初祖庵、塔林）、东汉三阙和中岳庙、嵩岳寺塔、会善寺、嵩阳书院、观星台。

会善寺是佛教传入我国后最早建立的佛寺之一。千百年来，成为嵩山名寺，声名远播，不仅因寺内现存北齐、东魏、唐代、元代、清代等建筑，具有很高的历史、科学、艺术价值，而且与名僧辈出有关。会善寺造化了一位佛教史上著名的得道寿星——道安禅师。道安禅师俗寿 128 岁，历经隋唐两朝八帝，因比其师五祖弘忍年长 20 岁，便赢得了"老安"的美名。道安的长寿是因为他谦让的美德和宠辱不惊的心态。道安和神秀同拜弘忍为师，弘忍也最看重他们两位，曾说："学人多矣，唯秀与安。今法要当传，付此二子，吾无忧哉！"当道安察知弘忍祖师有意传法与他们二人后，就推美于神秀，别的同学劝他时，他却反过来劝说同学们："山涧树下，难可厌舍。丰石足以枕依，香泉足以澡漱，与道而漫，不乐何求。"并干脆离开祖师而云游。道安云游至中岳嵩山后，看到会善寺清幽静谧，环境幽雅，高兴地说道："是吾终焉之地也。"于是定居下来，这一住就是45 年。其间，虽然武则天多次躬亲禅窟，征至辇下，待以师礼，钦重有加，但他道行精深，安之若素，宠辱不惊，传法不辍，高寿而终。如此德高望重，坚守精进，不愧为佛门巨子。其熠熠星光，光耀千秋。

会善寺大殿系元代建筑，其建筑形制、技术对我国建筑史研究有着重要的意义。会善寺的附属文物有四座清代砖塔及大量石刻，其中琉璃戒坛和两座阁楼式砖塔尤具价值。楼阁式砖塔是嵩山地区塔类建筑中仅有的建筑类型，造型别致，甚是美观，有较高的建筑艺术研究价值。其散存的东魏、北齐时期石刻造像，唐、明、清代碑碣 33 品（件），以及明代铁钟等文物，亦有较高的艺术、书法与史料价值。会善寺大殿面阔五间，进深三间，单檐歇山筒瓦顶，出檐深远，斗拱硕大，造型朴实。出跳五铺做重拱双下昂，模仿宋代做法，昂首下垂；角梁的后尾嵌入殿角下的垂柱上面，而不是和相邻的斗拱后尾互相交叉；檩、柱也有同样的特点；殿内做减柱造，梁架为四椽栿搭牵，结构严谨，保存完整。其斗拱、角梁、乳栿、劄牵、丁栿、桔头、丁华抹颏拱等典型做法，均反映了元代建筑技术的重要特征，故在建筑艺术上具有很高的价值。

14. 龙门寺

龙门寺属全国重点文物保护单位，在山西平顺县城西北65千米的龙门山腰。此地山峦耸峙，峭壁悬崖，谷内夹石凸起，形如龙首，故曰龙门山，寺建于此，名亦因之。据史料记载，南北朝北齐天保年

龙门寺

间法聪和尚，经五台山云游至此，顿觉此地清静幽雅，灵气飘逸，遂禀呈圣上，传旨建寺，初名"法华寺"。后唐时有50余间殿宇，宋时增至百余间。宋太祖赵匡胤敕赐寺额为"龙门山惠日院"，又名惠日院。因龙门山形如龙首，于北宋乾德年间更名为"龙门寺"，寺内僧侣已增至300多人。到了元代，寺院方圆七里山上山下的庙皆属本寺，无俗家地宅。元末遭兵燹，多数建筑废弃，明清两代予以重葺和增建。

寺内现存殿堂廊庑，布局严谨。中轴线三进院落，东西禅堂、经舍等各成一区。其中，前院西配殿为五代后唐同光三年（925年）所建，三开间悬山式，殿内无柱，梁枋简洁规整，犹存唐风。五代木构建筑悬山式殿宇仅此一例。大雄宝殿为北宋绍圣五年（1098年）建，广深各三间，殿顶琉璃脊兽，形制古老，色泽纯朴，为元代烧造。天王殿构造灵活，梁枋断面互不一致，显系金构，后殿三间，悬山式，元代形制，其他殿堂均为明清重建。集后唐、宋、金、元、明、清六代木构建筑于一寺，为我国现存文物中所仅有。

寺院各殿的塑像、壁画、典籍和供器等附属文物大多已经损毁流散，仅剩三尊后唐时期的石佛身、佛座和元明时期残存的壁画。值得庆幸的是，在寺院内还保留着五代后汉隐帝乾祐三年（955年）的经幢一通和北

宋乾德五年（967 年）立的"故大师塔记"等历代碑碣 20 通，在寺外西沟有祖师坟茔一处，寺院东南坡有和尚坟十余座和宋明等历代墓塔四座。寺内还保存着明成化年间铸造的大铁钟一口和历代题记。这些珍贵的附属文物已成为研究该寺创建、增建等历史沿革及规模、建制、寺院经济、佛教文化等方面的有力佐证。龙门寺以其优越的环境风貌，独特的自然景观和人文景观，久远的历史记载，宏阔的寺院规模和朴实的地方建筑风格，吸引着四面八方的游人与香客信士到此游览朝拜，更以其现存建筑年代之广，屋顶形制之多，集后唐、宋、金、元、明、清六朝建筑于一处而著称于世，为全国仅有，具有极其珍贵的历史研究价值和文物游览价值。

　　佛教文物作为历史的物质遗存，不仅具有很强的宗教价值，而且具有历史价值、艺术价值和科学价值，是中华文明历史悠久、文化灿烂的重要物证和中华民族团结统一的精神纽带。佛教文化作为中华文化中的一支重要力量，之所以能够源远流长，至今仍有十分强大的生命力，其中一个重要原因就是中国人注重保护自己的文化。保护、管理、利用好祖国的文化遗产，对于维系中华民族血脉，弘扬优秀传统文化，增进民族团结，振奋民族精神，促进社会主义和谐社会建设，推动人类文明进步，都具有重要的现实意义和深远的历史意义。热爱佛教文物、保护佛教文物、珍惜佛教文物，是各级政府宗教部门、文物部门和佛教界的共同职责，也是政府机关、社会组织和公民应尽的义务。

第七章

道教圣地建筑

　　道教是我国现存的三大宗教之一，其他两种宗教是佛教和伊斯兰教。道教历来被视为土生土长的中国宗教，对人们的生活影响深远。其发端于东汉末年，形成于魏晋之际，兴盛于唐宋，鼎盛于元明，在清朝开始衰落。

　　道教在其2 000多年的发展历程中，不断地创新、提升，最终成为塑造中国人性格的一条主流。

　　和佛教一样，道教也在名山大川中营建自己的宗教场所，其作用与意义主要是：在自然风光较好的地方，能使人精神得到解放，有利于体贴大自然，感悟人生真谛。

第一节　道教圣地概述

　　在道教的宗教场所中，比较著名的，我们就称之为"圣地"。而"宫观"则是道士们从事宗教事务的基本场所，为了达到理想的效果，人们通

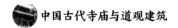

常把它们建在名山之上，如此便形成了所谓的"道教圣地"。

一、道教

1. 产生

道教产生于东汉末年，"五斗米道"和"太平道"是道教的肇始。其中，"太平道"在东汉末年还酿成了著名的"黄巾起义"，后来，黄巾起义被镇压，于是，来自政治的压力迫使"太平道"销声匿迹了。而"五斗米道"由于投靠了曹魏政权，获得了曹操的支持而发展迅速，经过几代人的努力，"五斗米道"在巴蜀地区形成了很强的一股势力，成为中国道教的开端。所以说，道教最初产生于巴蜀地区，也就是今天的四川地区，而"五斗米道"的创始人张陵，也被认为是道教的"祖师爷"。

> **知识链接**
>
> 　　张陵，又名"张道陵"，东汉末年五斗米道的创立者，字辅汉，沛国丰（今江苏丰县）人，生卒年不详。少即研读《道德经》、天文地理河洛图纬之书。曾入太学，通达五经，举"贤良方正直言极谏科"。宣扬人君按"道意"治国，国则太平；循"道意"爱民，民即寿考。在养生方面，提出重生、清静、奉戒行善，要从人"命"（人体）和"性"（精神、品德等）两方面进行全面的身心养护锻炼，把导引行气作为主要修炼方法，形成道教的养生传统和特色。道教尊其为"天师"。后人嗣袭"天师"号，称"天师世家"。后世帝王对张陵屡加封诰。宋徽宗追封他为"真君"，又追赠其为"汉天师正一真人三天扶教辅元大法师"；宋理宗追封其为"正一静应显佑真君"；元成宗加封其为"正一冲元神话静应显佑真君"。

2. 发展

道教的发展可以从 3 个方面来讲：其一，地域的不断扩大；其二，教派的陆续创生；其三，道教理论的极大丰富。道教经由最初在四川地区的发展，形成了比较完整的宗教教义，为后来的传播打下了坚实的基础。

道教随后在北方以及长江中下游地区传播开来。由于道教是中国土生土长的宗教，因此传播起来是相当迅速的。

在随后的历史中，道教产生了许多派别，比较著名的有：天师道、灵宝派、茅山上清派、楼观派、龙虎山派、净明道、全真教、太一道、真大道教等，除了以上还有紫阳派、清微派、神霄派、钟吕金丹派、武当派等，正是这许许多多的道派，构成了一部丰富灿烂的道教发展史。

知识链接

全真道也称全真教，是中国道教的一个重要派别，于北宋末年至南宋初年期间由王重阳于陕西终南山创立。因创始人王重阳在山东宁海（今山东牟平）自题所居庵为"全真堂"，凡入道者皆称"全真道士"，故得名。该派汲取儒、释部分思想，声称三教同流，主张三教合一。以《道德经》《般若波罗蜜多心经》《孝经》为主要经典，教人"孝谨纯一"和"正心诚意，少思寡欲"。早期以个人隐居潜修为主，不尚符箓，不事黄白之术。此外，张伯端一系所创立的内丹修炼为主的教派后来也被划分在全真道，称为南宗，而王重阳这支则称为北宗。

3. 现状

现在的道教流传呈现出前所未有的兴盛局面，由于适应社会发展的需要，道教信仰人群不断扩大，道教宫观数目不断增多，这是我国实行改革开放以来所形成的局面：经济富裕了，必然要去寻求精神依托，而且现在国家提倡宗教自由，信教人士享有充分的权利。现在中国内地登记在册的有2 000多座道观，正在筹建的还有许多。

二、信仰模式

道教追求长生不老，希望在现世世界获得永久的存在，因而道教的信仰模式可能会与其他宗教不同——佛教讲究轮回，基督讲究天堂。

道教所创立的神仙理论体系是为了使人们相信在人世间能达到成仙的目的。神仙是什么？神仙就是永生，就是永远幸福，这当然是每个人都想要拥有的，但这只是为了吸引大众的眼光。而道教说到底，信仰的是一个"道"字，"道"是无生无灭，是宇宙的本源，这也是道教这样命名的原因。除了以上两者，道教还涉及一些伦理宣传、修身养性以及医药炼丹等内容。

三、"洞天福地"

道教的信仰大体就是以上所及，而人们为了实现这些信仰，感受到信仰的力量，信仰行为必须在一个场所中进行，于是道观就产生了。所谓的"观"，是一个历史概念，它并不是一开始就叫作"观"的，当初道教创始人张陵在传授道教的时候是在一个叫"静室"的地方，顾名思义，"静室"就是比较清静的房间了，此时"静室"便是他们的宗教场所，后来名称又有了改变，如"治""庐""靖""馆"等，在北朝时期，才出现了"观"的叫法。

而"洞天福地"也是一种道教的说辞，其产生的年代也较早，在隋唐时期就有这种说法。这是道教发展到一定程度，发现众多风景秀丽、神秘瑰奇的地方之后，当时的人们所总结的。最早的"洞天福地"是唐代的杜光庭在《洞天福地岳渎名山记》中整理出来的，书中概括了中国境内的各处适合做道观的地方，但由于当时交通不便，因此并不是现在我们所了解的道教圣地。而且，"洞天福地"只是一个概念性东西，它把中国的景致分成"十大洞天""三十六洞天""七十二福地"之类，其地域主要分布在我国的南方地区，因而"洞天福地"只是我们"道教圣地"内容的一个部分。

知识链接

七十二福地分别为：地肺山、盖竹山、仙磕山、东仙源、西仙源、南田山、玉溜山、清屿山、郁木洞、丹霞洞、君山、大若岩、焦源、灵虚、沃洲、天姥岭、若耶溪、金庭山、清远山、安山、马岭山、鹅羊山、洞真墟、青玉坛、光天坛、洞灵源、洞宫山、陶山、三皇井、烂柯山、勒溪、龙虎山、灵山、泉源、金精山、阁皂山、始丰山、逍遥山、东白源、钵池山、论山、毛公坛、鸡笼山、桐柏山、平都山、绿萝山、龙溪、彰观山、抱福山、大面山、元晨山、马蹄山、德山、高溪蓝水山、蓝水、玉峰、天柱山、商谷山、张公洞、司马悔山、长在山、中条山、茭湖鱼澄洞、绵竹山、泸水、甘山、王晃山、金城山、云山、北邙山、卢山、东海山。

第二节 北方道教圣地建筑

之所以要单独划出北方圣地与南方圣地，是因为受到地理环境的影响，北方和南方的道观在形式上有一定的差别。北方地区由于比较干旱，因此植被覆盖率较湿润多雨的南方要低一些，大部分的道观看上去是"光秃秃"的，建筑与自然看上去不是结合得很好，具有北方独特的粗犷风格，这是应引起注意的一点。

一、吉林玉皇阁

玉皇阁位于吉林省吉林市北山公园，在北山的最高处，创建于清朝乾隆年间。

玉皇阁为依山而建的两进院落建筑，包括大门、朵云殿、老郎殿、胡仙堂等。其中，祖师庙最为特别，殿中供奉着儒教、佛教和道教的祖师神像，体现了玉皇阁三教合一的主题。除此之外，玉皇阁还有一处供奉唐明皇的建筑，你猜这是为什么？因为，玉皇阁的创建者是清朝的一位戏剧表演者，而唐明皇是"梨园鼻祖"呀。

朵云殿为主殿，共两层，一层殿中供奉玉皇大帝的铜像，两侧分立千里眼和顺风耳的神像，此外还有太白金星、财神比干、地藏王菩萨、道明和尚和闵公长者等的塑像陪祀。二层供奉云霄娘娘、琼霄娘娘和碧霞元君三位女神像。在她们的两侧，还分别供奉着痘疹娘娘、眼光娘娘、天花娘娘、子孙娘娘、送子娘娘、胎气娘娘、乳娃娘娘等，主要为女性信众提供服务。

作为吉林省最为著名的道观，许多名人都有墨迹题刻，如徐世昌"泰华西莱云似盖，大江东去浪淘沙"的对联反映了他那个时期的情况。还有建造者宽真大师亲手种植的柏树，已经有几百年的树龄。

玉皇阁是比较"年轻"的一处道教宫观，反映了道教在东北地区的发展情况。

二、辽宁太清宫

太清宫又名"太清丛林"，是东北地区的道教圣地，位于辽宁省沈阳市，是一所平地建筑，就建在沈阳市区西部的顺城街。其创建于清朝康熙年间，至今已有300多年的历史。初名"三教堂"，后来遭水灾，被淹没，之后重修，改名"太清宫"。

现存主要的建筑有"灵官殿""关帝殿""老君殿""玉皇殿""三官殿""吕祖楼""郭祖殿""邱祖楼"等，它们都是中国传统的道教建筑。其正门设有"太清丛林"大匾。其是东北地区道教中心。如今，辽宁省道教协会便设立于此。

三、辽宁北镇庙

北镇庙是古代祭祀"北镇"——闾山的山神庙，位于辽宁省北镇市市区和闾山之间的山岗上，是辽西走廊上一处重要道观。

闾山风景秀丽，和长白山、千山并称为"东北三大名山"。闾山石景特别出名，因为造型奇特历来受到重视。

北镇庙是幸存下来的五座山神庙中的一座，有山门、神马门、钟楼、鼓楼、御香殿、正殿、更衣殿、内香殿、寝殿等建筑。其中，正殿是主体建筑，但并没有道教神仙供奉，殿内墙壁上画了32位人物，当然也蔚为壮观，这32个人物都是东汉时期的，据说他们是帮助东汉光武帝打下天下的功臣，被称作"三十二星宿"。

间山因为是以石闻名，所以石头是这里的主角，号称"间山第一石"的望海峰绝顶，飞腾突兀、令人称奇。还有"补天石"，传说是当年女娲炼过、从天上掉下来的。

除此之外，北镇庙还保存有众多石碑，有祭山、封山碑10多块，祭祀、修庙碑10多块，还有其他的题诗、祷告、重修碑，总共56通，可认称得上是一处碑林了。因此，北镇庙俗称"碑子庙"。

四、辽宁无量观

无量观又称"无梁观"，位于辽宁千山北沟，是一座山地建筑，于清康熙年间建造。无量观为单檐硬山式建筑，分上下院，今只存上院，即现在的无量观。

无量观内有很多陈设值得一提。"三官塑像"是镇观之宝。"三官"是道教神仙人物，分别是上元赐福天关尧、中元赦罪地官舜、下元解厄水官禹，也就是尧、舜、禹。而在三官塑像东侧便是八仙过海群像，三官塑像西侧则为瑶池金母塑像，在其余的墙壁上绘满尧王仿舜、禹王治水的画面。

无量观建于山间，附近的陪衬有很多，著名的如"西阁"，依山势而建，精巧构思，与周围环境融合得很好。

无量观内外还有诸多道教建筑，如观音殿、老君殿、大仙堂、玲珑塔、葛公塔、聚仙台等。

五、北京白云观

白云观被称为"全国第一观"，属于全真派祖庭。

它之所以这么出名，是因为一个人的缘故，他就是金元时期的著名道士邱处机。他曾去面见忽必烈，大受欢迎，从此他所宣扬的全真道派全面兴盛，形成元代全真派一统天下的局面。而邱处机也在当时的元大都安下身来，北京白云观就是他传教的地方，他死后葬在那里，现在白云观内依然保留着他的遗骸。

白云观的中心建筑是"邱祖殿"，邱祖殿共3间房，是北方典型的歇山式建筑，殿内供奉着邱处机的塑像和牌位，而邱祖殿的核心就是邱处机的遗骸了，他的遗骸就在香案下面的一个石座中。为了保持邱处机独尊的地位，殿内没有其他的装饰壁画、塑像之类。

白云观规模是比较宏大的，有好几进四合院，主要宫殿除邱祖殿外，还有灵官殿、玉皇殿、老律堂、七真殿、三清殿、四御殿、祠堂院、八仙殿、吕祖殿、元君殿、文昌殿、文辰殿等。下面介绍一下老律堂和元辰殿。

老律堂之得名是比较晚的，它一开始叫七真殿，殿内供奉着邱长春（邱处机）、谭处端、刘处玄、马钰、郝大通、王处一、孙不二等7位全真道真人。后来之所以改名是因为它的用途：他是历代老道说律教法的地方，为方便起见，便改叫"老律堂"了。至今，老律堂依然是白云殿内最热闹的地方，是道士们从事宗教活动的主要场所。

白云观内留存了多处碑刻，老律堂殿外还有两通石碑，分别叫作《长春真人行道碑》《七真行道碑》，通过碑文我们可以了解全真道大体的传教历程。而白云观最著名的石碑是位于祠堂院的《道德经》和《阴符经》，是元代大书法家赵孟頫的手笔。

知识链接

....

邱祖捡豆磨性

邱处机自幼好学，满腹经纶。年轻时，入朝修书选文，参与政事。后因不合世俗，退避乡里，遁入道门，道号长春，终年四处云游，化缘讨斋。他游至虢镇东混元老祖坐化的混元洞时，见庙宇林立，地势壮观，就住下来，修身磨性，人们称他为"邱祖"。

传说邱长春磨性异常奇特。每日早起，他穿着道袍，脚踏木靴，拎着一斗豌豆，一步一步爬到山顶的三庭殿，将豌豆从山上倒下去。然后，他面朝三庭殿门，背向太白山，整装舒袖，稽首作揖，口中念念有词。礼拜一毕，手提空斗，欣然下山，一步一步在杂草蓬、小树丛、枣刺窝、石子堆里，捡拾抛撒的豌豆。直到夕阳西下，才将豌豆粒如数捡回斗里。他天天如此，风雨无阻。

元辰殿又名"六十甲子殿"。此殿建于金代，殿内的塑像很多，是20世纪80年代塑造的，内容就是古代天文学上的六十星辰了，塑像共有60座，分别代表60星辰。这里也很热闹，据说，叩拜自己相应的星辰，就可获得好运。

六、北京东岳庙

东岳庙位于北京朝阳门外大街，主祀泰山神东岳大帝，由张道陵第三十八代孙张留孙筹资兴建，最终是其弟子吴全节主持完成的。当时是在元朝，因而在北京来说是比较古老的道观。

东岳庙

东岳庙分为三部分，东路、中路和西路，中路为正院，主要建筑有戟门、岱宗宝殿、育德殿等。岱宗宝殿原供奉东岳大帝及侍臣像，其左右耳房还设有三茅真君祠堂、吴全节祠堂、山府君祠堂和崇里丈人祠堂等。东路主体建筑有娘娘殿、伏魔大帝殿等。西路的主体建筑有东岳宝殿、玉皇殿、药王殿等。

东岳庙占地近百亩，是华北地区正一道的最大道观，这里由于地处京畿，因此比较热闹，尤其是每年的三月二十八东岳大帝生日这天，这里都会举行庙会，届时游人如织，人山人海。

最后值得一提的就是这里的碑群了，据说东岳庙曾经拥有140多座石碑，是元明清三代的积累。北京从元代就一直是首都，因而石碑成群就不足为奇了，其中最重要的就是大书法家赵孟頫的《张天师神道碑》了，据说书法爱好者都拿它的碑帖作为临摹。

七、天津天后宫

天后宫俗称娘娘庙，位于大运河和海河的交汇处。其在天津市古文化街上，是人们的文化娱乐中心。

天后宫是妈祖信仰的一处道观，且是北方唯一的妈祖庙。天后又称为天妃，是我国沿海一带普遍信奉的女神，主要保佑人们的出海安全。天津历来是水运的汇集地，且靠近大海，河运和海运的功能都具备，人员往来频繁，人们建立这处娘娘庙，也是现实生活的需要。

天后宫始建于元代泰定三年（1362年），明代和清代又多次进行整修，现在天后宫依然焕发着她无穷的魅力。

天津天后宫由东至西的主要建筑有：戏楼、幡杆、山门、牌楼、前殿、正殿、藏经阁和启圣祠，以及分列南北的钟鼓楼、张仙阁和配殿等。

戏楼是一座过街式建筑，是每逢庙会的演戏场所。每到三月二十三娘娘生日这天，楼上大戏上演、锣鼓喧天，楼下人头攒动、人山人海。

正殿是天后宫的主要建筑，殿中供奉着神态安详的天后塑像，天后身旁有四位侍女陪侍，给人的整体感觉就是和谐。

除了天后外，人们在天后宫中还寄托了太多的感情，宫中还供奉了观音菩萨、百子娘娘、送子娘娘、耳光娘娘（祈求耳朵灵光）、斑疹娘娘，还有包治百病的王三奶奶等，各式各样，不一而足。

八、山西永乐宫

永乐宫位于山西芮城县永乐镇，是我国著名的全真道祖庭，和北京白云观、陕西重阳观并称于世。

永乐宫的所在地是吕洞宾的故乡。吕洞宾是八仙之一，生前在道教界就很有名望，因此，永乐宫当初修建时的规格是比较高的。

唐代时，这里便有了专门祭祀吕祖的祠堂，元朝开始大规模修建，此后不断整修，至近代，永乐宫成为闻名遐迩的吕祖圣殿。

永乐宫壁画规模宏大，艺术性很高，其中位于三清殿的壁画是最为精美的。画中共有神像286个，每位高达2米，环绕于四周墙壁，不仅气势恢宏，而且绘制精良。画中人物形态各异，表情自然，是元代壁画的杰作。

纯阳殿的壁画名为《纯阳帝君游仙显化图》，描绘了吕洞宾一生的轨迹，也是元朝的作品。此外，在重阳殿中还有刻画王重阳人生经历的壁画，在龙虎殿中还有大力神形象等。

永乐宫是一处比较规整的道教宫观，形制和别处差不多，20 世纪 50 年代，由于要修建三门峡水电站，将永乐宫全面搬迁到了现在的龙泉村。

九、山西解州关帝庙

解州关帝庙位于山西省运城市盐湖区的解州镇，是祭祠关羽的一座宫阙式庙宇，国家级重点文物保护单位。它始建于隋开皇九年（589 年），重建于宋大中祥符年间（1008—1016 年），后经多次增建、重修，形成今日规模。

解州关帝庙由结义园、前朝、后宫三部分组成。结义园仿刘、关、张当年"桃园三结义"而建，园内有结义坊、君子亭、莲花池等。前朝以端门、雉门、午门、御书楼、崇宁殿为中轴，两侧分立石坊、木坊、钟鼓楼、崇圣寺等系列建筑；前院多为朝殿，是祭祀关公的主要场所。后宫以"气肃千秋"木坊为屏障，春秋楼为中心，刀楼、印楼两侧而立。前后两院自成格局，主次分明，层次清楚，是我国传统的宫殿式庙宇建筑群。而庙中建筑的名称，如"正义参天""精忠贯日""万代瞻仰""威震华夏""义勇""忠武""飨圣""崇圣"等，无不显示出后人对关公的尊崇和敬慕。

解州是关公故里，解州关帝庙是目前国内外为数众多的关帝庙中规模最大、保存最完好的一座，素有"武庙之冠"的美誉。

关帝庙自古就是游览胜地，又是全国最大的祭扫关帝的场所，游人信士络绎不绝，香火旺盛。如今经过多次修葺、彩绘，关帝庙更加壮丽辉煌。

十、河南中岳庙

中岳庙位于河南省登封市东 3 千米的嵩山东麓的黄盖峰下。庙东是牧子岗，庙西为望朝岭，庙南为玉案岭。中岳庙背靠太室山，峰峦耸峙，高出云表。登高远眺，四周山峦起伏，山下绿树烟村，岚光霞彩，尽收眼底。俯瞰整个岳庙，翠柏掩阳，红墙黄瓦，金碧辉煌。

中岳庙是中国道教在中原地区活动的最早基地，是五岳中现存规模最大的道教庙宇建筑群。

中岳庙的前身为太室祠，始建于秦（前221—前207年），为祭祀太室山神的场所。北魏时，祠址经过了3次迁移后，定名为中岳庙，从此由道教管理。在唐代，中岳庙得到了进一步发展。武则天于万岁通天元年（696年）登嵩山封中岳时，加封中岳神，改嵩阳县为登封县。明清两朝对中岳庙又多次整修，特别是乾隆时按照北京故宫的建造方法，对中岳庙进行了一次大规模的全面整修。又设宜道会司，以掌管全县的道教事务。从此，中岳庙雕梁画栋，金碧辉煌，整个庙宇的布局制式都与故宫相似。乾隆十五年（1750年）十月初一，清高宗（乾隆）至中岳庙致祭，当夜御制《谒岳庙》诗二首，其一为："正正堂堂地，巍巍焕焕京。到来瞻气象，果足庆平生。惬我长年愿，陈兹祈岁情。忽闻鸾鹤韵，疑有列仙迎。"中岳庙"得宠"于历代帝王，由此可见一斑。庙内主要建筑，从南向北，由低至高，顺次为中华门、遥参亭、天中阁、配天作镇坊、崇圣门、化三门、峻极门、峻极坊、大殿、寝殿、御书楼，前后共十一重。最北以黄盖亭为终端，站在亭内可俯瞰中岳庙全景，远眺苍翠群山。中轴线两侧建有太尉宫、火神宫、祖师宫、神州宫、小楼宫等。殿宇、楼阁、廊庑等共400余间，气势恢宏。庙内古柏参天，碑碣林立，珍藏着许多文物瑰宝。

十一、河南太清宫

太清宫位于河南省周口市鹿邑县城东5千米，与安徽省交界处，这里是我国古代杰出思想家、道家创始人老子的诞生地，旧名厉乡曲仁里。老子，姓李名耳，字伯阳，谥号聃。生于春秋末年楚国苦县厉乡曲仁里，即今鹿邑县太清宫乡。太清，道家谓天道，亦谓天空，传为神仙居住之地，道教常用以名其宫观。

老子故里的纪念性建筑，初为老子庙，建于东汉桓帝延熹八年（165年），后改为老子祠。唐朝创始人李渊追认老子为始祖，以老子庙为太庙，起建宫阙殿宇，唐开元三十年（725年），玄宗李隆基正式改"紫极宫"为太清宫。太清宫前后两宫相距1里，中间有一条东西流向的清静河，取老子"清静无为"之意，河上有会仙桥，将前后两宫联为一体。两宫占地872亩，各种建筑600余间，殿阁棋布，雄伟壮观，极盛一时。"前宫"以太极殿为中心，东有老子牧牛场遗址，西有隐阳山遗址，中有九步井，至今仍存。大殿内供有老子塑像，殿侧立有高约 1.5 米、直径约 25 厘米的铁柱一根，人称"赶山鞭"，实为老子"柱下史"职务的象征。自宋朝"靖康之乱"之后，太清宫屡遭破坏，后又数度重修。金元时重修。元至正十五年（1335 年），韩林儿在亳州称帝，下令拆太清宫之材，运亳州盖宫殿。明万历七年（1579 年），再次修缮太清宫。清康熙十七年（1678 年），由道圣等人募资重修，7 年始成。近代又毁于战乱，现仅存前宫太极殿、后宫三圣母殿、娃娃殿及唐碑一通、宋碑两通、金碑一通、元碑三通、清碑一通。

十二、河南嘉应观

嘉应观位于河南省黄河北岸武陟县境内，始建于清雍正年间，是河南省保存较好而建筑优良的一处道观。

嘉应观是一座水神庙，人们祈求的是控制泛滥的黄河洪水，嘉应观也因此受到中央政权的重视。嘉应观占地面积 21 750 平方米，现存的主要建筑有山门、御碑亭、前殿、大殿、禹王殿及钟楼、鼓楼等。

御碑亭是一座重檐歇山式建筑，下檐为六角形，上檐为圆形，很有特点。庭内竖立着雍正皇帝书写的铜碑，为嘉应观"重宝"。雍正帝也曾亲临嘉应观，并亲自动手搬运石料。

嘉应观的主殿是中大殿。它是一座重檐歇山顶回廊式建筑，面阔七间，进深四间，殿中供奉四大王，两边站立八大金刚，大王殿两厢为东大殿和西大殿，供奉传说中的十大龙王，而其中的主神是四大王中的谢大王，他名叫谢绪，南宋人，后来被尊为黄河水神。

在嘉应观还有禹王阁，这就是祭奠治水英雄大禹的了。河南是黄河泛滥的重灾区，因而水神庙有许多，比如著名的济源济渎庙，便是在黄河改道之前供奉济水神的庙宇。

十三、山东岱庙

岱庙是中国的一座标志性建筑，它是中国最著名的纪念大山的庙宇，是除北京故宫、曲阜孔庙之外，规格最高的殿宇，而其在古代是历朝历代统治者举行封禅大典、祭祀泰山神的地方，下面仅就其最著名的景点做一简单介绍。

岱庙位于泰山南麓，泰安市境内，主殿名为天贶（kuàng）殿，规模巨大，是岱庙的主体建筑，创建于北宋大中祥符二年（1009 年），今制乃前清遗留。它是一座重檐庑殿顶式建筑，整座大殿建在一座高 2.6 米的台基上，大殿高 22.3 米，面宽 9 间，进深 4 间，四周围有精美石栏，殿顶金碧辉煌。殿中供奉泰山神彩像，殿壁四周施以彩画，进入殿中有一种富丽堂皇的感觉。

天贶殿后面是寝宫，即淑明皇后的居所，左右各有泰山神其余嫔妃的寝宫。

岱庙的著名文物有很多，如秦二世的泰山刻石、"泰山三宝"（明朝的葫芦瓶、清朝沉香木狮、乾隆玉圭）、铜亭、铁塔等。

岱庙是我国古时候君主统治者宣扬王权的场所，从第一个统一王朝——秦朝，帝王们就开始在这里举行盛大的活动，同时也留下了大量的石碑，成为又一处碑林。而对于普通大众来说，位于泰山脚下的岱庙是一处娱乐休闲的好场所，每遇东岳大帝生日，这里便热闹起来，届时商贾林立，游人如织。

十四、泰山碧霞元君祠

碧霞元君祠位于泰山之巅，是规模宏大的高山建筑，历来是人们朝圣的重要场所。祠堂内供奉的是"碧霞元君"，就是人们常说到的"泰山娘娘"，因为是女性，所以寄托了人们美好的愿望，人们到碧霞元君祠也都是来祈求幸福的，这和"观音送子"有很强的相似性。

碧霞元君祠始建于宋代，距今有 1 000 多年的历史了，不过到了明代才有现在的称谓。由于地理位置十分优越——处于五岳独尊的泰山，而且响应了人们美好的愿景，因此历来香火很旺。

碧霞元君祠布局十分讲究，是不可多得的建筑杰作。全部建筑以山门为界分为前后两院，前院以南神门和大山门为中心，左右分别是东神门、西神门、钟楼和鼓楼。后院则以山门、香亭、正殿为中轴线，左右又各有对称的建筑排列。总体布局紧凑大方，各种设施一应俱全，可谓山体建筑的代表。

碧霞元君祠的正殿在整个建筑群的最里，共分5间，殿高10多米，十分雄伟。顶部饰以360垅铜瓦，象征天空，殿内供奉碧霞元君镏金铜像，雍容华贵，宁静安详，是明代塑造。殿内还拥有众多古代艺术精品，比如明代的焚香鼎炉，制作精良，堪称绝巧。在香炉附近还有两通铜碑，上面记载了历代政府对碧霞元君祠的保护行动，是重要的历史文物。

除了主殿，碧霞元君祠还配有众多相互对称的宫殿，在正殿的两侧各配有三间殿堂，也都是巧夺天工的建筑精品，铁瓦灿灿、金碧辉煌。殿内供奉"送生神""眼光神"等。位于整座祠庙中间的是重檐香亭，供奉泰山奶奶。

整座祠堂，瑰伟宏丽，高大峻峭，远观之，则心旷神怡，身临之，则顶礼膜拜。泰山高1 000多米，在其上建堂实属不易，为何人们费尽财力、体力要把它建在高山之上呢？无非是想让人们感受到敬畏，接受神奇力量的感化，做个行善积德的好人。

知识链接

王重阳（1112—1170年），中国金代道士，全真道创始人。原名中字，字允卿。后改名世雄，字德威。入道后，改名嘉，字知明，号重阳子。祖籍陕西咸阳大魏村，出身于庶族地主家庭，后迁终南县刘蒋村。幼好读书，后入府学，中进士，系京兆学籍。金天眷元年（1138年），应武略，中甲科，遂易名世雄。年四十七，深感"天遣文武之进两无成焉"，愤然辞职，慨然入道，隐栖山林。金正隆四年（1159年），弃家外游，自称于甘河镇遇异人授以内炼真诀，悟道出家。金大定元年（1161年），在南时村挖穴墓，取名"活死人墓"，又号"行菆"，自居其中，潜心修持两年。三年，功成丹圆，迁居刘蒋村。七年，独自乞食，东出潼关，前往山东布教，建立全真道。其善于随机施教，尤长于以诗词歌曲劝诱士人，以神奇诡异惊世骇俗。在山东宁海等地宣讲教法。同时，先后收马钰、孙不二、谭处端、刘处玄、邱处机、郝大通、王处一为弟子，随后建立全真教团。收弟子7人，后世称全真教七真人。十年携弟子马钰、谭处端、刘处玄、邱处机四人返归关中，卒于开封途中。葬于终南刘蒋村故庵（今陕西户县祖庵镇）。

十五、崂山太清宫

太清宫位于山东省著名景点青岛崂山，是中国著名的道教观宇。

胶东地区历来是神仙出没的地方，因而说愈靠近海岸，其仙气愈浓，在海滨建造一座道教宫观，是人们的一种愿望吧。

古时候的皇帝都有四处求仙的经历，尤其是秦始皇和汉武帝，当时他们会认为神仙是生在海上的，可望而不可即，因此，靠近海边有众多的关于神仙的祭祀场所，而崂山上的太清宫就是留存下来的比较久远的一座。

太清宫在建造前140年就有一批较早的建筑了，当时是一位叫张廉夫的人来此寻仙，在崂山上建了几座庙宇。后来，随着时间的推移，太清宫的建筑不断增多，时至今日就有了如此的规模。

太清宫占地4 400多平方米，全殿共有150多间房屋，其中大殿三座：三皇殿、三清殿和三官殿。

三清殿供奉元始天尊等主神，三皇殿供奉神农、伏羲等历史圣贤，三官殿供奉天官地官等道教神仙。除了这三座大殿，太清宫中还有众多的殿堂供奉不同的人物。例如，关岳祠内供奉的是关羽和岳飞，经神祠供奉的是汉代经学家郑玄，东华殿供奉东华大帝，西王母殿供奉王母娘娘等。

太清宫是全真道随山派祖庭，张三丰也曾来到太清宫隐居，对道教有一定的发展，至明代，万历皇帝赐给《道藏》一部，现存青岛市博物馆。

太清宫是一座历史比较悠久的道教圣地，历代的文物较多。太清宫三皇殿的墙壁上镶嵌着元太祖成吉思汗赐给邱处机的护教圣旨和金虎牌诏文，它们是太清宫的"镇宫之宝"，另外还有近代政治家康有为题写的石碑以及明代书法家文征明的墨迹等。

太清宫古树参天，郁郁葱葱，其中大部分树龄都有好几百年，而其中的一棵竟有 2 000 多年的生长时间，真是世所罕见。

崂山的泉水是很有名的，在太清宫的旁边就有一眼泉水，一年四季，细水长流，给人生生不息的感觉。

人们来到崂山，既可欣赏大自然的风光，又可体会道教感化。崂山是一处不可多得的人间仙境。

十六、陕西八仙宫

八仙宫位于民风淳朴的陕西西安，又名八仙庵，历史悠久，故事繁多。八仙宫的驻地相传为吕纯阳（洞宾）遇汉钟离成道之处。到了宋朝，人们还常常听到此处地下发出隆隆声，就又建了一批宫殿。结果，后来竟发生八仙会聚此地的现象，而地下的隆隆声正是他们举行聚会呢。在随后的历史中，八仙宫渐成规模，至清代后期，基本定型。

八仙宫可以说是我国西北地区最有灵气的道教圣地了。这里民风淳朴，环境清洁，连神仙都经常光顾这里，这样，八仙宫便成为我国中西部地区道教宫观之最。

八仙宫大体依山而建，为三进两跨建筑，分影壁、牌坊、殿宇、客堂、寮房等。大殿有吕祖殿、药王殿、太白殿、八仙殿、灵官殿等。

八仙殿中塑造有东华帝君和八仙神像，制作精良，活灵活现。灵官殿门上有邵力子手书"其道大光"匾，内供护法神王灵官，旁祀青龙、白虎两神，威武雄壮，发人省思。

八仙宫命途多舛，1900 年，八国联军进攻北京，慈禧和光绪来到这里，打破了这里的宁静，那时整个中国都不太平，因而到陕西八仙宫也是身不由己，不过，皇帝离开西安，返回北京后，出资扩建了八仙宫，到后来民国战乱时期，爱国民主人士杨虎城也募集了资金修复八仙宫。

院内的石碑较多，有唐太宗李世民题写的《孙思邈赞》碑，有岳飞书写的《出师表》碑，还有现代著名书法家于右任书丹的《正气歌》碑等。

十七、陕西楼观台

楼观台位于陕西周至县城东南 15 千米处的终南山北麓,距西安市 70 千米。

据说,陕西楼观台是中国最早的一处道观,因为这里还有道教创始人老子炼丹、传法的遗迹,历来受到道教界人士的重视。

楼观台南依终南,北枕渭水,山清水秀,风景宜人,是道教修炼的理想场所,传说,老子出关的地方就是这里。

楼观台本来十分简陋,因为当时的人们并不是为了建一座道观的,而是稍微营建,以待圣人归来,现在的楼观台也是历代道士苦心经营的成果。

唐朝是楼观台初具规模的时期,唐朝的开创者姓李,尊老子为宗(因为老子姓李名耳)。唐太宗的父亲李渊即大规模地扩建楼观台,至唐玄宗时期,规模已具。在随后的 1 000 多年,楼观台内容不断丰富,越来越显示出它的独特魅力。

楼观台的中心建筑是"说经台",别看它的名字不起眼,但是在道教人士心目中,这里就是他们最高的朝圣之地,因为说经台是老子最初授经的地方。人们的心中会有一个这样的场景:老子迎风中坐,眉髯飘飘,手握道经,弟子尹喜恭敬从坐,面对老子,悉听教诲,这真是一个完美的授经场景啊!因此,楼观台的说经台历来都是最著名的"圣迹"之一。

说经台现在建起了大殿,雄伟非常,但或多或少遗失了原有的韵味。

元代是道教大盛时期,因而元代书法家的墨迹在道教宫观中随处可见。这里也有赵孟頫的《道德经》。

十八、陕西重阳宫

重阳宫位于陕西户县祖庵镇,为全真教祖庭,全称大重阳万寿宫,又称重阳万寿宫、祖庵。此地原名刘蒋村,因全真教祖师王重阳曾在此结庵修行,后又埋骨于此,全真教大兴于世后,此地遂改名为"祖庵镇"。重阳宫享有"天下祖庭""全真圣地"之尊称,悬挂在山门上方的元代皇帝御赐金匾仍清晰可辨。从西安驱车西行 40 千米,就到了名扬中外的祖庵镇重阳宫了。

相传全真道祖师王重阳曾隐修于此。金世宗大定七年（1167 年），王重阳自焚其居，东行至山东宁海，得丘、刘、谭、马诸弟子，创全真道教。王重阳卒后，弟子护送其遗骨葬于旧居。马丹阳袭掌全真教，于其地建立道观，手书"祖庭"二字为额。嗣后，王重阳弟子王处一上奏，请于其址建灵虚观，邱处机又请改名重阳宫。元世祖时乃更名重阳万寿宫。重阳宫在元代的北方道教中影响很大，居全真道三大祖庭之首，全真道徒往往云集于此，最盛时近万人，殿阁房舍凡 5 000 余间。其后衰落，但仍有部分殿堂遗存至今。又有碑遗世，称祖庵碑林。

重阳宫在元代规模宏大，殿堂建筑共计约 5 048 间，东至东甘河，西达西甘河，南抵终南山，北近渭河，有道士近万人。明清以后，屡遭破坏，宫院规模逐步缩小。现仅存灵宫殿、祖师殿两座，原有碑石散弃露天，1962 年，户县（今鄠邑区）人民政府将这些碑石集中至玉皇殿旧址，成为"祖庵碑林"。1973 年建敞房 11 间，使碑石得到妥善保护，成为国家重点文物保护单位。

十九、陕西玉泉院

玉泉院是一所中外闻名的道教圣地，位于西岳华山，是华山众多道观中最有名的一座，玉泉院因院中有一眼泉水而得名。

玉泉院位于高山之上，风景秀美，视野开阔，又是一处道教绝好的修炼地。它始建于北宋年间，是在陈抟老祖去世后，为纪念他而修建的。由于陈抟为道教的发展做出了巨大的贡献，因此他的弟子贾得升花费毕生积蓄在陈抟的活动地域为其修建祠庙，就是这样，玉泉院正式出现在了华山。

玉泉院位于攀登华山的必经之地，因而玉泉院既是旅游场所，又是道教圣地。院内长廊交错，雕廊画栋，别有一番情趣。

玉泉院有两处宫观，一处供奉陈抟老祖，另一处供奉全真道祖师之一的郝大通。除了建筑，石碑也别具特色，其中米芾的《第一山》碑最为有名。华山因为其峻、奇、险的特点，历来都是文人骚客的必游之地，于是玉泉院中也可以见到李白、杜甫、王维等人的墨迹碑铭。

知识链接

陈抟读书

　　相传陈抟老祖自幼聪明。有一次，他跟父亲到茗山寺烧香，遇到长老和尚同一个老秀才作对子。长老和尚起了上句："日月长存，道也长存。"老秀才一时对不上来，就在那里念呀念的。陈抟走来听到了，顺口接上："菩萨自在，人不自在。"长老和尚和老秀才夸他是神童。老秀才还向他父亲问起教他的老师是哪个，他默叨这样的神童，必定是好老师教出来的。哪晓得他父亲说："我们小户人家，哪里有钱读书呦，都是小老儿有空的时候，随便教他认了几个字。"老秀才长叹了几声，连连摇头说："可惜，可惜！"长老和尚猜到老秀才的心思，就打起圆场来："秀才老爷喜欢这个娃儿，就收他做学生吧。"老秀才一听，哈哈大笑，说："我这辈子没指望了，能教出一个能人来就心满意足了，我领他到家里教，分文不要，答不答应？"陈抟一听，高兴得不得了，就双腿跪下，亲亲热热地拜起老师来。

　　陈抟老祖在老秀才家日夜攒劲读书。一晃就是三年，老秀才闭目升天，陈抟披麻戴孝，守了三年灵，才回家。他走到自家门前一看，门面大变样。还没跨进门，就被赶了出来。他找四邻一问，才知他的叔伯弟兄谋占了他家产业，父亲死在牢房，母亲在去普州路上也遭了黑杀。陈抟哭得死去活来，他恨人世间太丑恶了，就负气出走，游历天下去了。

二十、华山镇岳宫

　　镇岳宫是道教著名宫观，在陕西省华阴市华山玉女、莲花、落雁三峰之间的山谷中，古称上宫。宫外山谷间松林荫翳，清幽异常；宫中有井，名曰玉井，深达30余米，水味甘醇，井上筑楼，传说此井与山下玉泉院内的玉泉相通。该宫是华山诸峰间较大的道教宫观，依山间峭壁而筑，单进一院落。据《大元己亥韩道善重修玉井庵》石碑所载，镇岳宫元代时称玉井庵；现存建筑均为清末和民国初年所建，1982年华山道教协会再次对其部分建筑进行了修缮，并扩建了殿堂。宫内现有正殿3间，内供奉西岳大帝少昊金天氏塑像，宫后石壁上有一药王洞，内奉药王神位，两侧楼阁共计50余间，是香客游人憩息的理想场所。

第三节　南方道教圣地建筑

南方圣地，水木交连，胜景非凡。南方的道观，受环境的影响，给人的感觉比较充实、饱满，道观和自然环境比较好地融合在了一起，道家也经常在南方寻找他们心中的仙境，而且也最终找到了一批。

一、江苏玄妙观

玄妙观位于江苏省苏州市观前街，曾是我国江南地区面积最大、历史最久的道教宫观，有1700多年的历史，现为苏州道教协会所在地。

玄妙观主要建筑包括正山门、三清殿、雷尊殿、斗母阁等，其中三清殿是玄妙观的主体建筑。

三清殿建于宋代，是保存较好的一处古建筑，是我国重点文物保护单位。三清殿高12米，面阔9间，广45米，进深6间，由40根两人才能合抱的大石柱支撑，殿内藻井上绘有鹤鹿、云彩和暗八仙画。值得一提的是，其上檐内槽上昂斗拱的建筑结构在中国一枝独秀。

三清殿内供奉的是"三清"了，中为玉清元始天尊，两侧分别为上清灵宝天尊、太清道德天尊，三座塑像均高达10余米，威严肃穆。"三清"像前面，还有玉皇大帝和金童玉女以及四大天将的神像陪祀。

除了建筑外，玄妙观内的艺术作品也是远近闻名的，其中最著名的就是南宋画家复制唐代吴道子的老子像碑了，上有唐玄宗题词、颜真卿书写的文字，还有明代方孝孺的"无字碑"，方孝孺是被统治者诛杀的悲惨人物，他先前书写的立于玄妙观中的石碑也被刮净，值得人们深思。

玄妙观的道乐也是一绝，它蕴含江南地区清细柔和的音调，使人聆听后产生与大自然融为一体的感觉。

二、江苏九霄万福宫

万福宫，位于道教名山——茅山。茅山位于江苏省句容、金坛、丹徒、溧阳四县交界的山区，是"三茅真人"的修行地，也是道教茅山派的创建地，茅山也被誉为道教第一福地。

"三茅"指的是茅盈、茅固和茅衷。他们都是东汉人，在茅山修炼成仙，于是茅山便成为道教圣地之一，后来许多著名道士都曾在此修炼，如葛洪、陆修静、陶弘景等。茅山不只是茅山派的创建地，还是正一道、全真道的重要道场。

万福宫全称九霄万福宫，始建于宋太祖建隆元年（960年），是保留至今的极少数道教宫观之一，其规模相当大，在今天看来也是如此。宫中保存着所谓的"镇山四宝"：玉印、玉圭、哈砚和镇心玉符，是宋哲宗赐给茅山道士们的。

九霄万福宫由灵官殿、二道灵官殿、太元宝殿和二圣殿组成。灵官殿内祭祀着青龙、白虎、王缮三大灵官神像。二道灵官殿内存有道教经籍，被称为"坎离宫"。太元宝殿内供奉茅盈、茅固、茅衷三位道教神仙，陪伴他们的是"四大功曹"：殿前两两相立马良、温善、赵公明和岳鹏举的塑像，后墙东西分立土地、财神两大神团，分别供奉刘甫和赵公元帅。

九霄万福宫较有特色的地方是在殿后有一处"飞仙台"，相传是大茅君茅盈羽化升仙处。

九霄万福宫绿树成荫，人工建筑与大自然融为一体，风景秀丽，水源众多，是人们旅游观光的好去处。

知识链接

　　岳飞（1103－1142年），字鹏举，汉族人。北宋相州汤阴县永和乡孝悌里（今河南省安阳市汤阴县菜园镇程岗村）人，中国历史上著名的战略家、军事家、民族英雄、抗金名将。岳飞在军事方面才能突出，被誉为宋、辽、金、西夏时期最为杰出的军事统帅、连结河朔之谋的缔造者。同时，他又是两宋以来最年轻的建节封侯者，南宋中兴四将之首。

　　岳飞作为中国历史上的一员名将，其精忠报国的精神深受中国各族人民的敬佩。其在出师北伐、壮志未酬的悲愤心情下写的千古绝唱《满江红》，至今仍是令人士气振奋的佳作。其率领的军队被称为"岳家军"，人们流传着"撼山易，撼岳家军难"的名句，表示对"岳家军"的最高赞誉。

　　绍兴十一年（1142年）十二月二十九，秦桧以"莫须有"的罪名将岳飞毒死于临安大理寺狱中。1162年，宋孝宗时诏复官，谥武穆，宁宗时追封为鄂王，改谥忠武，有《岳武穆集》传世。

三、江苏南京朝天宫

　　在南京水西门莫愁路东侧的冶城山上，有一处红墙碧瓦的巍峨殿阁掩映于绿树丛中，它就是江南地区现存规格最高、规模最大、保存最好的一组宫殿式古建筑群——朝天宫。朝天宫所在的冶山，曾是南京最早的城邑——冶城所在地，这里可谓是南京的发源地。南京的"母城"——朝天宫古建筑群占地面积7万余平方米，规模宏大、气势雄伟，是江南地区现存最为完好的一组古建筑群。

　　朝天宫历史悠久、文化深厚。公元前5世纪中叶，吴王夫差在此开办冶炼作坊，大量制造青铜兵器，因而被称为"冶城"。东晋时是丞相王导的西园。南朝刘宋时期在这里建立了总明观，是当时刘宋全国最高科学研究机构所在地。北宋时期改建为文宣王庙，即孔庙。

朝天宫之名是由明代开国皇帝朱元璋亲自赐定的，为文武官员及官僚子弟学习朝见天子礼仪的场所。现存建筑是清同治五年至九年（1866—1870年）由李鸿章、曾国藩改建的，是清末江宁府学所在地。

南京朝天宫其布局中为文庙，东为府学，西为卞壶祠。大门正南边有"万仞宫墙"围绕，墙内有一泮池。东西两侧分别为"德配天地"和"道贯古今"牌坊。正面有棂星门，前方设有大成门。过大成门迎面是大成殿，这是文庙的主体建筑，殿内正中原来曾供奉过孔子的牌位，现在为《六朝风采》专题陈列展览。

南京朝天宫大成殿后为先贤殿，曾供奉过孔子的门徒及南京历代先贤的牌位，现在为"明代朝拜天子礼仪展演"的场所。先贤殿后有"敬一亭"，过去可鸟瞰南京城北部。亭东有飞云阁、飞霞阁和御碑亭。清乾隆皇帝六下江南有5次登临过朝天宫，每次来都赋诗一首记事抒怀，后人将他所留诗文镌刻在石碑之上，建亭纪念。

朝天宫特别推出的朝贺天子礼仪表演是南京市博物馆的专家学者在国内著名的明史专家指导下，按照明朝的程式编排的。共有6场11项程序，即驾幸、进表、传制、进见、乐舞升平、还宫。演员阵容达250人，其中文武舞百戏、丹陛大乐和中和韶乐等，声势浩大，气势磅礴。

自20世纪60年代初南京市博物馆迁至朝天宫后，朝天宫逐渐成为研究南京古代历史文化的一个重要窗口。目前，博物馆馆藏文物有10万余件。近年来，朝天宫内的棂星门、大成殿、敬一亭、飞天阁等景点，更是已修葺一新。

四、浙江抱朴道院

抱朴道院是南方地区最著名的道观之一，位于浙江杭州，是一座山地宫观，它建在西湖湖畔宝石山西葛岭上。

"抱朴"是东晋著名道教理论家、炼丹家葛洪的字号，其代表作即《抱朴子》。此观正是为纪念他而建的。

抱朴道院始建于唐朝，至元代为战火所毁，明代又给予重建，至清代规模有所扩大，并正式定名为"抱朴道院"。

抱朴道院的主要建筑有山门、葛仙殿、红梅阁、抱朴庐、半闲堂等。山门有"葛岭"两个大字，很有气势。门旁院墙起起伏伏，颇似龙，所以有人称它为"龙墙"。正殿便是葛仙殿，为歇山顶木构建筑，殿内供奉葛洪、吕洞宾和慈航真人的神像。红梅阁取自戏曲《李慧娘》，内有版刻画廊，保存了数十幅历代名人字画。半闲堂为南宋左丞相贾似道寻欢作乐之处。此外，院内还有葛仙庵碑、双钱泉、炼丹井、炼丹台和初阳台等古迹。

抱朴道院因为离西湖不远，所以成为一外旅游景点，现已成为全国重点宫观之一，是杭州市道教协会所在地。

五、浙江洞霄宫

洞霄宫，距杭州20千米，位于大涤山的大涤洞旁，创建于汉武帝时；唐弘道元年（683年）奉建天柱观；乾宁二年（895年）改称天柱宫；北宋大中祥符五年（1012年），始名洞霄宫，宋理宗御书"洞天福地"；宋真宗御题"洞霄宫"。南宋时，皇室崇尚道教，洞霄宫成为距京畿临安最近的宫观而盛极一时，当年竟有殿堂千间，道士数百人，规模之宏伟，可谓登峰造极。宋代，朝廷为安抚老病阁僚及冗员，设"提举宫观"闲职。南渡后，临安夏日酷暑，皇室在大涤山筑行宫避夏，授"提举洞霄宫"职衔，官员有160余人，副相以上官吏就达43名，名相李纲、抗金名将张浚等就曾名列其中，时人称洞霄宫为"半个朝廷"。

咸淳十年（1274年），洞霄宫毁于战乱；元朝元贞元年（1295年）间，官府倡导道教，洞霄宫又屡经扩建，占地80余亩，总摄江、淮、荆、襄诸路道教；但是，到了元至正年（1346年）复遭兵毁；清乾隆年间，重新修缮，时有山门、宫殿、三清殿、聚仙亭等；直至20世纪50年代，尚存方丈五缘，大殿5间。今已被废，尚留遗址。

六、上海城隍庙

城隍庙在很多地区都有，较著名的还有陕西西安和河南郑州的城隍庙，这是为了保佑城市中的人群、祭拜城市的守护神而建的，而上海的城隍庙独具魅力，名气最大。

城隍庙位于上海市中心，拥有800年的历史，始建于明代，随着时期

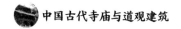

的发展和经济的繁荣，上海城隍庙规模逐渐扩大，建筑逐渐升级。

至中华民国时期，城隍庙成为现在的样子。进入庙门，就可以看见两边的"班房"，东班房供奉财帛司，西班房供奉高昌司。再往里走，便是天庭，东侧即是岳王殿，供奉关帝、鄂王和雷祖。从天庭直向里走，就是大殿，前面供奉金山神主霍光，中殿祀城隍秦裕伯。在殿左侧的邑庙路一带，还供奉着许多神祇，如朱神天将、普门大士、五路财神、痧痘神、三官大帝、杨老爷等。大殿前有一所玉清宫，楼下正中祀奉东岳大帝和朱大天君，两旁侧殿，东祀太上老君、财神及土地神；西祀姜太公、痧痘神等。楼上正殿祀玉皇大帝和紫微大帝，左侧祀关圣帝君、文昌帝君、太阳帝君、王母寿星、月下老人、明离大帝等尊神，右侧祀地母元君、太阴帝君、慈航道人等神。大殿西侧有一座三层高的钢筋水泥建筑，这就是星宿殿和阎王殿，由当时的上海大佬黄金荣、杜月笙、张啸林等筹资修建。

因为地处经济发达地区，所以城隍庙这边很是热闹，尤其是豫园，是人们集会游玩的好去处。

七、福建天后宫

福建有两处天后宫，一处在泉州，一处在莆田，这里重点介绍莆田的天后宫。

莆田天后宫位于福建省莆田市湄州岛，是我国同时也是世界上的妈祖庙、妈祖祭祀、妈祖文化的发祥地。

妈祖就是天后，也可以称作天妃或娘娘，本名林默，是在福建湄州降生的。她天资异秉，聪明善良，在生前做了不少好事，但是28岁那年林默便被台风夺去生命，葬身大海，为了纪念她，当地人便建起了她的祠堂，渐渐地便形成了妈祖文化。

妈祖文化起自宋代，距今已有1 000多年的历史，林默就是宋朝人。而天后宫也是始建于宋代，经历元明清三朝，便建成了现在的样子。

莆田湄州天后宫现有宫观楼阁20座，其重要建筑有山门、前殿、正殿、寝殿和钟楼、鼓楼、梳妆楼、升天楼和香亭等。

正殿是这里的主要建筑，殿中供奉着身穿龙袍、头戴冠冕的天后妈祖，两侧有千里眼和顺风耳的塑像，和他们俩在一起的还有众多文臣武将，一同侍奉天后，在天后宫后面，有天后当年飞升的飞升台，是妈祖信仰的圣迹。

妈祖信仰在沿海一带十分盛行，甚至还远播日韩，影响着世界上许多海滨地区的文化。

八、龙虎山上清宫

龙虎山上清宫位于江西省贵溪县上清镇东2里处，是历代天师供祀神仙之所，故有"仙灵都会""百神受职之所"之称。

上清宫始建于东汉，原为张道陵修道之所，时名"天师草堂"。汉末，第四代天师张盛自汉中迁还龙虎山，改"天师草堂"为"传箓坛"；唐会昌年间，真宗赐传箓坛额曰："真仙观"。北宋大中祥符年间，真宗敕改上清观。正和三年（1118年），名上清正一宫，简称上清宫、大上清宫。

上清宫原是我国规模最大、历史最为悠久的古老道观之一。它和皇帝宫殿相比，仅矮一尺，以示区别于皇宫。

上清宫整个建筑以三清殿和玉皇殿为中心，分八门四方。现殿宇绝大部分被毁。现存的东隐院、善恶井、梦床、神树和传说中的镇妖井等文物古迹，仍然强烈地吸引着中外游人。东隐院在上清宫院内东侧，是龙虎山上清宫的一座著名道院，也是上清宫目前残存的唯一道院。它创建于南宋年间，后因元世祖忽必烈对该院道士张留孙分外器重，东隐院倍加修缮，名声大振。现东隐院为明末清初建筑，有门屋1间，正厅3间，左右丹房各4间，后厅3间，左右耳房各1间。建筑风格古朴，院墙外有"善恶分界井"和"神树"等古迹。虽然今非昔比，面目全非，但是群山环抱，云雾缭绕，仙迹缥缈，仙气犹存，站在这里，仍可领略一番仙都风貌。

九、江西天师府

天师府，位于道教名山龙虎山，全名叫"嗣汉天师府"，是专门纪念张天师的宫观。第一位张天师便是张道陵了，而龙虎山和天师府都是江南道教组织的核心，具有较高的地位。

天师府位于江西贵溪县上清镇。据历史文献记载，西晋永嘉年间，我国道教创始人张道陵的第四代孙张盛，把府第从四川青城山迁移到这里。

从南唐保大年间起，人们便在龙虎山大规模地修建道观，并将主要宫观定名为天师庙。至后来的宋、元、明、清时期，规模又有所扩大。到中华民国年间，全山大道宫10座，道教建筑遍及山上山下，而到了20世纪40年代，一场大火焚毁了不少的道教建筑，因此，今天我们所能看到的都是一些幸存者，而天师府和上清宫是保存较好的两座大道宫。

天师府始建于宋徽宗崇宁四年（1105年），占地面积32 000多平方米，拥有大小房屋500多间，总建筑面积达12 000平方米。府中房屋按八卦图案排列，主要由府门、大堂、三省堂、万法宗坛、书屋、花园等组成。府门是天师府的正门，上有明代书法家董其昌的对联。大堂是历代天师执掌道政、处理道教事务的地方。堂内原置许多道教法器，如兵器、令旗、朱笔，并悬挂天师像，现在已经改变原貌。三省堂为历代天师住处。万法宗坛是张天师祭神之处。

天师府雕廊画栋，金碧辉煌，犹如皇宫一般，是道教宫观中最具有出世色彩的一处。

十、湖北长春观

湖北长春观位于武昌大东门外的双峰山上。它是祭祀我国道教全真道龙门派的创始人邱处机的地方。元代时，邱处机曾到这里修行。在他死后，人们便建了这座道观，因为邱处机生前号"长春子"，死后被封为"长春演道主教真人"，所以人们将此观命名为"长春观"。

长春观曾经规模很大，据说有房屋上千间，道众万余人，不过，由于后来长春观的建筑屡遭厄运，多次被毁，至清代咸丰时期，长春观已所剩无几，同治三年（1864年）才又进行重修。长春观经过了新中国政府的重新整修，现在拥有的道教建筑包括灵官殿、二圣殿、太清殿、紫微殿、纯阳祠、邱祖殿、方丈堂、藏经阁等。

太清殿供奉太上老君李耳以及南

长春观

华真人庄子，还有无上真人尹喜。墙壁上绘有精美图画，十分美观。七真殿供奉全真七子，现在是道士们诵经聚会的地方。三皇殿供奉玉皇大帝的神像，以及三皇（伏羲、神农、轩辕）的神像，三皇殿是长春观中建筑最高的一个宫殿。

十一、武当山复真观

复真观又名太子坡，据记载，明永乐十年（1412 年），明成祖朱棣敕建玄帝殿宇、山门、廊庑等 29 间。明嘉靖三十二年（1553 年）扩建殿宇至 200 余间。清代康熙年间，曾先后 3 次修葺。清代乾隆二十年至二十六年（1755—1761 年）重修大殿、山门等殿宇。后因年久失修，损坏严重。1982 年经国家投资，对复真观进行全面修缮，恢复了历史的本来面目，被列入全省、全国重点文物保护单位。

复真观，这座在武当山狮子峰 60 度陡坡上的古代建筑，被当今建筑学家赞誉为利用陡坡开展建筑的经典之作。复真观背依狮子山，右有天池飞瀑，左接十八盘栈道，远眺似出水芙蓉，近看犹如富丽城池。古代建筑大师们，巧妙地利用山形地势，不仅创造出了 1.6 万平方米的占地面积，而且建造殿宇 200 余间，构建出"一里四道门""九曲黄河墙""一柱十二梁""十里桂花香"等著名景观。

复真观大殿又名"祖师殿"，是复真观神灵区的主体建筑，也是整个建筑群的高潮部位。通过九曲黄河墙、照壁、龙虎殿等建筑物的铺垫渲染，在第二重院落突起一高台，高台上就是复真观大殿，富丽堂皇的大殿使人感到威武、庄严、肃穆，顿生虔诚之感。

复真观大殿敕建于明永乐十年（1412 年），嘉靖年间扩建，明末毁坏严重，清康熙二十五年（1686 年）重修。因清代维修为地方官吏和民间信士捐资，虽难以保持原有建筑的皇家等级，反而增加了许多民间建筑做法。因此，通过大殿，可以同时看到明、清两代的建筑技术和艺术的遗存。

大殿内供奉着真武神像和侍从金童玉女像。值得一提的是，这一组巨大的塑像为武当山全山最大的彩绘木雕像，历经 600 年沧桑，依然灿美

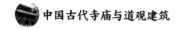

如新。

十二、湖北紫霄宫

紫霄宫位于道教名山武当山，建在主峰天柱峰东北的展旗峰下。此地松林环抱，云雾缭绕，地理位置十分优越，是道教圣地的代表之一。

紫霄宫保存较完好，始建于宋代宣和年间，其后被毁，元代重建，至明朝，明太祖朱棣对紫霄宫进行整修，使其初具规模。此后紫霄宫一直未被毁坏。经过清代的完善巩固，现在呈现给我们的紫霄宫是十分雄伟壮观的。

紫霄宫的主要建筑有紫霄殿、龙虎殿、父母殿、福地殿、十方堂、东宫、西宫等。有人做过统计，紫霄殿各式建筑共有 860 间，可以说是我国少有的大型宫观了。

紫霄殿是正殿，面阔 5 间，十分宽敞。殿内供奉真武大帝坐像，坐像两侧的配侍是周公和桃花娘娘的神像，龛下左右两侧，相对而立金童、岳天君、温天君和玉女、太乙真君、赵天君、关天君的鎏金铜像，塑像群之大极为罕见。此外，殿内还供奉着四位真武大帝像，分别代表不同时期、不同地位的真武大帝。另有 28 尊真武大帝的塑像摆在殿中，也是各个不同，十分有趣。真武大帝是武当山的主神。

龙虎殿中供奉青龙神和白虎神，它们是较早的历史文物，同时期的塑像还有太子塑像，由于年代久远，人们已经无法考证这位太子的名号。太子塑像位于紫霄宫后面的太子岩山洞中。

除了这些，紫霄宫最出名的物件恐怕要数"响铃杉"了。它是一桩古杉树的树干，因为在其两侧说话可以被听到，所以很是奇特，它也被当成一件宝贝横架在紫霄宫的殿内。

知识链接

真武，本名玄武，是中国古代"四象"神之一，北方七宿的化身。北方七宿就是现在的北斗七星，它的形状如一只龟，下面有腾蛇星，于是人们便赋予玄武龟蛇相缠的形象。后因避宋真宗祖父"赵玄明"

之讳，改名真武。

在道教中，玄武原本地位并不高，与青龙、白虎、朱雀组成四方护卫神，玄武主北方。到了宋代，玄武开始升格，成为镇守北方、威武勇猛、法力无边的玄天上帝、真武大帝，同时也编造出了真武高贵的出身，说是原始天尊的化身。真武后来成为明朝的护国家神。从此，真武信仰走向了全国。

十三、湖北太和宫

太和宫位于武当山天柱峰山腰，建于明永乐年间，曾拥有各类建筑500多间，正殿为太和殿，又称朝圣殿，殿内供奉着真武大帝的镏金铜像，有六天君陪伴，殿外有两座明嘉靖年间的铜牌。

太和宫前为朝拜殿，左右为钟鼓楼，右下方为皇经堂，又叫诵经堂，为宫中道士藏经读经的场所，这里环境幽雅、装饰精良，为清代建筑，供奉着三清、玉皇大帝、斗姆、张天师等的塑像。

正对太和殿的小莲峰上还有一座中国现存最早的铜殿，也是制作精良，因为小巧，是被专门运上峰顶的，所以被称作"转运殿"。该殿分步铸成，可以拆卸，殿内供奉真武大帝、金童玉女和水火二将。

曾经规模宏大的太和宫今只剩众多遗址，这些遗址在诵经堂附近，有朝圣门、天乙楼、天鹤楼、天云楼、天池楼等。

十四、四川青羊宫

青羊宫是中国最古老的道观之一，位于四川成都市西通惠门外百花潭

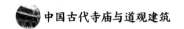

北岸，古称青阳肆、青阳观，规模宏大，远近闻名。

相传这里是老子与尹喜分别之后第一次约会处，当时老子白发髯髯，骑一头青牛，尹喜一眼就认出了他，两人相谈甚欢，成为千古流传的佳话。

人们说青羊宫的历史可以追述到周朝。至后来，青羊宫不断扩大，唐朝初年，由于皇帝也姓李的关系，推崇道教，青阳观初具规模。至唐朝后期，唐僖宗为躲避黄巢之乱曾在青羊宫中居住，之后又对其进行修缮扩建。在后来的朝代中，青羊宫也多次损毁与重建，至清朝形成了现在的规模。

青羊宫的主要建筑有灵祖殿、混元殿、八卦庭、三清殿、玉皇阁、唐王殿以及说法台等。

混元殿是供奉老子的地方，因为"混元祖师"便是老子在道教信仰中的称号。混元殿在整座青羊宫中比较靠前，共有5间殿堂，是由26根石柱和两根木柱共同支撑起来的，构思比较精巧，整座建筑壮观雄伟，与其他建筑略有不同。

三清殿，也叫无极殿，是青羊宫中最大的一处宫殿。殿中供奉三大神仙：玉清元始天尊、上清灵宝天尊、太清道德天尊。整座殿堂装饰精良，刻画仔细。在大殿的石基上刻有太极图和十二生肖的浮雕图案，十分美观。大殿外的石柱上，刻有六合童儿、双狮戏球等祥和图案。殿内的墙壁上绘有赤精真人、广成子、惧留孙、道行、燃灯、青霞、玉鼎、太乙、黄龙、普贤、慈航、文殊等十二金仙像。

三清殿中还有长90厘米、高60厘米的铜羊一对，造型美观，其中一只最为有名，造型奇特，为十二属相化身于一体，因而我们可以叫它"十二不像"，它拥有羊须、马嘴、龙角、鼠耳、牛鼻、鸡眼、猴颈、兔背、猪臂、狗腹、龙爪、蛇尾。这样造型的艺术品，在中国独此一座，青羊宫也由此得名。

十五、青城山建福宫

建福宫在四川省灌县西南的青城山丈人峰下。此地传为五岳丈人宁封子修道处，该宫创建于唐代开元十二年（724年），时名丈人观，宋代改名"会庆建福宫"。现仅存两院三殿，均为清光绪十四年（1888年）重修；宫内殿宇金碧辉煌，院落清新幽雅，配以假山，点缀亭台，宛如仙宫。宫右有明庆符王妃梳妆台等古迹，宫前有溪穿过，溪水清澈见底，四季不绝。四周林木苍翠，浓荫蔽日，炎夏盛暑，身游至此顿感清凉，大有如入仙境之意。其既是青城著名的道教宫观，又是游览青城理想的休息之所。

建福宫位居前山山门左侧。现有大殿三重，分别供奉五岳丈人、太上老君、东华帝君等神像。宫前有清溪和缘云阁，宫后有赤诚岩、乳泉、水心亭、梳妆台、林森洞等各名胜古迹，还有长达394字的清代青城山著名对联。建福宫，古木葱茏，在云峰岚气怀抱中，环境十分清幽，是游览青城山的起点，也是不可不游的第一宫观。

十六、四川常道观

常道观位于我国道教四大名山之一的青城山。青城山位于四川省都江堰市，常道观则位于青城山混元峰的半山腰上，是青城山最重要的道观之一，是青城山道教协会的所在地。

常道观因一处古迹而闻名，这便是张道陵一开始修行、传道的地方——天师洞，常道观的存在就是因为靠近这一山洞。

常道观在中国道教宫观中具有特殊的地位，因为这里是道教始祖张道陵居住、生活的地方，所以历来受到重视。"天师洞"更是人们信仰的核心地域，因而人们可能会更加熟知"天师洞"这个名字。

常道观始建于隋代大业年间，至清代才有大规模的兴建，而到了中华民国时期经过修葺扩建之后，才形成了它现在的样子。

常道观建筑面积5 700多平方米，主要建筑有山门、青龙殿、白虎殿、三清殿、三皇殿、皇帝祠、天师府、天师洞。下面仅就最有特色的宫殿进行介绍。

天师洞是位置最高的建筑，位于全观最上，洞内有张天师石刻像，为历代天师祭拜祖宗之地。洞左原有唐玄宗像，洞右有第三十代天师张继先像。

黄帝祠，是常道观中历史最为久远的建筑。大门的题词为于右任所书，殿中有轩辕黄帝金身泥塑像，旁有孙思邈像陪伴。爱国将领冯玉祥也有墨宝呈现，这便是《轩辕皇帝之碑》，而本观中最著名的石碑还是《大唐开元神武皇帝书碑》，此碑高 1.4 米，宽 70 厘米，厚 10 厘米，是当时佛道争山的见证，具有很高的历史价值。

十七、四川祖师殿

祖师殿位于青城山天仓峰，原名真武宫，古名清都观，始建于晋代，唐睿宗时的金仙公主、玉真公主，唐玄宗时的逸士薛昌，五代的杜光庭，宋代的张愈、费元规均曾在此隐修。玉真公主及杜光庭羽化后遗蜕葬于此。

正殿供奉真武大帝。殿外山势开阔，四周林木繁茂，碧嶂丹岩，横涧清流，云霭飘绕，景色清幽，俨然仙境。

天仓峰有"问道亭"，相传为皇帝拜见仙人宁封子问道处。殿后有"轩皇台"，《青城山记》中说："在观北里许，有台孤峙，独秀霞表，下观诸峰如蚁蛭焉，连抱三木有若荠也。"天仓峰高峻幽深，相传仙人多隐于此。

爱国名将冯玉祥曾在殿后山顶建"闻胜亭"，纪念中国人民抗日战争胜利。

祖师殿现已归青城道教协会管理。

十八、广东三元宫

三元宫是岭南现存历史较长、规模较大的道教建筑。其前身因在城北之故，俗称作北庙。相传它是赵王庙，是为奉祀南越王赵佗而兴建的寺庙。据考古学家的推测，赵佗墓可能在越秀山越王台；越王台则在观音山（孙中山纪念碑东面，镇海楼南部）上，它是南汉时的歌舞岗。北庙旧址在象岗，始建于汉武帝建元四年（前 137 年）前后。南越国灭亡后北庙渐废。

据史书记载，三元宫为东晋时南海太守鲍靓所建，明代万历年间重修时始改现称。

三元宫坐北朝南，在越秀山南麓，依山而建，渐次升高，现存各殿堂建筑总面积约 2 000 平方米，布局以正对山门的三元殿为中心，殿前拜廊，东西连钟鼓楼。大殿后为老群殿，大殿两侧自南向北，东侧为客堂、斋堂、旧祖堂、吕祖殿，西侧钵堂、新祖堂、鲍姑殿等建筑。

十九、广东冲虚观

冲虚观位于广东省罗浮山，在博罗县境内，是岭南著名道观。葛洪在罗浮山去世。

晋咸和初年，葛洪辞官来到罗浮山，在这里修建古观，修道于此，后又采药济民，著书讲学。至东晋兴宁元年（363年），葛洪服仙丹羽化成道，从此罗浮山成为道教圣地，而冲虚观也开始了它的修建历程。

唐玄宗天宝年间扩建成为"葛仙祠"。宋元祐二年（1087年）宋哲宗赵煦赐给"冲虚观"的匾额。和之前的其他道观一样，冲虚观也是在清代定型、完善的。

冲虚观坐北朝南，是一座四合院式的木石结构建筑。其主要建筑有三清殿、黄大仙殿、吕祖殿和葛仙殿。三清殿是冲虚观的主殿，在清光绪年间重建，殿中供奉三清神仙，陪衬张道陵、葛玄、许逊和萨守坚四位真君塑像。左偏殿内有"长生井"，传为葛洪炼丹时所用，饮此井之水有助于得道成仙。葛仙殿供奉葛洪和他的妻子鲍姑。吕祖殿供奉吕洞宾，黄大仙殿供奉黄野人。

此外，冲虚观还有洗药池、遗履轩、朱明洞等神奇古迹。洗药池就是当年葛洪洗药的小池塘；遗履轩就比较玄了，说当时他网到了一只燕子，但网中得到的却是一只靴子，于是在这里修建了一座亭子以作纪念。剩下的还有朱明洞、仙人卧榻、桃源洞，在此就不一一介绍了。

知识链接

叱石成羊

皇初平（黄初平，也即黄大仙），丹溪人。15岁时，家里让他放羊。有一天，遇到一个道士，道士见他善良本分，便带他到金华山的石洞中修炼。一晃已过去了40多年，他的哥哥初起到山上来找他，但多年都没有找到，后来在城中遇到一位善于占卜的道士，就向他询问弟弟的下落。道士告诉他在金华山中有一个牧羊的，也叫皇初平，不知是不是你的弟弟。初起听后高兴万分，马上跟随道士到山上去寻找，果然是分散 40 多年的弟弟，兄弟两人久别重逢，悲喜交加。哥问弟羊在什么地方，弟说都在山的东面。哥哥前往观看，一只羊都没有，只见到无数大大小小的白色石头。回来再问弟弟，弟弟说羊的确在那里，只是你看不到而已。弟弟便带哥哥一同去看，只听弟弟大喊一声"羊起！"，于是大大小小的白石顿时都变成了白羊。哥哥非常惊奇，便问弟弟是如何学会如此神奇的本领的，自己是否也可以学。弟弟说只要好道就可以。于是，哥哥便抛弃家庭，跟随弟弟学道。

二十、云南太和宫

太和宫位于云南省昆明市城东 15 里处的鸣凤山（又称鹦鹉山），创建于明万历三十年（1602 年）。当时，云南巡抚陈用宾命人仿湖北武当山太和宫内的铜殿式样铸造"金殿"，供奉真武神像，又于殿外筑砖墙、城楼，宫门环护，建成太和宫。光绪《云南通志》记载：清咸丰八年（1858 年），太和宫曾毁于兵燹；次年绅士黄琮、褚光昌等重铸真武像；同治、光绪年间又有续修。

太和宫外有三天门，喻三清天；山脚至一天门有 72 级台阶，喻七十二地煞；一天门内有 36 级台阶，喻三十六天罡。宫内有棂星门、金殿、雷神殿、钟楼等建筑。钟楼内悬 14 吨铜钟一座，铸于永乐二十一年（1423 年），高 2.1 米，口周长 6.7 米，声传 40 里。雷神殿（现为陈列室）内有相传是真武大帝"伏魔制怪"的七星宝剑及平西王吴三桂使用过的铜制大刀，又有马、赵、温、岳四元帅及风、雨、雷、电四神和龟蛇二将塑像。

第四节　港澳台地区道教圣地建筑

一、台湾首庙天坛

该庙始称天公坛，创建于咸丰四年（1854年），坐落在台南市，天公是台湾信众对玉皇大帝的尊称。后来因郑成功在此祭过天，又称其为天公埕，1983年改名为"台湾首庙天坛"。郑成功当年收复台湾时，就是在天坛原址上祭告天地的，于是台湾乡坤、官民就在天公埕上修建了这座庙观，主祀玉皇大帝，同祀福德正神和文武判神等。后来经过增建和扩建，又供奉三清、三官、斗姆、南斗、北斗、文昌、张天师、圣母、观音、关帝、岳武穆王、延平郡王等。清乾隆四十一年（1776年），台湾知府蔡元枢献多面古匾和四脚香炉一只。

全观建筑为宫殿式，共有三进，前殿龙柱为咸丰五年（1855年）所建，正殿龙柱则为同治年间所镌刻，工艺十分精美，正殿除奉玉皇大帝圣位外，没有祀奉其他神像。后殿中央供奉三清、斗姆、三官，陪祀南斗、北斗，左侧祀张天师、雷声普化天尊、东斗星君，右侧祀西斗、太乙、天医、灶神等。光绪二十五年（1899年）该观得到维修；1949年再次得到修缮。1974年由信徒代表大会选举产生天坛管理委员会。1982年，该馆又修建了成武圣殿，供奉岳武穆王和延平郡王。1983年，在第三届信徒大会上，将天坛更名为"台湾首庙天坛"。至1990年时，第四届管理委员会的主任委员为郑添池。每逢农历正月初九玉皇大帝诞辰之日，这里均有隆重的祭祀活动。

二、台湾元清观

位于台湾省彰化县，是台湾又一座奉祀玉皇大帝的道教宫观，故又称天宫庙、玉帝庙，俗称"天宫坛"，前称"岳帝庙"。初建于清乾隆二十八年（1763年），由福建泉州籍信众筹资修建，因而建筑材料、建筑师、工匠、雕刻师等大多来自大陆。现存建筑是清嘉庆年间重修的，外观宏伟壮丽。道光二十八年（1848年）地震损坏了山门和戏台，同治五年（1866年）由陈元吉发动捐款，在清光绪十三年（1887年）完工。

参观元清官，映入眼帘的首先是大门广场上的"龙潭"，坛内有一个石雕卧龙，还有许多放生的龟，吸引了大批游客；走到山门，见到的是刻有"元清官"三字的门额和挂有"温陵福地"四字的匾额，其中"温陵"是旧日泉州的雅称，可见元清观在泉州籍人的眼里地位十分高；山门又叫山川殿，面宽五间，左右有八字墙，做八字状向门外包揽，这种视觉景观的设计在寺庙建筑中非常少见，元清观有此建筑亦是非常特殊；山川殿的屋顶为牌楼式重檐，中间的三间宽且高，形式比例相当美，应当是目前台湾所存年代最古的升檐式构造。步入观内正殿殿堂，见到的是供奉在当中的巨大玉皇大帝塑像，这是在台湾庙观内只设玉皇大帝排位而不塑像的情况中绝无仅有的。最隆重的庆典是每年的农历正月初九，方圆几十里的善男信女都要来烧香朝拜。

三、台湾指南宫

位于台北市东南约12千米的文山区木栅东郊指南山麓，又叫仙公庙，为台北市最大的道教庙宇。该庙缘于吕祖信仰，清光绪八年（1882年）淡水县令王彬林赴台上任时，奉命恭迎山西芮县永乐宫吕祖神像至台祀奉，最初供奉于万华（时称艋舺）玉清斋，光绪十六年（1890年）在现址上专门修建了一座供奉吕祖的小庙，直到1921年才开始增建，修成今日之规模。1966年又扩建了6层高的凌霄宝殿，最上层凌云殿供奉玉皇大帝、三官大帝、吕祖、关帝、文昌等神；中层三清殿供奉元始天尊、灵宝天尊、道德天尊、东华帝君和瑶池金母；下层"梦告所"原为善男信女乞求吕祖

指南宫

托梦的地方，现为"中华道教学院"所用，从而吸引了大批信徒。指南宫因为供奉的神多，所以庆典也特别多，大型的有5次：一是农历的正月初一至初五，庆贺玉皇大帝诞辰节；二是农历的三月三十至四月初六，庆贺释迦牟尼圣诞节，并举行隆重的浴佛大典；三是农历的四月十二至十四庆祝吕祖圣诞，并举行道教信徒皈依大典；四是农历的五月初十至十八祝贺吕祖成道日，适时举行隆重的大法会；五是农历九月初一至初九，举行九黄礼斗法会，庆祝斗姆元君诞辰。如此众多的宗教活动和日常事务均由指南宫常设的管理委员会来主持。

四、台湾行天宫

行天宫原名"行天堂"。此宫创建于1943年，以关圣帝君为主神，第一任住持郭得进居士，时位于台北市延平区；由于道场拥挤，1949年迁址于台北市中山区九台街；后又由于信徒的增加，1964年再择现址（台北市民权东路、松江路口）而建。行天宫是以武圣庙的格式来建造的。庙观分有正殿和前殿，正殿除奉祀南西文衡圣帝君关恩主（关公），还配祀南宫浮佑帝君吕恩主（吕洞宾）、先天豁灵官王恩主（王天君）、精忠武穆王岳恩主（岳飞），合称"五恩圣祖"。另庙中尚有关公义子关平，部将周仓跟随在关公左右；前殿开有5扇门，平时进出只能走旁门，只有神明圣诞、祭典、请神、送神时才开启五门。行天宫的信徒一般以信关圣帝君为主，尤其是商人更以其为保护神，一是说关公生前十分善于理财，长于会计实务，曾设笔记法，发明日清簿，这种计算方法设有原、收、出、存四项，非常详细清楚，后世商人公认为会计专才，故奉为商业神；二是说商人谈生意做买卖，最重义气和信用，关公信义俱全，故尊奉之；三是说传说关公逝后真神常回助战，取得胜利，商人就是希望有朝一日生意受挫，能像关公一样，来日东山再起，争取最后成功，故行天宫的香火一年四季都十分旺盛。

五、台湾觉休宫

位于台北市重庆北路3段336号，为台北又一座供奉五恩圣主的道教宫观。该庙因第六十三代"天师"张恩溥初入台湾时旅居而闻名。初建于

1854 年，为台北历史最悠久的道教宫观，1936 年重修，1986 年造《觉修录》和《鸾桥拾遗》，后又印《妙兰因果录》和《乐道诗集后篇》行于世。1988 年前殿和左右喜庆堂竣工，自此宫观庄严美轮美奂。

六、澳门北极道院

北极道院初建于宋乾道三年（1167 年），由县令范文林修。淳祐年间主簿宋之望重建。据祝准《北极道观记》载："北极道观，邑之壮丽者也；……余始抵任，谒时，睹其阶级之崇严，论奂之弘敞，景象不减中州。"观内建有三清殿、鲁灵光殿等。

第八章

圣地的规划和构建

　　道教圣地严格说来是可以分为宫观和名山的，只是名山上一定会有宫观罢了。但仅仅一座宫观不可能称之为"道教圣地"，而道教名山则一定是道教圣地，因为它能够形成规模，而道观也是一定会有的，所以，接下来介绍道教名山。

第一节　名　山

　　这里指的是具有道教性质的名山，即道教名山，首先介绍"道教四大名山"，接下来介绍武夷山和崂山，最后简要介绍一下终南山、王屋山、茅山、阁皂山、崆峒山、巍宝山以及昆嵛山。

　　我们知道，道教是崇尚体贴自然、融入自然的，因此，道教圣地之所

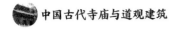

在都是风景秀丽、自然环境较好的地方。

道教四大名山是指武当山、青城山、龙虎山和齐云山，分别位于湖北、四川、江西和安徽。除此之外，武夷山、崂山等也比较出名，它们也将在后面提及。首先介绍道教第一名山——武当山。

一、武当山

提起武当山，我们便会想到武当派。武当派就是道教的一个派别，应该是比较爱好武术，讲究锻炼身体。

武当山，又名太和山、玄岳，位于湖北省丹江口市境内。它西接秦岭山脉，东通江汉平原，长江南绕，汉水北回，层峦叠嶂，标奇孕秀。山中宫观宏伟，香火旺盛，为我国现存道教名山之冠。

武当山道教历史文化悠久，源远流长，拥有 140 华里的古建筑群。这里有我国保存最完整、规模最大、等级最高的道教古建筑群，在世界上也极为罕见。加之武当武术、道教音乐等传统文化瑰宝相映衬，形成了颇具特色的武当文化，被誉为"自古无双胜景，天下第一仙山"。

武当山自然景观以雄为主，兼有险、奇、幽、秀等多重美的特征。

据说，早在公元前 3 世纪时，武当山就有道人结茅修行、习法传道。唐代贞观年间，均州太宗姚简在灵应峰修建了一座道观，名叫"五龙祠"。这是人们公认的武当山历史上出现的第一座道观。至唐代灭亡之前，人们在武当山上先后修建了太乙宫、延昌宫、神威武公等。宋、元两朝，由于封建帝王大力提倡道教，武当山的宫观得到了极大发展。在元代，山上著名的道观有九宫、八观、百余多处庙宇。元末，由于战争的原因，武当山的道教建筑损失严重。至明代永乐年间，成祖朱棣在武当山大修道观，每天动用人力 30 万，前后延续 10 年。遇真宫、净乐宫、五龙宫、太和宫、南岩宫、玉虚宫、紫霄宫、元和观、复真观等著名道观，均在此时得到了修复。嘉靖年间，武当山的道观建筑再次得以扩建，并形成了八宫、二观、三十六庙堂、七十二岩庙、十二亭和三十九桥的庞大建筑群落。随着时间的推移，武当山的道教建筑受到了不同程度的损坏。直到今天，山上保存较好的道教宫观有六宫、二观、一殿。

　　除道教建筑外，武当山还拥有难以计数的历代造像，他们有的是用金银铜铁建造，有的是用珠玉木石建造，更有锡、泥、石头造的像，充分展示了我国劳动人民的创造力之丰富，想象力之丰富。据统计，全山拥有注册文物 7 000 多件，具有极高的科研和艺术观赏价值。

　　武当道教音乐也久负盛名，是武当道教文化的一个重要组成部分。自唐太宗始建"五龙祠"以后，武当山一直是帝王将相、芸芸众生祈福禳灾的重要道场，别具神韵的道教音乐，容宫廷、民间、宗教音乐于一体，具有庄严肃穆、神秘飘逸的独特风格。

　　二、青城山

　　青城山位于四川省都江堰市西南、成都平原西北部、青城山—都江堰风景区内，距成都 68 千米，古称丈人山，为邛崃山脉的分支。青城山靠岷山雪岭，面向川西平原，主峰老霄顶海拔 1 260 米。

　　全山林木青翠，四季常青，诸峰环峙，状若城廓，故名青城山。丹梯千级，曲径通幽，以幽洁取胜，自古就有"青城天下幽"的美誉，与剑门之险、峨眉之秀、夔门之雄齐名。青城山背靠千里岷江，俯瞰成都平原，景区面积 200 平方千米。古人记述中，青城山有"三十六峰""八大洞""七十二小洞""一百八景"之说。

　　青城山分前后山。前山是青城山风景名胜区的主体部分，约 15 平方千米，景色优美，文物古迹众多，主要景点有建福宫、天然图画、天师洞、朝阳洞、祖师殿、上清宫等；后山总面积 100 平方千米，水秀、林幽、山雄，高不可攀，直上而去，冬天则寒气逼人、夏天则凉爽无比，蔚为奇观，主要景点有金壁天仓、圣母洞、山泉雾潭、白云群洞、天桥奇景等。

　　自古以来，人们以"幽"字来概括青城山的特色。青城山空翠四合，峰峦、溪谷、宫观皆掩映于繁茂苍翠的林木之中。道观亭阁取材自然，不假雕饰，与山林岩泉融为一体，体现出道家崇尚朴素自然的风格。

　　堪称青城山特色的还有日出、云海、圣灯三大自然奇观。其中，圣灯（又称神灯）尤为奇特。上清宫是观赏圣灯的最佳观景处。每逢雨后天晴的夏日，夜幕降临后，在上清宫附近的圣灯亭内可见山中光亮点点，闪烁飘荡，少时三五盏，忽生忽灭，多时成百上千，山谷一时灿若星汉，传说是"神仙都会"青城山的神仙朝贺张天师时点亮的灯笼，称为圣灯。实际上，这只是山中磷氧化燃烧的自然景象。青城之幽素为历代文人墨客所推崇，唐代"诗圣"杜甫来到青城山写下了"自为青城客，不唾青城地。为爱丈人山，丹梯近幽意"的佳句。1940年前后，当代国画大师张大千举家寓居青城山上清宫。他寻幽探胜，泼墨弄彩，作品逾千幅，还篆刻图章一方，自号"青城客"。20世纪60年代，张大千在远隔重洋的巴西圣保罗画巨幅《青城山全图》，供自己及家人卧游。晚年自云："看山还故乡青""而今能画不能归"，终身对故乡青城仙山充满着眷恋之情。

知识链接

张大千（1899年5月10日—1983年4月2日），最早本名张正权，后改名张爰、张猿，小名季，号季爰，别署大千居士、下里巴人、斋名大风堂，中国著名画家，祖籍广东省番禺县，生于清朝四川省内江，逝世于台北市。因其诗、书、画与齐白石、溥心畬齐名，故并称为"南张北齐"和"南张北溥"。20多岁便蓄着一把大胡子，成为张大千日后的特有标志。曾与齐白石、徐悲鸿、黄宾虹、溥儒等国内各名家及外国大师毕加索交游切磋。

父张怀忠，早年从事教育后从政，再改盐业。母曾友贞，为当时知名的女画家。兄弟10人，张大千排名第八；姊姊张琼枝，亦善画；二兄张泽，号善孖，别号虎痴，以画虎名于世。

1925年，与其兄张泽居于上海法租界西门路169号时，曾收藏了一幅明人张大风的《诸葛武侯像》，两人以"大风堂"为画室之名，收了许多弟子。这些弟子，后来被称为"大风堂画派"。

青城山是中国首批公布的风景名胜区之一。1982 年，青城山作为四川青城山—都江堰风景名胜区的重要组成部分，被国务院批准列入第一批国家级风景名胜区名单。2007 年 5 月 8 日，成都市青城山—都江堰旅游景区经国家旅游局正式批准为首批国家 5A 级旅游景区。民间素有"拜水都江堰，问道青城山"之说。2000 年 11 月，青城山与都江堰被列入《世界遗产名录》。

青城山是中国著名的道教名山，中国道教的发源地之一，自东汉以来历经 2 000 多年。东汉顺帝汉安二年（143 年），"天师"张陵来到青城山，选中青城山的深幽涵碧，结茅传道，青城山遂成为道教的发祥地，被道教列为"第五洞天"，全山的道教宫观以天师洞为核心，包括建福宫、上清宫、祖师殿、圆明宫、老君阁、玉清宫、朝阳洞等，至今仍完好地保存着数十座道教宫观。

三、龙虎山

龙虎山位于江西省鹰潭市西南 20 千米处。龙虎山景区为世界地质公园、国家自然文化双遗产地。整个景区面积 220 平方千米。龙虎山是我国典型的丹霞地貌风景，是中国道教发祥地，龙虎山为道教正一派"祖庭"，在中国道教史上有着承前启后的作用以及重大影响。

龙虎山原名云锦山，乃独秀江南的秀水灵山。此地群峰绵延数十里，为象山（应天山）一支脉西行所致。传喻 99 条龙在此集结，山状若龙盘，似虎踞，龙虎争雄，势不相让；上清溪自东远途飘入，依山缓行，绕山转峰，似小憩，似恋景，过滩呈白，遇潭现绿，或轻声雅语，或静心沉思。九十九峰二十四岩，尽取水之至柔，绕山转峰之溪水，遍纳九十九龙之阳刚，山丹水绿，灵性十足。不久，灵山秀水被神灵相中，即差两仙鹤导引张道陵携弟子出入于山，炼丹修道。山神知觉，龙虎现身，取代云锦。自后，龙虎山碧水丹山秀其外，道教文化美其中，被誉为"道教第一仙境"。

张道陵于龙虎山修道炼丹大成后，从汉末第四代天师张盛始，历代天师华居此地，守龙虎山寻仙觅术，坐上清宫演教布化，居天师府修身养性，世袭道统 63 代，奕世沿守 1 800 余年，他们均得到了历代封建王朝的崇奉和册封，官至一品，位极人臣，形成中国文化史上传承世袭"南张北孔（孔夫子）"两大世家。上清宫和嗣汉天师府得到历代王朝无数次的赐银，进行了无数次的扩建和维修，宫府的建筑面积、规模、布局、数量、规格创道教建筑史之最。龙虎山在鼎盛时期，建有道观 80 余座，道院 36 座，道宫数个，是名副其实的"道都"。

龙虎山几千年来积淀而成了丰厚的道教文化遗产，在中国道教史上有显赫的祖庭地位，对中国道教发展做出了巨大的贡献，被公认为"道教四大名山"之一。

龙虎山方圆 200 平方千米，境内峰峦叠嶂，树木葱笼，碧水常流，如缎如带，并以二十四岩、九十九峰、一百零八景著称；道教宫观庙宇星罗棋布于山巅峰下、河旁岩上，据山志所载原有大小道教建筑 50 余处，其中著名的如上清宫、正一观、天师府、静应观、凝真观、元禧观、逍遥观、天谷观、灵宝观、云锦观、祈真观、金仙观、真应观等，因屡遭天灾兵火，大部分建筑先后被毁废，今仅存天师府一座，为全国道教重点开放宫观之一。

四、齐云山

齐云山风景名胜区，位于徽州（今黄山市）休宁县城西约 15 千米处，古称白岳，与黄山南北相望，风景绮丽，素有"黄山白岳甲江南"之誉，因最高峰廊崖"一石插天，与云并齐"而得名，乾隆帝称其为"天下无双胜景，江南第一名山"。它由齐云、白岳、歧山、万寿等 9 座山峰组成。齐云山又是道家的"桃源洞天"，为著名道教名山之一。风景区面积 110 平方千米，以山奇、水秀、石怪、洞幽著称，分月华街、云岩湖、楼上楼 3 个景区。有奇峰 36 座，怪岩 44 处，幽洞 18 个，飞泉洞 27 条，池潭 14 方，亭台 16 座，碑铭石刻 537 处，石坊 3 个，石桥 5 座，庵堂祠庙 33 处，真是丹岩耸翠，群峰如海，道院禅房为营，碑铭石刻星罗棋布。

齐云山是中国道教四大名山之一，供奉真武大帝。齐云山与武当山均供奉真武大帝，故有"江南小武当"之美称。唐代元和年间，道教传入齐云山，宋、元两朝，基业初奠，明代嘉靖和万历间，江西龙虎山嗣天师正一派张真人祖师三代奉旨驻留齐云山，建醮祈祷、完善道规、修建道院，香火日盛，渐渐成为江南道教活动中心。以嘉靖皇帝敕建的"玄天太素宫"为主体的月华街一带是道士和香客向往的圣地。

齐云山属正一派，道教又称之为"福寿山"，为皖南道教名山。齐云山由于避居皖南山麓，晋朝以前尚无人烟，及至唐朝，才开始有了佛教、道教的活动。

齐云山建筑很多，自开山以来，历代均有修建，明末最盛时达100余处，原有太素宫、三元宫、玉虚宫、静乐宫、天乙真庆宫、治世仁威宫、宜男宫、无量寿佛宫、应元宫、郎灵院、净乐道院、道德院、中和道院、黄庭道院、拱日院、东阳道院、东明太微院、榔梅院、华阳道院、西阳道院、添书院、石桥院、密多院以及三清殿、参阳殿、兴圣殿、斗姆阁、文昌阁、福地祠、土地祠、善圣祠、功德堂、碧霄庵、东岳庙等，此外还有"九里十八亭"。经过历代天灾人祸，这些宫观道院及亭阁祠殿大多已毁废，现仅存东阳道院、伯阳道院和梅轩道院。1980年起在旧址上新建了凌风、海天一望、望仙三亭，逐渐修复了玉虚宫、罗汉洞、真武殿（太素宫）等。

齐云山道教以正一派为主，尊老子为始祖，以《道德真经》为依据，供奉的是真武大帝。这是两宋时期玄武地位提高和信仰兴盛的一个表现。南宋宝庆年间（1225—1227年），有方士余道元，号天谷子，游至齐云山石门岩，斩草结庵以居，得到当地好道居士的赞助，创建佑圣真武祠，塑真武大帝神像供奉——民间传说该神像为百鸟衔泥共塑而成，于是香火始盛，道士日增，从此奠定了齐云山的道教基业。延至明代，由于诸帝王对道教的尊崇敬奉和扶持利用，齐云山的道教活动也日趋兴盛。嘉靖十一年（1532年），正一派第四十八代嗣汉天师张彦率众往齐云山为皇帝求子，得顺签，后生一子。嘉靖皇帝大喜，遂降旨在原真武祠旧址上敕建太素宫，并亲撰《御碑记》。此后第四十九代天师张永绪、第五十代天师张国祥先后授命再谒齐云，建醮祈祀，宣扬秘典。于是，齐云山更加声名大振，成为江南正一派的著名道场。

以上即是道教四大名山。除此之外，有必要介绍的还有武夷山和崂山。

五、武夷山

武夷山风景名胜区主要景区方圆 70 平方千米，平均海拔 350 米，属典型的丹霞地貌，素有"碧水丹山""奇秀甲东南"之美誉，是首批国家级重点风景名胜区之一，于 1999 年 12 月被联合国教科文组织列入《世界遗产名录》，荣膺"世界自然与文化双重遗产"，成为全人类共同的财富。

武夷的美感在于山。由于远古时期地壳运动，加之重力崩塌、雨水侵蚀、风化剥落的综合作用，使山体发生了奇特变化：峰岩上升，沟谷下陷；山色因地热氧化而显红褐，山形因挤压而倾东。它是全国 200 多处丹霞地貌中发育最为典型者。地壳运动使这里的奇峰怪石千姿百态，有的直插云霄，有的横亘数里，有的如屏垂挂，有的傲立雄踞，有的亭亭玉立……

武夷的灵性在于水。武夷山麓中有众多的清泉、飞瀑、山涧、溪流。流水潺潺，如诉如歌，给武夷山注入了生机，增添了动感，孕育了灵气。其中，最具诱惑的莫过于九曲溪。九曲溪发源于武夷山自

武夷山

然保护区黄岗山南麓，全长 60 千米，流经景区 9.5 千米，山环水转，水绕

山行，自有风情。游人可自星村码头凭借一弓形古朴的竹筏，随波逐流，饱赏山水大观，抬头可览奇峰，俯首能赏水色。"曲曲山回转，峰峰水抱流"，是九曲溪传神的写照。

武夷山中有著名道教宫观——武夷宫。

武夷宫又名会仙观、冲佑观、万年宫，坐落在大王峰的南麓，前临九曲溪口，是历代帝王祭祀武夷君的地方，也是宋代全国六大名观之一。据载，武夷宫始建唐天宝年间（742—755 年），是武夷山最古老的一座宫殿，迄今已有 1 000 多年的历史。武夷宫初建时，并不在今址上，而是筑屋于一曲的洲渚上，称"天宝殿"。到了南唐保大二年（944 年），元宗李王景为其弟李良佐"辞荣入道"，才移建今址，名"会仙观"。会仙观建成后，历代笃信仙家的封建统治者，都不惜花费重金，多次修葺、扩建这座宫殿，改名"冲佑观"。南宋词人辛弃疾，诗人陆游，理学家刘子军、朱熹等都主管过冲佑观。元泰定五年（1328 年），改观为宫，称"万年宫"。明正统四年（1439 年），观毁于兵燹。天顺、成化年间（1457—1487 年），虽经官府多次拨款修葺，都未能恢复旧观。嘉靖四年（1525 年），观又遭火焚，次年创复，即为现在的武夷宫。年代悠久的武夷宫，虽历代都曾加以修葺，但经不住数次火焚和兵燹，后仅留下几间空房。近年来，在旅游文化部门的支持下，武夷宫主殿又重新修复，庭院里的两株桂树，则是宋代遗存下来的，是 800 多年的古树。全面恢复武夷宫的计划将逐步进行。这座千古名观必将重现昔日的雄姿。

六、崂山

崂山，古代又曾称牢山、劳山、鳌山等，史书各有解释，说法不一。它是山东半岛的主要山脉。崂山的主峰名为"巨峰"，又称"崂顶"，海拔 1 132.7 米，是我国海岸线第一高峰，有着海上"第一名山"之称。它耸立在黄海之滨，高大雄伟。当地有一句古语说："泰山虽云高，不如东海崂。"山海相连，山光海色，正是崂山风景的特色。在全国的名山中，只有崂山是在海边拔地崛起的。绕崂山的海岸线长达 87 千米，沿海大小岛屿 18 个，构成了崂山的海上奇观。当你漫步在崂山的青石板小路上，一边是碧海连天，惊涛拍岸；另一边是青松怪石，郁郁葱葱，你会感到心胸开阔，气舒神爽。因此，古时有人称崂山为"神仙之宅，灵异之府"。传说秦始皇、汉武帝都曾来此求仙，这些活动，给崂山涂上了一层神秘的色彩。崂山是我国著名的道教名山，过去最盛时，有"九宫八观七十二庵"，全山有上千名道士。著名的道教人物邱长春、张三丰都曾在此修道。原有道观大多毁坏，保存下来的以太清宫的规模为最大，历史也最悠久。1982年，崂山以青岛崂山风景名胜区的名义，被国务院批准列入第一批国家级风景名胜区名单。

七、终南山

终南山又名太乙山、地肺山、中南山、周南山，简称南山，是秦岭山脉的一段，西起陕西咸阳武功县，东至陕西蓝田，千峰叠翠，景色幽美，素有"仙都""洞天之冠""天下第一福地"的美称。主峰位于周至县境内，海拔2 604米。中国古老的对联"福如东海长流水，寿比南山不老松"中的"南山"指的就是此山。

终南山地形险阻、道路崎岖，大谷有五，小谷过百，连绵数百里。《左传》称终南山"九州之险"，《史记》说秦岭是"天下之阻"。宋人所撰《长安县志》载："终南横亘关中南面，西起秦陇，东至蓝田，相距八百里，昔人言山之大者，太行而外，莫如终南。"至于它的丽肌秀姿，那真是千峰碧屏，深谷幽雅，令人陶醉。唐代诗人李白写道："出门见南山，引领意无限。秀色难为名，苍翠日在眼。有时白云起，天际自舒卷。心中与之然，托兴每不浅。"

终南山为道教发祥地之一。据传楚康王时，天文星象学家尹喜为函谷关关令，于终南山中结草为楼，每日登草楼观星望气。一日忽见紫气东来，吉星西行，他预感必有圣人经过此关，于是守候关中。不久一位老者身披五彩云衣，骑青牛而至，原来是老子西游入秦。尹喜忙把老子请到楼观，执弟子礼，请其讲经著书。老子在楼南的高岗上为尹喜讲授《道德经》五千言，然后飘然而去。

道 藏

道藏（zàng）是一部汇集收藏所有道教经典及相关书籍的大丛书。它是模仿佛教的大藏经而创制的。现存最早的道藏是明朝的版本，原来收藏在北京的白云观，现在由北京图书馆收藏。

道藏的内容十分庞杂。其中有大批道教经典、论集、科戒、符图、法术、斋仪、赞颂、宫观山志、神仙谱录和道教人物传记等。此外，还收入了诸子百家著作，其中有些是道藏之外已经失传的古籍。还有不少有关中国古代科学技术的著作，如有关医药养生之书、内外丹著作、天文历法方面的著作等。

由于道藏的内容太多，对一个人来说，通读一遍都很难做到，因此至今这部书还没有被充分研究。对道藏的研究是从第二次世界大战以后才开始的，首先是从科技史学家开始的。英国的李约瑟博士对中国科学技术史的研究，其中大部分材料都来自道藏。更有许多研究者从音乐、艺术、化学、气功、文化等角度去研究道藏中的文献。

八、王屋山

王屋山位于河南省西北部的济源市，东依太行，西接中条，北连太岳，南临黄河，是中国九大古代名山，也是道教十大洞天之首，是愚公的故乡。王屋山绝顶海拔 1 715.7 米，相传为轩辕黄帝祈天之所，名曰"天坛"。愚公移山的故事因《列子》的记载和毛泽东在《愚公移山》中的引用而家喻户晓。同时，王屋山是国家级重点风景名胜区，于 2006 年申请为世界地质公园，森林覆盖率在 98% 以上，珍稀动物繁多，具有很高的观赏和研究价值。千百年来，王屋山不仅是道家人物采药炼丹、修身养性以求得道成仙之地，而且以其集雄、奇、险、秀、幽于一体的自然景观，吸引了众多的帝王将相，文人墨客来此寻幽探胜、陶冶情操，李白、杜甫、白居易等皆游览于此，留下了许多摩崖石刻和脍炙人口的名篇佳作。诗仙李白有"愿随夫子天坛上，闲与仙人扫落花"的名句，大诗人白居易也盛赞"济源山水好"。

九、茅山

茅山景象

茅山有"第一福地，第八洞天"之美誉。其位于江苏省句容市，南北走向，面积50多平方公里，1985年被列为江苏省八大风景名胜区之一。海拔372.5米的茅山山势秀丽、林木葱郁，有九峰、二十六洞、十九泉之说，峰峦叠嶂的群山中，华阳洞、青龙洞等洞中有洞，千姿百态、星罗棋布的人工水库使茅山更显湖光山色，可谓"春见山容，夏见山气，秋见山情，冬见山骨"。茅山还是著名的道教圣地，相传汉元帝初元五年（公元前44年），陕西咸阳茅氏三兄弟来茅山采药炼丹，济世救民，被称为茅山道教之祖师，后齐梁隐士陶弘景集儒、佛、道三家创立了道教茅山派，唐宋以来，茅山一直被列为道教之"第一福地，第八洞天"，曾引来诸多文人墨客留下诗篇。

茅山有"山美、道圣、洞奇"的特色，区内主要景点有茅山道院九霄万福宫、印宫、乾元观、华阳洞、金牛洞、新四军纪念馆等。

十、阁皂山

阁皂山位于江西清江县的赣江东岸，绵亘200余里，因其"形如阁，色如皂"而得名。相传道学家葛玄曾在此修真悟道，后云游四海，最终仍回到阁皂山，并在骆驼峰之侧修建卧云庵，筑坛立灶，炼丹八载，终成"九转金丹"。他服丹"飞升"后，被道教尊为"太极仙翁"。葛玄的"仙迹"使得阁皂山成为一名胜，道学家云集于此。北宋杨申《阁皂山景德观记》云："学道之士五百人，为屋一千五百间"，可见当时之盛况。阁皂山峰峦越百，仙道遗迹比比皆是。骆驼峰为葛玄得道藏丹处，太极峰为玉女理鬓处，西坑挂壁峰为张道陵修炼之地，有张天师坛。剑劈石、双鲤门、洪崖丹井等处，无不俊美奇特，加上那美丽的神话传说，更显得神奇无比。凌云峰峡口的悬崖上，飞跨着一座石拱桥，名曰"鸣水桥"。它建于北宋政和元年（1111年），历经了900多年的风雨，桥拱至今完好无损。

十一、三清山

三清山位于江西省上饶市玉山县与德兴市交界处，距玉山县城50千米，距上饶市78千米，为怀玉山脉主峰。因玉京、玉虚、玉华"三峰峻拔、如三清列坐其巅"而得其名，三峰中以玉京峰为最高，海拔1 816.9米，是江西第五高峰，也是信江的源头。三清山是道教名山，风景秀丽，1988年8月被列为第二批国家重点风景名胜区，2005年9月被列为国家地质公园，现为国家5A级旅游区。2008年7月8日，第32届世界遗产大会将三清山列入《世界遗产名录》，三清山成为中国第七处、江西第一处世界自然遗产。

东晋葛洪"结庐练丹"于此山，自古享有"清绝尘嚣天下无双福地，高凌云汉江南第一仙峰"的盛誉。宋尤其是明以来三清宫等道教建筑依山水走向，顺八卦方位，将自然景观与道家理念合一，方圆数十里，道风浓郁，道境昭然，玄迷隐奥，有"天下第一露天道教博物馆"之称。

三清山居位独优，地当浙赣之交，东达沪杭，南通闽粤，西迎荆楚，北望苏皖，接黄山而携龙虎，近武夷而处其中。主要道教景观为"葛洪献丹"，位于南清园景区。这座山峰顶部造型酷似一道士手捧药葫芦，因而人们以"葛洪"为其名，以作为对开山祖师的纪念。除此以外，"司春女神""巨蟒出山""猴王献宝""玉女开怀"等更是组成了让人称奇的"十大绝景"。

十二、崆峒山

崆峒山位于甘肃省平凉市城西12千米处，东瞰西安，西接兰州，南邻宝鸡，北抵银川，是古丝绸之路西出关中之要塞。景区面积84平方千米，主峰海拔2 123米，集奇险灵秀的自然景观和古朴精湛的人文景观于一身，具有极高的观赏、文化和科考价值。自古就有"西来第一山""西镇奇观""崆峒山色天下秀"之美誉。

秦汉时期，崆峒山开始有了人文景观。历代陆续兴建，亭台楼阁，宝刹梵宫，庙宇殿堂，古塔鸣钟，遍布诸峰。明清时期，人们把山上名胜景观称为"崆峒十二景"：香峰斗连、仙桥虹跨、笄头叠翠、月石含珠、春融蜡烛、玉喷琉璃、鹤洞元云、凤山彩雾、广成丹穴、元武针崖、天门铁柱、中台宝塔。近年来，新修了法轮寺、卧观平凉、观音堂、通天桥、飞升宫、王母宫、问道宫等景点 35 处，基本恢复了历来所称的"九宫八台十二院"中的 42 处建筑群。

十三、巍宝山

云南省巍山县城为国家历史文化名城，县城中心保存着明代建筑古城楼。巍宝山在县城东南约 10 千米处，总面积 19.4 平方千米，山顶海拔 2 509 米，山势雄伟，气势磅礴，自东北向西南走向。绵亘数十里，峰峦起伏，山形似一头蹲坐的雄狮回首俯瞰县城。山上，古木参天，浓荫葱郁，溪泉叮咚，花繁草茂。1992 年，巍宝山被列为国家森林公园。巍宝山主峰 2 509 米，自唐代开始建筑道观，盛于明清，到清末道教殿宇遍布全山。因此，巍宝山名闻遐迩，被称为云南道教名山。这里又是南诏发祥之地，至今留下许多传说胜迹。巍宝山宫观密布，蔚为壮观。其山分前后两边，宫观建筑布局体现了"道法自然"的特点：前山绵亘叠嶂，宫观多藏于密林之中；后山险峻陡峭，宙宇多依山势，建于岩壁之间。

巍宝山

十四、鹤鸣山

鹤鸣山为中国道教发源地，属道教名山。其位于四川成都西部大邑县城西北 12 千米的鹤鸣乡三丰村，属岷山山脉，海拔 1 000 余米，北依青城山，南邻峨眉山，西接雾中山，足抵川西平原，距成都约70千米。因山形似鹤、山藏石鹤、山栖仙鹤而得名，为古代剑南四大名山之一。

鹤鸣山景象

鹤鸣山景区有众多的名胜古迹。主要的景点有三宫庙、文昌宫、太清宫、解元亭、八卦亭、迎仙阁以及建设中的"道源圣城"等。鹤鸣山中还有24个山洞，明代曹学铨《蜀中名胜记》说"山有二十四洞，应二十四气（五日为一候，三候为一气）。洞口约阔三尺，深不可测。每过一气，则一洞窍开，余皆不见"，故称为"二十四洞"。

鹤鸣山最早的建筑是上清宫，即天师祖庭，为汉安征士张陵所建。后经扩建增饰，到中华民国时期，已拥有上清、天师、紫阳、迎仙、文昌等上百间殿宇，"文化大革命"中则被严重破坏。经过各方努力，鹤鸣山道观1985年被成都市政府批准为重点文物保护单位，1987年又被批准为道教开放点。"中国道教文化节"也在鹤鸣山设立了会场。鹤鸣山道观现占地65亩，并由当地政府拨款和海内外信众捐助修复了紫阳、斗姥二殿，新建了迎仙阁、延祥观、三圣宫、天师殿等。

十五、昆嵛山

昆嵛山横亘于山东省的烟台和威海两地。主峰泰礴顶，海拔923米，为胶东半岛最高峰。方圆百里，巍峨耸立，万仞钻天，峰峦绵延，林深谷幽，古木参天，多有清泉飞瀑，遍布文物古迹。北魏史学家崔鸿在《十六国春秋》里称昆嵛山为"海上诸山之祖"。昆嵛山为烟台境内最高山，历来有"仙山之祖"的美誉，相传仙女麻姑在此修炼，道成飞升。这里还是全真教的发祥地，王重阳与其弟子北七真在此创教布道。山中薄雾缭绕，霞光映照，另有洞天，九龙池九瀑飞挂，九泉相连。泰礴顶系昆嵛山主峰、胶东极巅，登顶观，一览众山小，苍海眼底收，不似泰山，胜似泰山。

昆嵛山是闻名全国的道教名山，是全真教的发祥地。据《宁海州志》记载："自隋唐以来，昆嵛山便寺观林立，洞庵毗连，香火缭绕，朝暮不断。"

昆嵛山系齐鲁大地的一座文化名山。早在春秋时期，秦始皇曾先后3次东巡昆嵛山区，寻长生不老药；西汉武帝步其后尘，入昆嵛山腹地，觅不老之术。古往今来，昆嵛山吸引了无以数计的帝王将相、文人墨客和僧家道众，他们或吟诗作赋，或铭碑刻石，或凿洞建庵，从而为昆嵛山增添了浓郁的文化色彩，使之成为一座天然的文化宝库。现在山上既有汉代"永康"石刻，又有金元帝王敕封的"圣旨碑""懿旨碑"等铭记，还有铜碑、邱处机手书石刻名胜古迹。

十六、千山

千山位于辽宁省鞍山市东南17千米处，总面积44平方千米，素有"东北明珠"之称，为国家重点风景名胜区。其南临渤海，北接长白，群峰拔地，万笏朝天，以峰秀、石峭、谷幽、庙古、佛高、松奇、花盛著称，具有景点密集、步移景异、玲珑剔透的特色。千山为长白山支脉，主峰高708.3米，总面积72平方

千山

千米。山峰总数为999座，其数近千，故名"千山"，又名"积翠山""千华山""千顶山""千朵莲花山"，千山"无峰不奇，无石不峭，无庙不古，无处不幽"，古往今来，一直是吸引众多游人的人间胜境。

千山以奇峰、岩松、古庙、梨花组成四大景观，按自然地形划分为

北部、中部、南部、西部4个景区，包括20个小景区和200余处风景点，分布在几条沟谷内。景色秀丽，四季各异，是集寺庙、园林于一体的风景旅游胜地。盛夏时节，这里气候极为凉爽，空气特别清新，到千山避暑度假绝对是明智的选择。

千山是自然景观与人文景观的完美统一，而宗教文化是千山人文景观的主体。"临山已谛金钟响，入庙先闻玉炉香。"千山有寺、观、宫、庙、庵等20余处，宛如一颗颗闪光的宝石，镶嵌在奇峰秀谷之中，使古老的千山更加迷人。这些古老而宏伟的寺观，有的高耸于险峰之上，有的依偎于群山环抱之中，有的坐落在向阳坡上，有的隐蔽在古松怪石之阴，与自然景物彼此烘托，融为一体，构成一幅优美、雅致、幽静的动人画面。除寺观外，无数洞、塔、亭、碑也是千山人文景观的重要组成部分。

第二节　道教石窟营造

道教信奉者走遍千山万水，终于找到了风景优美的理想场所，大山最能实现他们追求自然、修炼成仙的理想。他们在大山上营造宫观，广种树木，使自己能够安下心来，一心求道。由于风景不同、环境各异，我们的宫观大体可以分成南方宫观和北方宫观。尽管北方不如南方湿润、温暖，但宫观中的植物还是要精心栽培的，以便使得本来光秃秃的地表充满生机，给人回归自然的感觉。

这里要谈到的，不同于上述宫观及名山，而是人们在山上雕琢、钻凿的石窟及山洞，这也是一种营造，石窟是人们表达宗教感情的结果，他们寻找到好的位置、好的石材，便用心雕琢，最终呈现给我们的就是各地的道教石窟。山洞则是最真诚的道教信奉者所营造的修炼圣地，虽然简陋不堪，但是在道士们的心中，山洞才是最理想的隐身静修之地，而且，如果

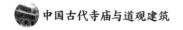

没有自然形成的山洞，他们还会自己开凿出一个来。

一、石窟

位于山西太原的龙山石窟是现存最著名的道教石窟，不仅规模大，而且历史悠久。它开凿于金元之际，距今有将近 1 000 年的历史。

龙山石窟共分 8 窟，其中第一窟"虚皇龛"位置最高，内刻元始天尊坐像，龛外左右上方分刻手持莲花的道教飞仙各一身，左右又有"十常侍像"陪祀。第二窟名为"三清龛"，是最大的一窟，主祀三清神，旁又有相应的陪衬；第三窟名为"卧龙龛"，刻一卧态神仙，有的说是石窟的建造者宋德芳的卧像，也有的说是陈抟老祖，因为他是"睡仙"；第四窟名为"玄真龛"，刻了一幅探亲的画面，据说这是全真道兴盛时期的作品，因为全真道比较重视孝道和亲情；第五窟名为"三帝龛"，雕了三皇即伏羲、神农和轩辕。第六窟名为"七真龛"，雕刻了"全真七子"的形象；最后的两个石窟也有雕像，但今已不可考。

龙山石窟虽然是道教最重要的石窟，但是和佛教石窟相比，还是有一定距离的，而且，现在龙山石窟已经残破了，尤其是雕像的头部多已不存，我们是从它的残存画面来构想的，同时我们也不可将之同佛教的龙门石窟相混淆。

其余的道教石窟主要有甘肃上天乐道教石窟、福建泉州清源山老君岩、四川剑阁鹤鸣山道教石窟、四川丹棱龙鹄山道教石窟、四川绵阳西山道教石窟、四川安岳玄妙观道教石窟、四川大足南山道教石窟、四川大足石篆山道教石窟和四川大足石门山道教石窟等。

其中，福建清源山的老君岩值得一提，这里的老君像是全国少有的道教巨像，像高 5.1 米，厚 7.2 米，宽 7.3 米，由整块天然岩石雕成，老君像生动形象，厚重中不失灵动，为宋代作品，历来受到重视。

与福建有千里之遥的四川是我国道教石窟造像的集中地，这里山多石多，文化深厚，各处的石窟都别具特色，值得一游。

鹤鸣山是道教名山，山上现有著名的唐代石刻造像五龛，总计 63 个人物造型，其中又以重阳亭碑石右侧的三号龛内的"天尊像"最为著名。

像高 1.92 米，发髻高绾，头戴道观，身穿道服，脚蹬道靴，站于莲花台之上。头部造像丰腴慈祥，身体轻秀挺拔，姿态美观大方，是道教神仙的理想形象。石窟还包括了许多刻字，其中就有颜真卿的手笔。

龙鹄山的道教石窟共有 57 龛，造像 551 尊，数量较大，但没有大像，其中最高的 1 米，最小的仅 30 厘米，他们呈"一"字形排列在岩石之内，长约 80 米，这里的石窟的特点是刻画精细，石窟造像生动、丰富。

在四川也有一处老子造像，也是规模比较大的，位于四川安岳县境内，像高 2.2 米，神态安详。由于老君被奉为道教始祖，因此他的造像历来都是最大的。

大足县是四川乃至全国道教石窟的集中地，南山上有六龛窟，以三清古洞、圣母洞和龙洞为代表。三清古洞高 3.8 米，宽 6.8 米，深 5 米，刻"三清"神像，余部由道君、天尊像填充；圣母洞刻三圣母像，即注生后土圣母、保产圣母和卫房圣母，都是保佑生育的女神；龙洞则只刻了一条龙，头无角，器宇轩昂，为其他道教石窟所无。

石篆山在大足县城西南 27 千米处，这里儒释道三种造像都存在，其中道教的石窟主要刻有老君形象，此外还有鲁班、药王等其他道教神圣的石像。

石门山位于大足县城东 12 千米的石门村，主要是佛道两家的造像留存于此，道教石窟中刻有玉皇大帝的石像，威严庄重，旁侧有千里眼和顺风耳的巨大雕像，为国内仅见。此外还有华光大帝、天地人三皇的造像等特色石刻。

二、石洞

山中石洞曾是道士的栖身之所，后来随着宫观的出现，石洞逐渐退出了历史舞台，成为一种自然景观。在道教初期的发展阶段，有专门关于山洞的记述，当时这些山洞被称作"洞天"，享有崇高的名声，同时也流传着"十大洞天"之说。

"十大洞天"分别是：第一洞天王屋山洞；第二洞天委羽山洞；第三洞天西城山洞；第四洞天西玄山洞；第五洞天青城山洞；第六洞天赤城山

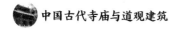

洞；第七洞天罗浮山洞；第八洞天句曲山洞；第九洞天林屋山洞；第十洞天括苍山洞。除第一洞天外，其余山洞几乎都位于南方地区，这显然是受到了自然环境的影响。

除此之外，还有"三十六洞天"之说：第一洞天霍桐山洞；第二洞天东岳泰山洞；第三洞天南岳衡山洞；第四洞天西岳华山洞；第五洞天北岳常山洞；第六洞天中岳嵩山洞；第七洞天峨眉山洞；第八洞天庐山洞；第九洞天四明山洞；第十洞天会稽山洞；第十一洞天太白山洞；第十二洞天西山洞；第十三洞天小沩山洞；第十四洞天潜山洞；第十五洞天鬼谷山洞；第十六洞天武夷山洞；第十八洞天华盖山洞；第十九洞天盖竹山洞；第二十洞天都峤山洞；第二十一洞天白石山洞；第二十二洞天勾漏山洞；第二十三洞天九疑山洞；第二十四洞天洞阳山洞；第二十五洞天幕阜山洞；第二十六洞天大酉山洞；第二十七洞天金庭山洞；第二十八洞天麻姑山洞；第二十九洞天仙都山洞；第三十洞天青田山洞；第三十一洞天钟山洞；第三十二洞天良常山洞；第三十三洞天紫盖山洞；第三十四洞天天目山洞；第三十五洞天桃源山洞；第三十六洞天金华山洞。以上"三十六洞天"是"十大洞天"的延续，是道士们进一步开发山林的结果，然而，再也没有进一步发展出七十二洞天，或者一百洞天，可能是因为此时宫观建筑已经形成规模，已足够道士们居住了。

中华大地广袤无边，洞天圣境是数也数不过来的，我们只能将它们看成道士们曾经生活过的地方，而且是最接近自然的一种生活场所——想想我们的祖先山顶洞人就知道了。

在道家看来，山洞是神仙居住的地方，而位于高山之上的山洞，可能就是仙境了——那里黑洞洞一片，充满神秘感。道士们会想为什么要有这样一个洞呢，除了神仙，还能有谁在这里居住呢？

由于有的山洞幽深无底，人们便想象洞的另一端会有另一个世界；还有的人认为山洞是沟通人与天的渠道，而且各个山洞彼此联系，成为一条又一条的仙界脉络——这样，山洞在道家看来是很神圣的了。

如今比较著名的山洞有委羽洞（位于浙江省黄岩县委羽山，洞口狭小，深不见底）、林屋洞（位于太湖西山之中，洞内宽敞，乳石成林）、括苍洞（位于浙江省东南部）、勾漏洞（位于广西省北流县城）、金华北山三洞等。

第三节　佛道争山

　　佛道争山是个很有趣的现象，崇尚修身养性的佛教同崇尚清静无为的道教竟然为了地盘打得不可开交，实在是有些出乎意料，不过我们毕竟不是教内人士，不了解其中的情况。因为佛道争山是宗教圈的事情，我们只能静观其变、略述其事。

　　首先我们应该知道名山大川是不可多得的宝贵资源，它们具有独一性和不可改变性，名山大川就那么多，你也不会再去建造几座，而且山上的空间有限，道教占据了佛教就不能占据，佛教占据了道教就不能占据，因而这种矛盾是必然存在的。

　　佛道争山在历史上闹得比较大的是在青城山和崂山发生的，结果是道教获胜。而更多的是道教圣地的自然流失——道教曾经衰落过，而当时也是佛教兴盛期，道教从一些名山撤了下来，佛教顺势占去，现在的峨眉山和九华山曾经就是道教名山，而现在却是典型的佛教山了。

　　佛道争山是个必然存在的现象，谁让这两种宗教都喜欢在山上安家落户呢？而在历史上，我们可以发现，佛道争山的结果往往会产生相互融合的趋势———一座山上既有道观，又有佛寺，二者和平共处，在这样的情况下，佛道会有相互融合的现象。比如，道教的造像就是向佛教学习的，而佛教在东汉末年传入中国后，也吸收了中国文化的爱好山水的传统，和道教共同发展。

　　总体来看，中华文化是一种极具包容性的文化，中国的"三教合一"

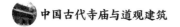

倾向是很多西方人所不能理解的，可以说，正是这种包容的胸怀，才使得中国拥有如此悠久灿烂的文化，也是中华文明兼容并蓄、既往开来的最重要的精神意涵。

第四节　宫　观

前面我们已经介绍了一些道教宫观，相信大家已经对宫观有所了解。这里，我们将给出道教宫观的准确定义，并对他们的基本构造和神奇之处进行介绍，以期加深我们对道教宫观的认识。

一、宫观是什么

道教宫观就是道教的宗教场所，类似佛教的寺庙，人们在其中举行道教特有的宗教活动并形成独具特色的建筑形式。

宫观相比较其他的寺庙、教堂等，有以几个特点。

第一，讲究集于自然，与大自然合为一体。道教宫观相对而言还是比较简单的，它没有寺庙的金碧辉煌，更没有教堂的恢宏壮观，因而道教宫观还是处在一种古朴的状态之下。但是道教宫观在未来还会是保持它接近自然的特色的，因为这是它的信仰，那些奢侈的、太过人为的事情他们是不会尝试去做的。而喜欢道教宫观的人也不在少数，谁不喜欢和大自然融为一体、处处体现和谐的建筑，谁不想到崇山峻岭之中去探访圣境呢？

第二，建筑理念比较明确，处处体现道教信仰，将信仰纳入到真实的建筑中来。道教信仰的是一个"道"，和佛教的死后极乐世界以及基督教的信仰不同，道教要在现世的时候体验"道"的存在，最终达到与"道"融为一体的感觉，即所谓的得道成仙。而在建造道教宫观的时候，人们也无时不刻想着要把宫观纳入到自己心中的那个"道"之中，也就是说道家将道观视作自己可以把持的一件东西，建造宫观除了解决自身基本的生存生活外，还要体现自己的意志。而佛教和基督教的建筑目的有所不同——相信来世或者相信上帝是一种宿命论的表现。

第三，极具中华民族之特色，同社会、同民间联系紧密。道教宫观的建筑形制多为重檐歇山式建筑，这种建筑是发于民间而又略有不同的。重檐歇山式建筑既能防暑又能防寒，结构简单，是中国的经典建筑模式。双层的檐体可以增高大殿的高度，使之同民居区别开来，而如果条件允许，还会加上立柱、围栏等，使之进一步完善。

总之，道教宫观自有它的独特之处，当你走进去的时候，并不会感觉到有什么激动的感情，它就是稍稍让你有感想，这些感想不是什么深层次的或者神圣的东西，而就是现实中的事情，比如人从自然中来要合乎自然、平平淡淡地生活、希望有个神仙来保佑，等等。所以说，道教是中国文化的根，作为一个中国人必须要有这样一份朴实的感情。有了这样的理念做基础之后，再去寻求别的更高深、更神圣的东西，岂不更好？

二、宫观的构造

道教宫观在构造上有一定的规则，除了应顺应自然之外，还大体遵循院落式格局，模仿人体，讲究中轴线对称。上述道观和寺庙有许多的差别，但在整体布局方面，二者是大致一样的，这也是在中国文化的大背景下二者互相影响所致。

宫观一般坐北朝南，以子午线为中轴，前有牌坊或山门。大型宫观的山门多有 3 个门洞，象征三界，即无极界、太极界和现世界，进入三门即为跳出三界。山门前一般建有影壁，据说可以起到藏风聚气的作用。走过影壁便会有一二进或数进神殿，一进多为三清殿或奉祀其他主神的正殿；二进则在山门与正殿之间增设前殿灵官殿，这是道家吸收佛家的三进式（山门、天王殿、大雄宝殿）建造模式而形成的最常见的一种格局；数进神殿则呈一列纵向布局，并按所祀神的级别大小或者香客祭拜的一般顺序进行安排。殿内中心位置安放神像，三清殿即安放三清教主的神像，灵官殿安放道教护法神王灵官的塑像。主轴线两旁或对称砌墙，或建筑廊庑，抑或另起殿堂，与中轴线上的建筑组成一级级庭院，这一般出现在比较大

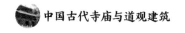

型的宫观中。

道教宫观除了以上主要建筑之外，人们一般在宫观的僻静处另设庭院，主要作为道士、信徒或者游人的住宿用房。当然，宫观中不可或缺的便是装饰性的构造了，比如条件允许的话，在宫观最后会有一处后花园，作为整个建筑的结尾。

以上是一般情况下的宫观构造，而有的大型宫观则完全超越了周围的环境，呈现出一种宏伟的景象，比如山东岱庙。这座宫观简直可以和皇宫相媲美，高大的天贶殿在众多道教宫观中再也找不出第二所，而且岱庙的建筑群落十分庞大，仅围墙就有 1.5 千米长，对普通民众来说，岱庙是天上皇宫在人间的反映。

三、宫观探奇

道教宫观除了基本的构造之外，还有一些很有趣的小部件，包括石塔、雕刻、壁画、音乐等，这就如同家庭中的摆设，能够反映出这家主人的追求和个性。道教宫观中有许多反映道教内涵和中国传统文化的装饰物，下面挑选几样比较具有代表性的略作介绍。

首先是转借自佛教的石塔和经幢，这两件器物是寺庙中经常见到的，可以增加宗教的氛围，道教借用过来无非是想为自己的宫观锦上添花。

而一些宗教小品则是道家所独具的了，因为道教是我国土生土长的宗教，道教中的著名人物都是可以在史书中找到传记的，如葛洪、陶弘景等。神仙人物有的也可以知道其真实身份、曾经做了那些事以及曾经在何处生活等，比如吕洞宾、张果老等。因此，在一些宫观中会有他们的一些"圣迹"，比如抱朴道院中有葛洪曾经炼丹的"炼丹井"，罗浮山冲虚观有葛洪曾经洗药材的"洗药池"，这些宗教小品不仅可以增加宗教感，而且可以引发人们的慕古幽思。

雕刻和壁画可以说是宫观建筑中不可或缺的元素，宫观的墙体需要装饰，有的道观的围墙会涂上颜色，一般以红色和黄色为主，而更讲究的就是在墙面上刻画些吉庆祥和的图案，比如日夜星辰，寓意光明永存；扇、鱼、水仙、蝙蝠、鹿等，以其谐音代表善、裕、仙、福、禄等吉祥愿景，而松柏、灵芝、龟、鹤、竹、狮则分别象征长生不老、辟邪祥瑞等。这些装饰图案和手法都反映了中华民族特有的思维方式和风俗习惯，也是在我国各地的民居、园林中经常见到的。

最后，音乐是另一个维度的东西了，音乐可以陶冶人的情操，感化人的感情，而中国的道乐也是丰富多样的，各地有各地的风格，北方的道乐比较粗犷豪迈，南方的比较婉转动听。当你走进道观的时候，充满宗教色彩的道乐一定会让你飘飘欲仙的。

随着时期的发展，道教的传播一定会产生更多的途径，而继承和研究先人留下来的遗产才是最需要当下人去做的。

参考文献

［1］任继愈.汉唐佛教思想论集.北京：人民出版社，1998.

［2］圣严法师.正信的佛教.西安：陕西师范大学出版社，2008.

［3］赵朴初.佛教常识答问.西安：陕西师范大学出版社，2010.

［4］汤用彤.隋唐佛教史稿.武汉：武汉大学出版社，2008.

［5］陈垣.中国佛教史籍概论.上海：上海书店出版社，2005.

［6］中国社科院世界宗教研究所佛教研究室.佛教文化面面观.济南：齐鲁书社，1989.

［7］释净空.认识佛教.北京：钱装书局，2010.

［8］圣严法师.智慧100.西安：陕西师范大学出版社，2009.

［9］圣严法师.佛学入门.西安：陕西师范大学出版社，2008.

［10］白化文.汉化佛教与佛寺.北京：北京出版社，2009.

图片授权

中华图片库

林静文化摄影部

敬 启

本书图片的编选，参阅了一些网站和公共图库。由于联系上的困难，我们与部分入选图片的作者未能取得联系，谨致深深的歉意。敬请图片原作者见到本书后，及时与我们联系，以便我们按国家有关规定支付稿酬并赠送样书。

联系邮箱：932389463@qq.com